普通高等教育"十二五"规划教材

大学计算机应用基础
（第二版）

郭清溥　王　侃　贾松浩　邓　辉
张亚利　危　锋　张　颖　高　春　　编　著

U0227216

中国水利水电出版社
www.waterpub.com.cn

内 容 提 要

本书根据教育部《高等学校计算机公共课程教学基本要求》和最新《全国计算机等级考试一级 MS Office 考试大纲》，汇聚一线教师多年的教学经验和计算机最新应用技术成果编写而成。

全书共 7 章，主要内容包括计算机基础知识、Windows 7 操作系统、文字处理软件 Word 2010、表格处理软件 Excel 2010、演示文稿制作软件 PowerPoint 2010、计算机网络基础知识和 Internet 应用、数据库基础和 Access 2010 的使用。

本书可作为高等学校本专科计算机公共基础课程教材，也可作为全国计算机等级考试的自学教材，同时也可作为广大计算机爱好者的入门参考书。

本书提供电子教案及书中实例所需素材资源，读者可以到中国水利水电出版社网站及万水书苑免费下载，网址：http://www.waterpub.com.cn/softdown/或 http://www.wsbookshow.com。

图书在版编目（ＣＩＰ）数据

大学计算机应用基础 / 郭清溥等编著. -- 2版. --
北京 ： 中国水利水电出版社，2014.8（2019.7 重印）
　　普通高等教育"十二五"规划教材
　　ISBN 978-7-5170-2138-4

　　Ⅰ．①大… Ⅱ．①郭… Ⅲ．①电子计算机－高等学校
－教材 Ⅳ．①TP3

中国版本图书馆CIP数据核字(2014)第128875号

策划编辑：雷顺加　　　责任编辑：李 炎　　　封面设计：李 佳

书　　名	普通高等教育"十二五"规划教材 **大学计算机应用基础（第二版）**
作　　者	郭清溥　王 侃　贾松浩　邓 辉 张亚利　危 锋　张 颖　高 春　编著
出版发行	中国水利水电出版社 （北京市海淀区玉渊潭南路 1 号 D 座　100038） 网址：www.waterpub.com.cn E-mail：mchannel@263.net（万水） 　　　　sales@waterpub.com.cn 电话：（010）68367658（发行部）、82562819（万水）
经　　售	北京科水图书销售中心（零售） 电话：（010）88383994、63202643、68545874 全国各地新华书店和相关出版物销售网点
排　　版	北京万水电子信息有限公司
印　　刷	三河市铭浩彩色印装有限公司
规　　格	184mm×260mm　　16 开本　　18.5 印张　　461 千字
版　　次	2014 年 7 月第 2 版　　2019 年 7 月第 5 次印刷
印　　数	12001—13000 册
定　　价	38.00 元

前　　言

随着计算机技术的迅猛发展，及其在社会各个领域的深入应用，计算机在人们的学习、工作、生活中扮演的角色也越来越重要。操作和使用计算机已经成为立足于现代社会的一项基本能力，更是一名大学生应该具有的基本素养。

《大学计算机基础》是高等学校各专业的公共基础课，同时也是大学生的第一门计算机课程。本教程由常年从事计算机基础教学的一线教师执笔，并结合多年教学工作经验编写而成。本书以计算机的基本知识和基本应用为主要内容，着重突出计算机应用能力的培养。每章配有导读、重点和小结，讲解细致、图文并茂，并有大量操作实例，便于读者边学边练，快速掌握计算机信息处理的基本技术。

本书在编写过程中，坚持以应用为中心，注重培养学生的实际动手能力。通过大量的实例教学，尽量摒弃教条式的"菜单"学习方法，教师在授课过程中，可采用任务驱动和案例相结合的方法，使学生达到学以致用，理论联系实际。

本书共有 7 章，第 1 章介绍计算机基础知识；第 2 章介绍 Windows 7 操作系统；第 3 章介绍文字处理软件 Word 2010；第 4 章介绍表格处理软件 Excel 2010；第 5 章介绍演示文稿制作软件 PowerPoint 2010；第 6 章介绍计算机网络基础知识和 Internet 应用；第 7 章介绍数据库基础和 Access 2010 的使用。

本书在编写过程中参照了《全国计算机等级考试二级 MS Office 高级应用考试大纲》的基本要求，因此既可作为高等学校本专科计算机公共基础教材，又可作为全国计算机等级考试和培训班的教材，同时也可作为广大计算机爱好者的入门参考书。

本书配有电子教案，提供书中实例所需素材资源，方便教师教学和同学们课后练习。

本书由郭清溥、王侃、贾松浩、邓辉、张亚利、危锋、张颖、高春编著；郭清溥负责全书的统稿工作。第 1 章由张亚利编写，第 2 章由邓辉编写，第 3 章由王侃编写，第 4 章由贾松浩编写，第 5 章由张颖编写，第 6 章由危锋编写，第 7 章由高春编写。

在编著本书的过程中，陈俊慧、荆涛、赵红霞、乔现伟、王靖、王伟、史晓东等同事参加了素材的整理、大纲的讨论和制订，对本书的顺利出版做了大量工作，对他们的支持表示感谢！

本书编著过程中还得到中国水利水电出版社的大力支持，在此表示感谢！

由于作者水平所限，书中难免有错误和不足之处，敬请同行专家和广大读者批评指正。

编　者
2014 年 5 月

目　　录

第1章　计算机基础知识

本章主要讲述计算机的发展与分类、计算机的主要用途；硬件系统的组成及各个部件的主要功能，软件的概念以及软件的分类；数据在计算机中的表示形式；多媒体技术的概念、多媒体计算机系统的基本构成和多媒体设备的种类，旨在使读者对计算机有一个概览式的印象。

- 计算机的发展过程、分类、应用范围及特点
- 计算机系统的基本组成及各部件的主要功能
- 计算机软件的分类
- 数制及数据编码
- 微型计算机系统的组成、性能指标及配置
- 多媒体技术基础

1.1　计算机概述

1.1.1　初识计算机

250 年前，蒸汽机的发明引起了一场工业革命，将人类带到了工业化时代。100 多年前，电磁经典理论的建立和电子的发现，将人类逐步带入了电器化时代。而半个世纪前，第一台电子计算机的诞生，则宣告了人类社会进入了一个新纪元。21 世纪人类进入了知识经济时代，其重要标志就是信息化。信息技术的发展极大地推动了经济的增长和整个社会的进步，而作为支撑社会信息化的杠杆——计算机、通信和多媒体技术的迅速发展使人类进入了信息时代。可以说，计算机是通向信息时代的大门，掌握了计算机技术就如同有了一把开启信息时代大门的金钥匙。

计算机是一种神奇的工具，从对人类生活的改变的深刻性来说，大概没有其他发明能与之相比了。在 1995 年出版的《未来之路》中，微软公司创始人比尔·盖茨描述了计算机和网络对于未来世界的影响，以及由此导致的未来人们生活的改变。而今，计算机的应用无所不在，许多预言已经成为现实。我们可以用计算机打印文件、收发传真；进行企业管理、财务管理；人们还可以在网络上接受教育、开视频会议；闲暇时可以利用计算机听音乐、看电影、玩游戏，浏览世界各地的新闻，与远在万里之外的朋友聊天,甚至能以非常便宜的价格打国际长途电话。不经意间，计算机改变了人们的生活方式，也在逐渐改变人们的日常观念。

计算机是什么呢？最早计算机只是被定义成一种计算机器，但现在计算机几乎无所不能。

它所处理的信息也不仅是数值，还包括文本、图像、声音、视频等多种媒体。可以将计算机看作是一种能快速、高效、准确地进行信息处理的数字化电子设备，它能按照人们事先编写的程序自动地对信息进行加工和处理，输出人们所需要的结果，从而完成特定的工作。

由于电子计算机的组成结构和工作过程与人脑有许多相似之处，具有人脑处理分析问题的功能，因此"电脑"一词得到了普遍的承认。不过，在思维原理上，计算机与人是截然不同的。计算机由许许多多的电子元件组成，它能理解的是类似"开"、"关"这样的电子信号。这些电子元件之间有着精确的逻辑关系，好像大脑的神经元，互相配合协调，用来存储数据或者进行各种复杂的运算和操作。计算机在数值计算或数据处理方面的能力，是人脑所望尘莫及的。即使在某些复杂的智力领域，计算机也有了和人脑相抗衡的能力。1997 年计算机界发生了一个引人注目的事件，IBM 公司研制的名为"深蓝"的计算机与国际象棋冠军卡斯帕罗夫对弈，最终取得胜利。当然计算机的思维形式是完全不同的，它不是靠直觉和经验去判断，而是事先在数据库存储两百多万局棋局，通过层层搜索来寻找最佳步法。

生活和工作中在使用计算机时，会接触到一些计算机的基本概念和常识。比如计算机由硬件和软件构成，键盘、显示器等电子物理设备属于硬件，计算机软件商店里的琳琅满目的光盘产品属于软件。具体什么是硬件，什么是软件，两者具有什么关系，计算机是怎样进行工作的，软件如何存储，在里面起着什么样的作用，本章将对这些内容依次进行介绍。

1.1.2　计算机的产生与发展

1. 计算机的诞生

1946 年 2 月，世界上第一台电子数值积分式计算机 ENIAC（埃尼阿克）由美国宾夕法尼亚大学莫奇莱（John William Mauchly）教授和他的学生埃克特（J.Presper Eckert）设计，在宾夕法尼亚大学诞生，它是为计算弹道和火力射程而设计的。这台计算机使用了 18000 多个真空电子管，1500 个继电器，70000 多只电阻和其他电器元件，每小时耗电 174 千瓦，占地 170 平方米，重达 30 吨，但每秒钟只能进行 5000 次加法运算。尽管 ENIAC 的功能还比不上今天最普通的一台微型计算机，但作为计算机大家族的鼻祖，是它把科学家从奴隶般的计算中解放出来，开辟了人类计算机科学技术领域的先河，奠定了电子计算机的发展基础，标志着科学技术发展进入一个新的时代——计算机时代。

就在同一个时期，如图 1-1 所示的美籍匈牙利数学家冯·诺依曼（Von·Neumann）所领导的设计小组对电子数字计算机的原理提出了一些基本构想。他指出，为了充分发挥电子元器件的高速性能，计算机应当采用二进制运算；应当在机器中配置可以存储程序和数据的存储器；机器应具有自动实现程序控制的功能等。为此，一台电子数字计算机必须具备运算、控制、存储，输入和输出这五个部件。这些基本构想，实际上成了半个多世纪以来电子数字计算机体系结构的基础。

图 1-1 冯·诺依曼

真正符合冯·诺依曼等人的基本构想的第一台电子数字计算机是由英国剑桥大学教授威尔克斯（Wilkes）等人于 1946 年设计，由剑桥大学制造，并于 1949 年投入运行的电子数据存储自动计算机 EDSAC（Electronic Data Storage Automatic Computer）。人们习惯于把由五大功能部件组成的计算机称为冯·诺依曼计算机。

2. 计算机的发展

计算机从诞生到现在不过半个多世纪，但是它的发展速度是惊人的，它把人类的计算速度提高了数千亿倍。计算机的发展先后经历了电子管、晶体管、大规模集成电路和超大规模集成电路为主要器件的四个发展时代。预计在不久的将来，将诞生以超导器件、电子仿真、集成光路等技术支撑的第五代计算机。

第一代（1946~1957）电子管数字计算机：以电子管为逻辑部件，以阴极射线管、磁芯和磁鼓等为存储手段。软件方面采用机器语言、汇编语言。应用领域以军事和科学计算为主。特点是体积大、功耗高、可靠性差、速度慢（一般为每秒数千次至数万次）、价格昂贵，但为以后的计算机发展奠定了基础。

第二代（1958~1965）晶体管数字计算机：以晶体管为逻辑部件，内存用磁芯，外存用磁盘。软件上广泛采用高级语言，并出现了早期的操作系统。应用领域以科学计算和事务处理为主，并开始进入工业控制领域。特点是体积缩小、能耗降低、可靠性提高、运算速度提高（一般为每秒数十万次，可高达 300 万次），性能与第一代计算机相比有很大的提高。

第三代（1966~1971）集成电路数字计算机：以中小规模集成电路为主要部件，内存用磁芯、半导体，外存用磁盘。软件上广泛使用操作系统，产生了分时、实时等操作系统。特点是速度更快（一般为每秒数百万次至数千万次），而且可靠性有了显著提高，价格进一步下降，产品走向了通用化、系列化和标准化，应用领域开始进入文字处理和图形图像处理领域。

第四代（1971~至今）大规模集成电路计算机：以大规模、超大规模集成电路为主要部件，以半导体存储器和磁盘为内、外存储器。在软件方法上产生了结构化程序设计和面向对象程序设计的思想。另外，网络操作系统、数据库管理系统得到广泛应用，微处理器和微型计算机也在这一阶段诞生并获得飞速发展。特别是 1971 年世界上第一台微处理器在美国硅谷诞生，开创了微型计算机的新时代。应用领域从科学计算、事务管理、过程控制逐步走向家庭。

新一代计算机是人类追求的一种更接近人的智能的计算机。它能理解人的语言以及文字和图形。人无需编写程序，靠讲话就能对计算机下达命令，驱使它工作。它是把信息采集、存储、处理、通信和人工智能结合在一起的智能计算机系统。它不仅能进行一般信息处理，而且能面向知识处理，具有形式化推理、联想、学习和解释的能力，将能帮助人类开拓未知的领域和获得新的知识。

3. 计算机的发展趋势

计算机技术是世界上发展最快的科学技术之一，产品不断升级换代。当前计算机正朝着多级化、网络化、智能化、多媒体化等方向发展，计算机本身的性能越来越优越，应用范围也越来越广泛，从而使计算机成为工作、学习和生活中必不可少的工具。

（1）多极化。

如今，个人计算机已席卷全球，包括电子词典、掌上电脑、笔记本电脑等在内的微型计算机已经是处处可见。同时对巨型机、大型机的需求也稳步增长，巨型、大型、小型、微型机各有自己的应用领域，形成了一种多极化的形势。巨型计算机主要应用于天文、气象、地质、核反应、航天飞机和卫星轨道计算等尖端科学技术领域和国防事业领域，它标志一个国家计算机技术的发展水平。目前运算速度为每秒几百亿次到上万亿次的巨型计算机已经投入运行，并正在研制更高速的巨型机。

除了向微型化和巨型化发展之外，中小型计算机也各有自己的应用领域和发展空间。特别在注意提高运算速度的同时，提倡功耗小、对环境污染小的绿色计算机和提倡综合应用的多媒体计算机已经被广泛应用，多极化的计算机家族还在迅速发展中。

（2）智能化。

智能化使计算机具有模拟人的感觉和思维过程的能力，使计算机成为智能计算机。这也是目前正在研制的新一代计算机要实现的目标。智能化的研究包括模式识别、图像识别、自然语言的生成和理解、博弈、定理自动证明、自动程序设计、专家系统、学习系统和智能机器人等。目前，已研制出多种具有人的部分智能的机器人。

（3）网络化。

网络化是计算机发展的又一个重要趋势。从单机走向联网是计算机应用发展的必然结果。所谓计算机网络化，是指用现代通信技术和计算机技术把分布在不同地点的计算机互联起来，组成一个规模大、功能强、可以互相通信的网络结构。网络化的目的是使网络中的软件、硬件和数据等资源能被网络上的用户共享。目前，大到世界范围的通信网，小到实验室内部的局域网已经很普及，因特网（Internet）已经连接包括我国在内的 150 多个国家和地区。由于计算机网络实现了多种资源的共享和处理，提高了资源的使用效率，因而深受广大用户的欢迎，得到了越来越广泛的应用。

（4）多媒体化。

多媒体计算机是当前计算机领域中最引人注目的高新技术之一。多媒体计算机就是利用计算机技术、通信技术和大众传播技术，来综合处理多种媒体信息的计算机。这些信息包括文本、视频图像、图形、声音、文字等。多媒体技术使多种信息建立了有机联系，并集成为一个具有人机交互性的系统。多媒体计算机将真正改善人机界面，使计算机朝着人类接受和处理信息的最自然的方式发展。

展望未来，计算机的发展将趋向超高速、超小型、并行处理和智能化，量子、光子、分子和纳米计算机将具有感知、思考、判断、学习及一定的自然语言能力，使计算机进入人工智能时代。这种新型计算机将推动新一轮计算技术革命，并带动光互联网的快速发展，光互联网是指 IP over WDM 网，是未来网络的发展方向，光互联网关键器件包括光放大器、光转发器、光分插复用器、光交叉连接器、光开关、交换路由器、新型光纤、WDM 滤波器、高性能集成探测器、可调谐激光阵列和各种集成阵列波导器件等关键器件技术，随着各类关键器件的不断更新和改善，光互联网的时代一定会很快到来，对人类社会的发展产生深远的影响。

1.1.3　计算机的分类

1. 按计算机处理数据的方式分类

（1）数字计算机。

数字计算机以数字化的信息为处理对象，并利用算术和逻辑运算法则对数字信息进行数字处理。它具有运算速度快、精度高、灵活性大和便于存储等优点，因此适合于科学计算、信息处理、实时控制和人工智能等应用，通常所说的计算机指的是数字计算机。

（2）模拟计算机。

模拟计算机处理和显示的是连续的物理量，如电压、电流、温度。处理的方式也采用模拟方式。一般来说，模拟计算机不如数字计算机精确，通用性不强，但解决问题速度快，主要用于过程控制和模拟仿真。

（3）数模混合计算机。

数模混合计算机兼有数字和模拟两种计算机的优点，既能接收、输出和处理模拟量，又能接收、输出和处理数字量。

2．按计算机的使用用途分类

（1）专用计算机。

专用计算机是为解决一些专门的问题而设计制造的，具有功能单一、使用面窄甚至专机专用的特点，因此，它可以增强专用方面特定的功能，而忽略一些次要功能，使得专用计算机能够高速度、高效率地解决特定的问题。如军事应用中控制导弹的计算机，医院里 CT 采用的专用计算机等。

（2）通用计算机。

通用计算机是指使用比较普遍的计算机，具有功能多、配置全、用途广、通用性强等特点，一般我们所使用的个人计算机都是通用计算机。

3．按计算机的规模和处理能力分类

在通用计算机中，又可按照计算机的运算速度、字长、存储容量等多方面的综合性能指标将计算机分为巨型机、大型机、小型机、工作站、微型机等几类。

（1）巨型机。

巨型机是指高速运算、大存储容量和强功能的巨型计算机。其运算能力一般在每秒百亿次以上、内存容量在几百兆字节以上。巨型计算机主要用于尖端科学技术和军事国防系统的研究开发。

巨型计算机的发展集中体现了计算机科学技术的发展水平，推动了计算机系统结构、硬件和软件的理论和技术、计算数学以及计算机应用等多个科学分支的发展。由国防科技大学研制的"银河"和国家智能中心研制的"曙光"都属于这类机器。

（2）大型机。

大型机的特点表现为通用性强、综合处理能力强、性能覆盖面广等，主要应用在公司、银行、政府部门、社会管理机构和制造厂家等，通常称大型机为"企业级"计算机。

（3）小型机。

小型机的特点是可靠性高，对运行环境要求低，易于操作且便于维护；并且小型机规模小、结构简单，便于及时采用先进工艺。

一般小型机应用在工业自动控制、大型分析仪器、测量仪器、医疗设备中的数据采集、分析计算等，也用作大型、巨型计算机系统的辅助机，并广泛运用于部门、小企业管理以及大学和研究所的科学计算等。

（4）工作站。

工作站的性能介于小型机和微型机之间，并以优良的网络化功能和图像、图形处理功能而著称。主要用于科学研究、工程技术以及商业中，解决复杂独立的数据及图形、图像处理等。

（5）个人计算机。

个人计算机，简称 PC，也称为微型计算机。是以运算器和控制器为核心，加上由大规模集成电路制作的存储器、输入/输出接口和系统总线构成的体积小、结构紧凑、价格低、通用性好，但又具有一定功能的计算机。当今 PC 机的性能越来越先进，应用领域也越来越广泛。

1.1.4　微型计算机的产生与发展

微型计算机是当今发展速度最快、应用最为普及的计算机类型。20 世纪 70 年代，从微处理器和微型计算机的诞生到今天，由于大规模集成电路技术和计算机技术的飞速进步，微型计算机每隔 2～4 年就更新换代一次。微型计算机的换代，通常是按其 CPU 字长来划分的。

1. 第一代（1971～1973）：4 位或低档 8 位微处理器和微型机

代表产品是美国 Intel 公司首推的 4004 微处理器以及由它组成的 MCS-4 微型计算机。随后又制成 8008 微处理器及由它组成的 MCS-8 微型计算机。第一代微型机采用了 PMOS 工艺，字长 4 位或 8 位，指令系统比较简单，运算功能较差，速度较慢，系统结构仍然停留在台式计算机的水平上，软件主要采用机器语言或简单的汇编语言，其价格低廉。

2. 第二代（1974～1978）：中档的 8 位微处理器和微型机

代表产品是美国 Intel 公司的 8080、8085，Motorola 公司的 MC6800 和美国 ZILOG 公司的 Z80。第二代微型机的集成度提高 1～4 倍，运算速度提高 10～15 倍，已具有典型的计算机系统结构以及中断、DMA 等控制功能，寻址能力也有所增强，软件除采用汇编语言外，还配有 BASIC，FORTRAN，PL/M 等高级语言及其相应的解释程序和编译程序，并在后期开始配上操作系统。

3. 第三代（1978～1984）：16 位微处理器和微型机

代表产品是 Intel 8086，Z8000 和 MC68000。这类 16 位微型机通常都具有丰富的指令系统，采用多级中断系统、多重寻址方式、多种数据处理形式、段式寄存器结构、乘除运算硬件，电路功能大为增强，并都配备了强有力的系统软件。

这一时期的著名微机产品有 IBM 公司的个人计算机 PC（Personal Computer）。1981 年推出的 IBM PC 机采用 8088 CPU。紧接着 1982 年又推出了扩展型的个人计算机 IBM PC/XT，它对内存进行了扩充，并增加了一个硬磁盘驱动器。1984 年 IBM 推出了以 80286 处理器为核心组成的 16 位增强型个人计算机 IBM PC/AT。由于 IBM 公司在发展 PC 机时采用了技术开放的策略，使 PC 机风靡世界。

4. 第四代（1985～1992）：32 位高档微处理器和微型机

代表产品是 Intel 公司的 80386/80486，Motorola 公司的 M68030/68040 等。其特点是采用 HMOS 或 CMOS 工艺，集成度高达 100 万晶体管/片，具有 32 位地址线和 32 位数据总线。每秒钟可完成 600 万条指令（MIPS, Million Instructions Per Second）。微机的功能已经达到甚至超过超级小型计算机，完全可以胜任多任务、多用户的作业。同期，其他一些微处理器生产厂商（如 AMD、TEXAS 等）也推出了 80386/80486 系列的芯片。

5. 第五代（1993～2005）：64 位微处理器和微型机

1993 年 Intel 公司推出了奔腾系列芯片及与之兼容的 AMD 的 K6 系列微处理器芯片。内部采用了超标量指令流水线结构，并具有相互独立的指令和数据高速缓存。随着多媒体扩展结构 MMX（Multi Media Extended）微处理器的出现，使微机的发展在网络化、多媒体化和智能化等方面跨上了更高的台阶。2000 年 3 月，AMD 与 Intel 分别推出了时钟频率达 1GHz 的 Athlon 和 Pentium Ⅲ。2000 年 11 月，Intel 又推出了 Pentium Ⅳ微处理器，集成度高达每片 4200 万个晶体管，主频 1.5GHz，400MHz 的前端总线，使用全新 SSE 2 指令集。2002 年 11 月，Intel 推出的 Pentium Ⅳ微处理器的时钟频率达到 3.06GHz。

6. 第六代（2005～至今）：多核处理器

2005 年，首颗内含 2 个处理核心的 Intel Pentium D 处理器登场，正式揭开 x86 处理器多核心时代。双核和多核处理器设计用于在一枚处理器中集成两个或多个完整执行内核，以支持同时管理多项活动。2007 年，AMD 公司和 Intel 公司又相继推出了四核处理器。

"酷睿"是一款领先节能的新型微架构，早期的酷睿是基于笔记本处理器的。酷睿 2，英文 Core 2 Duo，是英特尔推出的新一代基于 Core 微架构的产品体系称。于 2006 年 7 月 27

日发布。英特尔公司继使用长达 12 年之久的"奔腾"处理器之后推出"Core 2 Duo"和"Core 2 Quad"品牌，Core i7（中文：酷睿 i7，内核代号：Bloomfield）处理器是英特尔于 2008 年推出的 64 位四内核 CPU，沿用 I7 920x86-64 指令集，并以 Intel Nehalem 微架构为基础。

纵观微型机发展的 40 多年历史，工艺的进步和体系结构的发展促进了微处理器性能不断提升。当今的 Intel 至强系列多核处理器，原始性能已经具有超过 100 倍的改善，性能远远超过了早期的巨型机。世界上目前已经开发了 80 核的万亿次浮点运算研究芯片，并可以再加到数百核。微处理器正朝着多核、流处理、可重构、多态方向不断进步。由于它结构简单、通用性强、价格便宜，正以令人炫目的高速度进行更新换代，向前发展。

1.1.5　计算机的特点

1. 运算速度快

运算速度是计算机的一个重要性能指标。计算机的运算速度通常用每秒钟执行定点加法的次数或平均每秒钟执行指令的条数来衡量。运算速度快是计算机的一个突出特点。计算机的运算速度已由早期的每秒几千次发展到现在的最高可达每秒几千亿次乃至万亿次。

计算机高速运算的能力极大地提高了工作效率，把人们从浩繁的脑力劳动中解放出来。过去用人工旷日持久才能完成的计算，计算机在"瞬间"即可完成。曾有许多数学问题，由于计算量太大，数学家们终其毕生也无法完成，使用计算机则可轻易地解决。

2. 计算精度高

在科学研究和工程设计中，对计算的结果精度有很高的要求。一般的计算工具只能达到几位有效数字，而计算机对数据的结果精度可达到十几位、几十位有效数字，根据需要甚至可达到任意的精度。

3. 有记忆特性，存储容量大

计算机的存储器可以存储大量数据，这使计算机具有了"记忆"功能。目前计算机的存储容量越来越大，已高达千兆数量级的容量。计算机具有"记忆"功能，这是与传统计算工具的一个重要区别。

4. 具有逻辑判断功能

计算机的运算器除了能够完成基本的算术运算外，还具有进行比较、判断等逻辑运算的功能。这种能力是计算机处理逻辑推理问题的前提。

5. 计算机内部自动化操作，通用性强

由于计算机的工作方式是将程序和数据先存放在机内，工作时按程序规定的操作，一步一步地自动完成，一般无须人工干预，因而自动化程度高。这一特点是一般计算工具所不具备的。计算机通用性的特点表现在几乎能求解自然科学和社会科学中一切类型的问题，能广泛地应用于各个领域。

1.1.6　计算机的应用

现代电子计算机，特别是微型计算机已广泛应用于人类生活中的各个领域。大到宇宙飞船，小到每一个家庭，都有计算机在发挥作用。计算机的应用归纳起来主要有以下几个方面：

1. 数值计算

数值计算就是利用电子计算机来完成科学研究和工程设计中的数值计算，这是计算机最基本的应用。如人造卫星轨道的计算、气象预报等。这些工作由于计算量大、速度和精度要求

都十分高，离开了计算机是根本无法完成的。通过特殊的软件，计算机不仅能解代数方程，而且还可以解微分方程以及不等式组，并且能将计算速度提高到人类无法想象的程度。

2. 信息处理

信息处理是计算机的一个重要应用方面。由于计算机的海量存储，可以把大量的数据输入计算机中进行存储、加工、计算、分类和整理，因此它广泛用于工农业生产计划的制定、科技资料的管理、财务管理、人事档案管理、火车调度管理、飞机订票等。使用计算机管理与统计数据具有统计速度快、统计精度高、错误率小、统计成本低等诸多好处。现在应用比较广泛的是大型网站数据管理、银行数据管理、大型公司的数据管理。当前我国服务于信息处理的计算机约占整个计算机应用的 60% 左右，而有些国家达 80% 以上。

3. 过程控制

也称为实时控制，它要求及时地搜集检测数据，按最佳值进行自动控制或自动调节控制对象，这是实现生产自动化的重要手段。如用计算机控制发电，对锅炉水位、温度、压力等参数进行优化控制，可使锅炉内燃料充分燃烧，提高发电效率。同时计算机可完成超限报警，使锅炉安全运行。计算机的过程控制已广泛应用于大型电站、火箭发射、雷达跟踪、炼钢等各个方面。

4. 计算机辅助设计和辅助教学

随着计算机系统软、硬件的不断丰富，逐步改善着人们的生活和生产方式。比如，计算机辅助设计（CAD）机械、电子等产品，可以降低成本、缩短研制周期；计算机辅助测试（CAT）数字设备、集成电路性能指标或检查设备故障等，可以节约测试时间、提高测试准确率及避免重大事故的发生；计算机辅助教学（CAI），可提高学习者的学习兴趣和学习效率。目前各高校都在建设越来越多的多功能教室，改变着传统的教育方法；此外，在日常生活中也在不断涌现辅助服装设计、电脑选发型等用计算机提供的各种全新的服务项目。

5. 人工智能

人工智能让计算机模拟人类的某些智力活动，如识别图形与声音、学习过程、探索过程、推理过程以及对环境的适应过程等。这是近年来开辟的计算机应用的新领域。

"自然语言理解"是人工智能应用的一个分支。它研究如何使计算机理解人类的自然语言，如汉语或英语，如根据一段文章的上下文来判断文章的含义，这是一个十分复杂的问题。

"专家系统"是人工智能应用的另一个重要分支。它的作用是使计算机具有某一方面专家的专门知识，利用这些知识去处理所遇到的问题。如医疗专家系统能模拟医生分析病情，开出药方和病假条等。

目前，世界上已研制出各种各样的智能机器人。如能在钢琴上演奏简单乐曲的机器人；能带领盲人走路的机器人；能听懂人的简单命令并按命令执行的机器人等。从它们的工作效能看，人工智能的前景是十分诱人的。

6. 与世界相连

通过与 Internet 相连，计算机让全世界变成了一个地球村。在互联网上，可实现资源共享，并且可利用网络传送文字、数据、声音和图像等。还可以通过网络收发电子邮件、打电话、购物等。

7. 计算思维

2006 年 3 月，美国卡内基·梅隆大学计算机科学系主任周以真（Jeannette M. Wing）教授在美国计算机权威期刊《Communications of the ACM》杂志上给出并定义计算思维（Computational Thinking）：计算思维是运用计算机科学的基础概念进行问题求解、系统设计、以及人类行为理解等涵盖计算机科学之广度的一系列思维活动。计算思维利用启发式推理来寻求解答，就是在不确定情况下的规划、学习和调度。它就是搜索、搜索、再搜索，结果是一系列的网页，一个赢得游戏的策略，或者一个反例。计算思维利用海量数据来加快计算，在时间和空间之间，在处理能力和存储容量之间进行权衡。

当你早晨去学校时，把当天需要的东西放进背包，这就是预置和缓存；当你弄丢手套时，你沿走过的路寻找，这就是回推；在什么时候停止租用滑雪板而为自己买一付，这就是在线算法；在超市付帐时，你应当去排哪个队呢？这就是多服务器系统的性能模型；为什么停电时你的电话仍然可用？这就是失败的无关性和设计的冗余性。计算思维将渗透到我们每个人的生活之中，到那时诸如算法和前提条件这些词汇将成为每个人日常语言的一部分，对"非确定论"和"垃圾收集"这些词的理解会和计算机科学里的含义趋近。

我们已见证了计算思维在其他学科中的影响。例如，统计部门聘请了计算机科学家；计算机学家们对生物科学越来越感兴趣，因为他们坚信生物学家能够从计算思维中获益。计算机科学对生物学的贡献决不限于其能够在海量序列数据中搜索寻找模式规律的本领。最终希望的是数据结构和算法能够以其体现自身功能的方式来表示蛋白质的结构。计算生物学正在改变着生物学家的思考方式。类似地，计算博弈理论正改变着经济学家的思考方式，纳米计算改变着化学家的思考方式，量子计算改变着物理学家的思考方式。

基于 Agent 的计算经济学（Agent-based Computational Economics 简称 ACE）是将复杂适应系统理论、基于 Agent 的计算机仿真技术应用到经济学的一种研究方法。它的背景是计算机速度的增长和存贮量的扩展、计算机网络的国际连结、大型数据库的建立和计算软件的完善。

这种思维将成为每一个人的技能组合成分，而不仅仅限于科学家。普适计算之于今天就如计算思维之于明天。普适计算是已成为今日现实的昨日之梦，而计算思维就是明日现实。

1.2　计算机系统概述

1.2.1　计算机的硬件系统

计算机的硬件系统指的是组成计算机的各种电子物理设备。如主机、显示器、键盘、鼠标、打印机、扫描仪、光盘驱动器、音箱和调制解调器等。硬件设备是实实在在的，看得见摸得着的。

硬件是物质基础，是软件的载体，两者相辅相成，缺一不可。两者的关系，打个比方，硬件犹如躯体，软件则是灵魂。一台没有安装软件的计算机是没有办法进行任何工作的。无论是微机还是巨型机，从功能角度上，计算机的硬件系统都是由运算器、控制器、存储器、输入设备、输出设备五个基本部分构成的，见图 1-2。

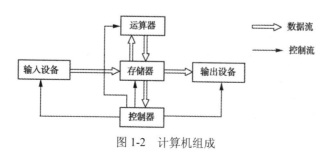

图 1-2　计算机组成

1. 运算器

运算器主要由算术逻辑单元 ALU(Arithmetic Logic Unit)和一些寄存器构成。它的功能就是进行算术运算和逻辑运算。算术运算就是指加、减、乘、除等操作，而逻辑运算一般泛指非算术性质的运算，例如比较大小、移位、逻辑加、逻辑乘等。在执行程序指令的时候，各种复杂的运算往往先分解为一系列的算术运算和逻辑运算，然后再由运算器去执行。

2. 控制器

控制器是计算机的指挥中心。一般由指令寄存器、程序计数器、指令译码器、时序部件和控制电路等组成。它的主要功能是按时钟提供的统一节拍，从内存储器中取出指令，并分析执行，使计算机各个部件能够协调工作。在执行程序时，计算机的工作是周期性的，按取指令、分析指令、执行指令，周而复始地进行。

控制器和运算器合在一起被称为中央处理器单元，即 CPU（Central Processing Unit）。CPU是计算机的核心部件。

3. 存储器

存储器是计算机用来存储程序和数据的设备，由一系列的存储单元组成。每个存储单元按顺序进行编号，这种编号称为存储单元的地址。如同一座楼房的房间编号一样，每个存储单元都对应着唯一的地址。

存储器分为内存储器和外存储器两种，内存储器简称内存，外存储器简称外存。当计算机执行程序时，相应的指令和数据就会送到内存中，再由 CPU 读取执行，处理的结果也会首先放置到内存中，再输送到外存保存。一般将 CPU 和内存储器合起来称为主机。外存储器用来存储暂时用不到的程序和数据，并可长期保存。分类上，外存储器也可以作为输入或输出设备。

4. 输入设备

输入设备用来将外部数据，如文字、数值、声音、图像等，转变为计算机可识别的形式（二进制代码）输入到计算机中，以便加工、处理。最常用的输入设备是键盘、鼠标。随着计算机的多媒体技术的发展，出现了多种多样的输入设备。常用的有扫描仪、光笔、手写输入板、游戏杆、数码相机等。

5. 输出设备

输出设备的作用是将计算机处理的结果用人们所能接受的形式，如字符、图像、语音、视频等表示出来。显示器、打印机、绘图仪等都属于输出设备。

输入输出设备通常放置于主机外部，故也称外部设备。它们实现了外部世界与主机之间的信息交换，提供了人机交互的硬件环境。

在计算机中，各部件之间传输的信息可分成三种类型：地址、数据（包括指令）和控制信号。大部分计算机（特别是微机）的各部件之间传输各种信息是通过总线进行的。

1.2.2 计算机的软件系统

计算机软件包括程序与程序运行所需的数据，以及与这些程序和数据有关的文档资料。软件可分成系统软件和应用软件两大部分。

1. 系统软件

系统软件是为使用者能方便地使用、维护、管理计算机而编制的程序的集合。主要包括操作系统、语言处理程序、数据库管理系统和服务程序。

（1）操作系统。

是控制和管理计算机的软硬件资源、合理安排计算机的工作流程以及方便用户的一组程序的集合，是用户和计算机的接口。微机操作系统的发展经历了从最早的 DOS 系统到现在的 Windows 操作系统、苹果系统等。

DOS 是 Disk Operation System（磁盘操作系统）的简称，这是一个基于磁盘管理的单用户单任务操作系统。它是命令行形式的，靠输入命令来进行人机对话，并通过命令的形式把指令传给计算机，让计算机实现操作的。

Windows 操作系统是美国微软公司（Microsoft）推出的单用户多任务视窗操作系统。经过几十年的发展，已从 Windows 3.1 发展到目前的 Windows 8，它是当前微机中广泛使用的操作系统之一。

（2）语言处理程序。

人和计算机交流信息使用的语言称为计算机语言或称程序设计语言。计算机语言通常分为机器语言、汇编语言和高级语言三类。

1）机器语言。以二进制代码形式表示的机器基本指令的集合，是计算机硬件唯一可以直接识别和执行的语言。

特点：运算速度快（机器可以直接识别），与机器设计相关，难阅读，难修改。

2）汇编语言。为了解决机器语言难于理解和记忆的缺点，用易于理解和记忆的名称和符号来表示的机器指令。汇编语言程序需要汇编程序翻译才能执行。

特点：一条指令对应一个操作，执行效率比较高，与特定机器相关，通用性、可移植性差。

3）高级语言。用接近于自然语言和数学算式的语句构成的语言。高级语言"源程序"必须经过"翻译程序"翻译成机器语言，才能执行。

特点：编程效率高，执行速度相对低级语言慢，可移植性好，执行需翻译。

也就是说，除机器语言以外，不同的语言在计算机上运行都需要相应的翻译程序，这就是语言处理程序。翻译的方法有两种：一种称为"解释"，早期的 BASIC 源程序的执行都采用这种方式。它调用机器配备的 BASIC "解释程序"，在运行 BASIC 源程序时，逐条把 BASIC 的源程序语句进行解释和执行，它不保留目标程序代码，即不产生可执行文件。这种方式速度较慢，每次运行都要经过"解释"，边解释边执行。

另一种称为"编译"，它调用相应语言的编译程序，把源程序变成目标程序（以 . OBJ 为扩展名），然后再用连接程序，把目标程序与库文件相连接形成可执行文件。尽管编译的过程复杂一些，但它形成的可执行文件（以 . exe 为扩展名）可以反复执行，速度较快。运行程序时只要键入可执行程序的文件名，再按回车键即可。

FORTRAN、COBOL、PASCAL 和 C 等高级语言，使用时需有相应的编译程序；BASIC、LISP 等高级语言，使用时需用相应的解释程序。

（3）数据库管理系统。

数据库（Database）是指以一定方式储存在一起、能为多个用户共享的数据集合。数据库管理系统（Database Management System）则是能够对数据库进行加工、管理的系统软件。数据库系统主要由数据库、数据库管理系统以及相应的应用程序组成。数据库系统不但能够存放大量的数据，更重要的是能迅速、自动地对数据进行检索、修改、统计、排序、合并等操作，以得到所需的信息。

ORACLE，SYBASE，INFORMIX 是目前世界上最流行的大型数据库系统，微机上广泛使用 Access、FoxPro 等数据库。

（4）服务程序。

服务程序能够提供一些常用的服务性功能，它们为用户开发程序和使用计算机提供了方便，像微机上经常使用的诊断程序、调试程序、编辑程序均属此类。

2. 应用软件

应用软件是为解决实际问题所编写的软件的总称，涉及到计算机应用的各个领域。其中包括文字处理软件、图形软件、视频音频软件和各种专业软件，绝大多数用户都需要使用应用软件，为自己的工作和生活服务。一个完整的计算机系统的构成如图 1-3 所示。

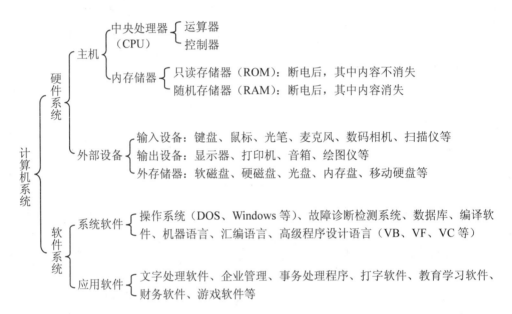

图 1-3　计算机系统的组成

1.2.3　计算机的简单工作原理

计算机的工作过程：首先由输入设备接受外界信息（程序和数据），控制器发出指令将数据送入内存储器，然后向内存储器发出取指令命令。在取指令命令下，程序指令逐条送入控制器。控制器对指令进行译码，并根据指令的操作要求，向存储器和运算器发出存数、取数命令和运算命令，经过运算器计算并把计算结果存在存储器内。最后在控制器发出的取数和输出命令的作用下，通过输出设备输出计算结果。

概括来讲，计算机的基本工作方式是把程序输入到计算机中存储起来，并且能够自动执行，以此来完成预先设定的任务，这就是"存储程序"原理的基本思想。这个思想奠定了计算机的基本工作原理。想象一下，当我们在计算器上进行计算时，每个操作数或运算符都需要一步步输入，计算效率是相当低的。如果我们编写一个程序送到计算机里自动执行，则很快就能得到处理结果，而且可以完成更复杂的任务，这就是存储程序所带来的好处。

1.2.4　微机系统的硬件组成

微机主机安装在主机箱内。表 1-1 介绍了微机的组成部件及功能。

表 1-1　微机硬件系统部件及其功能一览表

微机部件名称	功能
机箱	放置和固定其他部件的金属框架；屏蔽外部干扰，提供稳定工作环境
电源	通过将 220v 交流电转为低压直流电，为计算机系统提供运行动力
主板	属多层印刷电路板，通过板上的各种数据与控制总线同各个部件连接
CPU	微机系统核心部件，对程序指令进行解释和处理
内存条	主存储器，存放处理中的数据与程序
显卡	驱动显示缓冲区中的数据转换为 RGB 显示信号
显示器	将显示信号在屏幕上进行显示
硬盘	硬盘驱动器与金属体的封装，是可高速读写数据的外存储器
软驱	软盘读写驱动器，驱动可携带软盘的读写
光驱	光盘读写驱动器，驱动可携带软盘的读取
刻录机	向可刻写光盘刻录与读取数据，也可读取只读光盘的数据
声卡	外部声音的采样输入或声音信号的输出
键盘	标准按键输入设备，输入各种显示与控制字符
鼠标	标准位置输入设备，输入坐标定位信息
打印机	接收数据并输出到打印纸上
扫描仪	将外部的图像资料进行数字化，输入计算机
摄像头	实时对外部动态景物捕捉，并动态输入计算机
数码相机	将外部的景物拍照并数字化，输入计算机
U 盘	通过 USB 接口读写数据的存储设备，基本取代了软驱
网卡	微机同局域网的接口设备，实现局域网内微机间通信

1. 主机箱

主机箱是微型计算机的主要部件的封装设备，安装有 CPU、内存、主板、硬盘和光盘驱动器、机箱电源和各种接口卡等部件。主机箱的背面有许多专用接口，主机通过它可以与显示器、键盘、鼠标、打印机等输入输出设备连接。

2. 主板

主板是微机中重要的部件。微机性能是否能够发挥，微机硬件功能是否足够，微机硬件兼容性如何等，都取决于主板的设计。主板制造质量的高低，也决定了硬件系统的稳定性。主板与 CPU 关系密切，每一次 CPU 的重大升级，必然导致主板的换代。

如图 1-4 所示的主板由集成电路芯片、电子元器件、电路系统、各种总线插座和接口组成。中央处理器和内存储器都安装在主板上。为了与外围设备连接，在主机板上还安装有若干个接口插槽，可以在这些插槽上插入与不同外围设备连接的接口卡。主板是微型计算机系统的主体和控制中心，它几乎集合了全部系统的功能，控制着各部分之间的指令流和数据流。

3. 中央处理器

中央处理器（Central Processing Unit）简称 CPU，是计算机的大脑。它的内部是由几十万个到几百万个晶体管元件组成的十分复杂的电路，利用大规模集成电路技术把整个运算器和控制器集成在一块集成电路的芯片上。CPU 插在主板上专门的插槽中以实现与计算机相连。CPU 的性能决定了计算机的基本性能，CPU 品质的高低直接决定了计算机系统的档次。

USB 接口
LPT 接口
键盘、鼠标接口
音频接口
CPU 插座
芯片组
CD 音频线接口
内存插座
PCI 扩展槽
声卡芯片
ATX 电源插座
FDC
IDE1
IDE2
AGP 扩展槽
CMOS 电池
CMOS 跳线
芯片组
BIOS

图 1-4　主板内部构造

CPU 的功能主要是按照程序给出的指令序列分析指令和执行指令并完成对数据的加工处理。计算机所发生的全部动作都受 CPU 的控制。

核定 CPU 性能的重要指标是 CPU 的工作频率（计算机的主频），其单位是兆赫兹（Mhz），表示每秒钟 CPU 可以执行的运算次数。通常主频越高，计算机运算速度越快。

4. 存储器

存储器的主要功能是存放程序和数据。使用时，可以从存储器中取出信息来查看、运行程序，这称为存储器的读操作；也可以把信息存入存储器、修改原有信息、删除原有信息，这称为存储器的写操作。存储器通常分为内存储器和外存储器。

（1）内存储器（内存）。

内存储器简称内存，主要用于存放计算机当前工作正在运行的程序、数据等。它分为只读存储器 ROM、随机存储器 RAM 和高速缓冲存储器 Cache。

1）只读存储器 ROM：存储的信息只能读(取出)不能写(存入或修改)，其信息在制作该存储器时就被写入，断电后信息不会丢失。主要用于存放固定不变的、控制计算机的系统程序和数据。

2）随机存储器 RAM：既可读，也可写；断电后信息丢失。主要用于临时存放程序和数据。

3）高速缓冲存储器 Cache：指在 CPU 与内存之间设置的一级或两级高速小容量存储器，固化在主板上。在计算机工作时，系统先将数据由外存读入 RAM 中，再由 RAM 读入 Cache 中，然后 CPU 直接从 Cache 中取数据进行操作。

要让计算机系统达到最佳的运行状态，必须确保主板、CPU、内存这三大部件的性能相当，否则三者将会互相影响到其他硬件的性能。

（2）外存储器（外存）。

外存储器一般用来存储需要长期保存的各种程序和数据。它不能被 CPU 直接访问，必须先调入内存才能被 CPU 利用。外存与内存相比，外存存储容量比较大，但速度比较慢。常用的外存储器有光盘、硬盘和 U 盘。

1）光盘驱动器和光盘：光盘驱动器和光盘一起构成了光盘存储器。光盘用于记录数据，光盘驱动器用于读取光盘数据。光盘存储容量大，价格便宜，保存时间长，适宜保存大量的数据，如声音、图像、动画、视频信息、电影等多媒体信息。

光盘驱动器有 CD—ROM、CD—R、CD—RW 和 DVD，CD—ROM 是只读光盘驱动器；CD—R 只能写入一次，以后不能改写；CD—RW 是可写、可读光盘驱动器。目前很多微机已配置 DVD 驱动器。DVD 光驱可以同时兼容 CD 光盘与 DVD 光盘，标准 DVD 盘片的容量为 4.7GB，相当于 CD—ROM 光盘的七倍。DVD 盘片可分为 DVD—ROM（只读）、DVD—R（可一次写入）、DVD—RAM（可多次写入）、DVD—RW（读和重写）、单面双层 DVD 和双面双层 DVD。

2）硬盘驱动器：硬盘驱动器也称硬盘。由于它有存储容量大，存取数据方便，价格便宜等优点，目前已成为保护用户数据的重要外部设备。

硬盘的性能指标主要有硬盘的容量、硬盘的转速、硬盘的缓存。硬盘的容量以千兆字节（GB）为单位，1G=1024MB。硬盘转速越大，硬盘读取数据的速度就越快。硬盘的缓存与主板上的高速缓存（RAM Cache）一样，是为了解决系统前后级读写速度不匹配的问题，以提高硬盘的读写速度。缓存越大，硬盘的提取数据速度就越快。

3）U 盘：U 盘又称闪存盘。是一种采用快闪存储器（Flash Memory）为存储介质，通过 USB 接口与计算机交换数据的可移动存储设备。U 盘具有即插即用的功能，在读写、复制及删除数据等操作上非常方便。目前，U 盘的存储容量达到了 128GB 或更高，可重复使用 100 万次以上。U 盘外形小巧，具有携带方便、抗震、容量大等优点，受到用户的欢迎。

5. 输入设备

输入设备的功能是将要加工处理的外部信息转换成计算机能够识别和处理的二进制代码输送到计算机中去。常用输入设备有键盘、鼠标和扫描仪。

（1）键盘。

键盘是向计算机输入数据的主要设备。微机使用的标准键盘为 104 键和 107 键，每个键相当于一个开关。按照键盘的功能特点划分，可以将键盘划分为普通标准键盘、多媒体键盘、网络键盘、无线键盘等。

1）键盘的分区。

键盘上的键位根据不同的功能、不同的特点分类排列。一个完整的键盘可以划分成 6 个分区，分别是主键盘区、功能键区、光标控制键区、电源控制键区、数字小键盘区、指示键位区。主键区包括数字键、符号键、字母键、控制键。数字键区包括光标移动键、光标控制键、算术运算符键、数字键、编辑键、数字锁定键、打印屏幕键等。功能键共有 12 个，包括 F1~F12。

2）键盘的常用键。

Ins 键：切换插入状态和改写状态

Caps Lock 键：切换大小写字母状态

Num Lock 键：切换小键盘区中的数字和移动光标状态

Shift 键（换挡键）：主键盘区中按住该键可以输入上档字符；也可以按住该键输入大写字母（此时为小写）或小写字母（此时为大写）

Esc：强行退出键

Ctrl、Alt：两个键都是控制键，一般与其他键组合使用

Enter：回车键

Delete：删除键，删除光标后的一个字符

Backspace←：退格键，按一次删除左边的一个字符

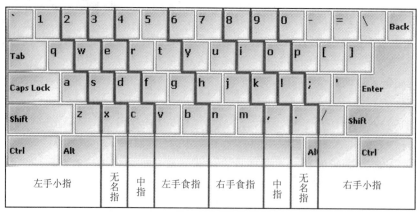

图 1-5　键盘分位图

3）规范化的指法。

① 基准键。基准键共有 8 个，左边的 4 个键是 A、S、D、F，右边的 4 个键是 J、K、L、;。操作时，左手小拇指放在 A 键上，无名指放在 S 键上，中指放在 D 键上，食指放在 F 键上；右手小拇指放在;键上，无名指放在 L 键上，中指放在 K 键上，食指放在 J 键上。

② 键位分配。提高输入速度的途径和目标之一是实现盲打（即击键时眼睛不看键盘只看稿纸），为此要求每一个手指所击打的键位是固定的，如图 1-5 示，左手小拇指管辖 Z、A、Q、1 四键；无名指管辖 X、S、W、2 键；中指管辖 C、D、E、3 键；食指管辖 V、F、R、4 键；右手四个手指管辖范围依次类推，两手的拇指负责空格键；B、G、T、5 键，N、H、Y、6 键也分别由左、右手的食指管辖。

③ 指法。操作时，两手各手指自然弯曲、悬腕放在各自的基准键位上，眼睛看稿纸或显示器屏幕。输入时手略抬起，只有需击键的手指可伸出击键，击键后手形恢复原状。在基准键以外击键后，要立即返回到基准键。基准键 F 键与 J 键下方各有一凸起的短横作为标记，供"回归"时触摸定位。双手的八个指头一定要分别轻轻放在"A、S、D、F、J、K、L、;"8 个基准键位上，两个大拇指轻轻放在空格键上。

（2）鼠标。

鼠标是微型计算机必备的输入设备，它通过串行接口或 USB 接口和计算机相连。鼠标的主要功能是对光标进行快速移动，选中图像或文字对象，执行命令。

鼠标按照键数量的不同，可分为两键鼠标和三键鼠标，三键鼠标比两键鼠标多出了一个滚动键，主要用于浏览文档时翻页之用。鼠标按照工作原理可以分为机械鼠标与光电式鼠标两类。目前光电式鼠标因为定位精度较高而被广泛应用。对鼠标的操作有单击、双击、拖拽等。

（3）扫描仪。

扫描仪是常用的图形、图像输入设备。一般通过 PS-232 或 USB 接口与主机相连。利用它可以迅速地将图形、图像、照片、文本从外部环境输入到计算机中，然后再编辑加工。

常见的有手持式扫描仪（超市收款台使用）、台式扫描仪（办公、家用）等。

6. 输出设备

输出设备的功能是将计算机内部以二进制代码形式表示的信息转换成人们习惯接受的字符、图形或图像显示出来。常见的有显示器、打印机、绘图仪等。随着科学技术的不断进步，很多新的设备集成了输入、输出和存储等多种功能，如数码相机、DV 既能存储拍摄的照片、视频，又能输入到电脑，也可以从电脑输出到相机、DV。

（1）显示器。

显示器是电脑的窗口，主要作用是将电信号表示的二进制代码信息转换为直接可以看到的字符、图形或图像。它由监视器和显示控制适配器（又称显卡）组成。常说的显示器就是指监视器。

显卡是监视器和主机的接口电路，显示内容和显示质量（如分辨率）的高低主要是由显卡的功能决定的。监视器在显卡的支持下可以实现多种显示模式，如 640×480，800×600，1024×768 等，乘积越大，分辨率就越高。

常见监视器有 CRT（阴极射线管）和 LCD（液晶）显示器两种，CRT 显示器是目前最为普遍的显示器，其价格便宜，显示色彩逼真，技术成熟，但可携带性与移动性差。跟传统的 CRT 显示器相比，液晶显示器具有低辐射、便携等优点，缺点是色彩显示不及 CRT 显示器真实。但随着技术的发展，液晶显示器最终将取代 CRT 显示器而成为主流。

（2）打印机。

打印机是微机可选的输出设备，主要用于办公环境下文档的打印。目前使用的打印机主要有针式打印机、喷墨打印机和激光打印机三种类型。打印机的技术指标有打印速度、印字质量、打印噪声等。

针式打印机价格便宜，但打印速度慢，噪声较大。激光打印机打印速度快、噪声小、打印效果清晰美观，但耗材和价格较贵。喷墨打印机体积小、重量轻、价格较激光打印机便宜。随着耗材成本的降低，目前已经进入了激光打印机的时代。

7. 微型计算机的总线及标准

（1）内部总线。

内部总线是微型计算机中各种部件之间共享的一组公共数据传输线路。总线由多条信号线路组成，每条信号线路可以传输一个二进制的 0 或 1 信号。总线可以分为传输地址的地址总线，传输数据的数据总线，传输控制指令的控制总线。内部总线都在 CPU 内部，又称 CPU 内部总线或微处理器总线。

（2）外部总线。

外部总线用于连接 CPU、主存和 I/O 控制器，又称为总线。常见的外部总线有 ISA（工业标准体系接口）总线、PCI（外部设备互连）总线、SCSI（小型计算机系统接口）总线等。早期的微型计算机使用 ISA 总线。SCSI 总线原来用于小型计算机中，后来被微机采用，现主要用于服务器中。PCI 是现代计算机重要的总线接口之一。它不仅用于 PC 机，在许多数字设备上也使用了 PCI 技术。PCI 在 CPU 和外设之间提供了一条独立的数据通道，让每种设备都能直接与 CPU 取得联系，使图形、视频、通信设备都能同时工作。

1.2.5　微机主要性能指标

微型计算机的性能指标是指微机的速度与容量。我们可以从以下几个指标来大体评价计算机的性能。

1. 运算速度

运算速度是衡量计算机性能的一项重要指标。通常所说的计算机运算速度是指每秒钟所能执行的指令条数，一般用"百万条指令／秒"（MIPS，Million Instructions Per Second）来描述。同一台计算机，执行不同的运算所需时间可能不同，因而对运算速度的描述常采用不同的方法。常用的有 CPU 时钟频率（主频）、每秒平均执行指令数等。微型计算机一般采用主频来描述运算速度，例如，Pentium/133 的主频为 133MHz，PentiumIII/800 的主频为 800MHz，Pentium41.5G 的主频为 1.5GHz。一般说来，主频越高，运算速度就越快。

2. 字长

计算机在同一时间内处理的一组二进制数称为一个计算机的"字"，而这组二进制数的位数就是"字长"。字长越大计算机处理数据的速度就越快。早期的微型计算机的字长一般是 8 位和 16 位。目前 586（Pentium、PentiumPro、Pentium II、PentiumIII、PentiumIV）大多是 32 位，有些高档的微机已达到 64 位。

3. 内存储器的容量

内存储器，也简称主存，是 CPU 可以直接访问的存储器，需要执行的程序与需要处理的数据就是存放在主存中的。内存储器容量的大小反映了计算机即时存储信息的能力。随着操作系统的升级，应用软件的不断丰富及其功能的不断扩展，人们对计算机内存容量的需求也不断提高。内存容量越大，系统功能就越强大，能处理的数据量就越庞大。

4. 外存储器的容量

外存储器容量通常是指硬盘容量（包括内置硬盘和移动硬盘）。外存储器容量越大，可存储的信息就越多，可安装的应用软件就越丰富。

以上只是一些主要性能指标。除了上述这些主要性能指标外，微型计算机还有其他一些指标，例如，所配置外围设备的性能指标以及所配置系统软件的情况等等。另外，各项指标之间也不是彼此孤立的，在实际应用时，应该把它们综合起来考虑，而且还要遵循"性能价格比"的原则。

1.3　数制和信息编码

计算机的主要功能就是要处理大量的信息，这些信息包括数值、文字、声音、图画、活动图像等。目前的计算机内部所能处理的数据是用"0"或"1"，即二进制编码表示的。因此，在计算机中，数据均以二进制的形式出现。在计算机中进行处理、存储和传输的信息采用二进制进行编码的原因有以下几点：

（1）二进制只有两种基本状态，在电器元件中最容易实现，而且稳定、可靠。例如用高、低两个电位，脉冲的有、无，电容的充、放电都可以方便地用"1"和"0"表示。

（2）二进制的编码、计数和运算规则都很简单，可以简化硬件结构。

（3）两个符号"1"和"0"正好与逻辑运算的两个值"真"和"假"相对应，为计算机实现逻辑运算和逻辑判断提供了便利的条件。

1.3.1　进位制计数制

人们在生产实践和日常生活中，创造了各种数的表示方法，称为数制。按照进位方式计数的数制称为进位计数制。人们大量使用着各种不同的进位制的数，例如，十进制，逢十进一；十二进制（1 年等于 12 个月），逢十二进一；六十进制（1 分钟等于 60 秒），逢六十进一等等。无论采用何种进制，它们都包括两个基本要素：基数和位权。

1. 基数

所谓某进制数的基数是指该进制中允许选用的基本数字符号的个数。基数为 D 的进制中，包含 D 个不同的数字符号，每个数位计满 D 后就向高位进 1，也就是"逢 D 进 1"。例如最常用的十进制数，使用 0，1，2，3，4，5，6，7，8，9 共 10 个数字来表示所有的数，则基数为 10，每满 10 就向高位进 1。而二进制数，使用 0 和 1 两个数字，基数为 2，逢 2 进 1。

2．位权

一个数字符号处在数码的不同位置时，它所代表的数值是不同的。每个数字符号所表示的数值等于该数字符号乘以一个与数码所在位有关的常数，这个常数就叫"位权"，也称为"权"。位权的大小是以基数为底，数字符号所在位置的序号为指数的整数次幂。例如十进制中的数码 3，在个位上表示的是 3，在十位上表示的是 30，在百位上表示的是 300。

【例 1.1】十进制 1530．86 用位权和基数表示为：

$$1530.86 = 1×10^3+5×10^2+3×10^1+0×10^0+8×10^{-1}+6×10^{-2}$$

1.3.2　常用进位计数制及其转换

1．二进制

二进制采用 0，1 两个数字符号来表示所有的数，2 是二进制的基数，其特点是"逢 2 进 1"。使用基数及位权可以将二进制展开成多项式和的表达式。展开后所得结果就是该二进制数所对应的十进制的值。

例如：$10100．01=1×2^4+0×2^3+1×2^2+0×2^1+0×2^0+0×2^{-1}+1×2^{-2}=20.25$

计算机内部所有数据均采用二进制表示。使用二进制，为书写和叙述有关的技术数据带来了很多不便。例如一个十进制的 4 位数 9999，当用二进制表示时要用 14 位数：10011100001111。因此，计算机中常用八进制或十六进制来弥补这个缺点。

为了区分各种数制，在数后加 D、B、Q、H 分别表示十进制、二进制、八进制、十六进制，也可用下标来表示各种数制的数。例如，36D，110B，78Q，37H，根据它们的标识字母就可以知道它们分别是十进制、二进制、八进制和十六进制数，也可以写成$(36)_{10}$、$(110)_2$、$(78)_8$、$(37)_{16}$。十进制后面的字母可以省略。

2．八进制

八进制采用 0～7 共 8 个数字符号来表示所有的数，其特点是"逢 8 进 1"。使用基数及位权可以将八进制展开成多项式和的表达式。展开后所得结果就是该八进制数所对应的十进制的值。

例如：$157.2Q=1×8^2+5×8^1+7×8^0+2×8^{-1}=111.25$

采用八进制可以弥补二进制书写与叙述的缺陷，3 位二进制可以用 1 位八进制表示，反之，1 位八进制又可以分解成 3 位二进制。由于其对应关系非常简单，所以二进制与八进制的换算非常方便。

3．十六进制

十六进制采用 0～9、A～F 共 16 个数字及字母符号来表示所有的数（其中字母符号 A、B、C、D、E、F 分别代表 10、11、12、13、14、15），其特点是"逢 16 进 1"。使用基数及位权可以将十六进制展开成多项式和的表达式。展开后所得结果就是该十六进制数所对应的十进制的值。

例如：$2CB.8H=2×16^2+12×16^1+11×16^0+8×16^{-1}=715.5$

同样，采用十六进制可以弥补二进制书写与叙述的缺陷，因为 4 位二进制可以用 1 位十六进制表示，反之，1 位十六进制又可以分解成 4 位二进制。与八进制相比，较长的二进制数用十六进制表示将会更简洁。

4．不同进制之间的等值转换

（1）二进制、八进制、十六进制数转换为十进制。

根据二进制、八进制、十六进制的定义，只要将二进制、八进制、十六进制数按照基数及位权展开后所得结果就是它们所对应的十进制值。

（2）十进制数转换为二进制、八进制、十六进制。

十进制数转换为其他进制时，整数部分与小数部分换算算法不同，需要分别计算。以二进制为例。

① 整数部分转换（2 除留余法）。将需要转换的十进制整数除以 2，所得余数作为二进制的最低位数，将商的整数部分再除以 2，所得余数为次低位，如此反复，直到商为 0 为止。所得到的从低位到高位的余数序列便构成对应的二进制整数。

【例 1.2】把十进制整数 18 转换为二进制数。

因此有：18=10010B

② 小数部分转换（2 乘取整法）。将需要转换的十进制小数乘以 2，所得整数作为二进制的最高位数，将乘积的小数部分再乘以 2，所得整数为次低位，如此反复，直到积为 1 或者达到规定的精度为止。所得到的从高位到低位的整数序列便构成对应的二进制小数。

【例 1.3】把十进制小数 0.8125 转换为二进制数。

因此有：0.8125=0.1101B

与十进制数转换为二进制数的方法相似，十进制数转换为八进制数和十进制数转换为十六进制数均分两部分进行。

1）十进制数转换为八进制数：整数部分采用"8 除留余法"，小数部分采用"8 乘取整法"。

2）十进制数转换为十六进制数：整数部分采用"16 除留余法"，小数部分采用"16 乘取整法"。

（3）二进制与八进制之间的转换。

由于 1 位八进制数对应 3 位二进制数，所以，从二进制转换为八进制时，只需要以小数点为基点，整数部分从低位到高位，小数部分从高位到低位，每 3 位二进制数为一组，转换成所对应的八进制数（注意：每组不足 3 位的情况下，小数部分在低位补 0，整数部分在高位补

0）。反之，如果要将八进制转换为二进制，只需要将每 1 位八进制数还原成 3 位二进制数。

【例 1.4】将二进制数 11011.1011B 转换为八进制数。

$$11011.1011B = 011\quad 011.101\quad 100\,B$$
$$= 3\,3\,.\,5\,4\,Q$$

【例 1.5】将八进制数 247.64Q 转换为二进制数。

$$247.64Q = 010\quad 100\quad 111.110\quad 100$$
$$= 10100111.1101B$$

（4）二进制与十六进制之间的转换。

由于 1 位十六进制数对应 4 位二进制数，所以，二进制与十六进制之间的转换，类似于二进制与八进制之间的转换，所不同的就是要以小数点为基点，整数部分从低位到高位，小数部分从高位到低位，每 4 位二进制数为一组，转换成所对应的十六进制数。反之，如果要将十六进制转换为二进制，只需要将每 1 位十六进制数还原成 4 位二进制数即可。

1.3.3　计算机中的数据表示

编码是以数据的形式来转换、表达与处理信息的一系列规则。为了便于计算机处理各种不同用途的信息，人们根据不同的需要研制出了各种各样的编码方法。在介绍各种编码以前，先来了解表示数据的单位。

1. 数据单位

（1）位。

位（bit）是计算机中信息表示的最小单位，简写为"b"，它表示一位"0"或"1"。

（2）字节。

字节（Byte）是计算机中用来进行信息表示的基本单位，简写为"B"，1 个字节由 8 个二进制数位组成。

除了字节外，计算机还经常使用的计量单位有：KB、MB、GB 和 TB，其中 B 代表字节，KB 为千字节、MB 为兆字节、GB 为吉（千兆）字节、TB 为太（万亿）字节。它们之间的换算关系是：

$$1KB=1024B$$
$$1MB=1024KB$$
$$1GB=1024MB$$
$$1TB=1024GB$$

2. 常用编码

（1）ASCII 码。

ASCII 码（American Standard Code for Information）是美国标准信息交换代码。由 7 位二进制数组成，可以表示 27＝128 个字符。其中包括 52 个大、小写英文字母，10 个阿拉伯数字，32 个专用符号和 34 个控制符号，而且每个二进制代码都可用与其对应的十六进制数表示。

如表 1-2 所示，虽然 ASCII 码只用了 7 位二进制代码，但由于计算机的基本存储单位是一个字节（8 个二进制位），所以每个 ASCII 码也用一个字节表示，最高的二进制位为 0，通常用作奇（偶）校验或当作其他标志位。

表 1-2　ASCII 码表

$d_4d_3d_2d_1$ ＼ $d_7d_6d_5$	000	001	010	011	100	101	110	111
0000	NUL	DEI	SP	0	@	P	、	p
0001	SOH	DC1	!	1	A	Q	A	q
0010	STX	DC2	"	2	B	R	b	s
0011	EXT	DC3	#	3	C	S	c	s
0100	EOT	DC4	$	4	D	T	d	t
0101	ENQ	NAK	%	5	E	U	e	u
0110	ACK	STN	&	6	F	V	f	v
0111	BEL	ETB	,	7	G	W	g	w
1000	BS	CAN	(	8	H	X	h	x
1001	HT	EM	)	9	I	Y	i	y
1010	LF	SUB	*	:	J	Z	j	z
1011	VT	ESC	+	;	K	[	k	{
1100	FF	FS	.	<	L	\	l	|
1101	CR	GS	-	=	M	]	m	}
1110	SO	RS	°	>	N	↑	n	～
1111	SI	US	/	?	O	↓	o	DEL

（2）汉字编码。

为了在计算机中表示、处理汉字，需要对汉字进行编码。但汉字属于图形符号，结构复杂，多音字和多义字比例较大，数量太多。据统计，在我国使用的汉字有五万左右，常用的汉字就有 7000 个左右。这些都导致汉字编码处理和西文有很大的区别，在键盘上输入和处理都困难得多。所以，在汉字输入、存储、加工、传输等各个不同的阶段上，需要用不同的编码。这些编码有：汉字输入码、汉字机内码、汉字字形码等。

1）汉字输入码。

为将汉字输入计算机而编制的代码称为汉字输入码，也叫外码。

目前汉字输入码已有数百种，主要分为流水码 (如区位码、电报码等)、拼音码(如全拼码、双拼码等)、字形码（如五笔字型码、纵横码等、字源码）、音形码（如自然码）等。

对于同一个汉字，不同的输入法有不同的输入码。但不管采用什么输入方法，输入的汉字都会转换成对应的机内码并存储在存储介质中。

2）汉字机内码。

汉字机内码是为解决汉字在计算机内部存储、处理而设置的汉字编码，也称为内码。它应能满足在计算机内部存储、处理和传输的要求。当一个汉字输入计算机时就转换成了内码，然后才能在机器内存储和处理。一个汉字内码用两个字节存储，并把每个字节的最高位置 1 作为汉字内码的标识，以免和 ASCII 码混淆。

3）汉字字形码。

汉字字形码是表示字形信息的编码，大多以点阵的方式形成汉字。汉字字形码也就是指确定一个汉字字形点阵的编码，也称为字模或汉字输出码。

汉字是方块字，将方块等分成有 n 行 n 列的格子，就称为点阵。凡笔画所到的格子点为黑点，用二进制"1"表示，否则为白点，用二进制"0"表示。这样，一个汉字的字形就可用一串二进制数表示了。如图 1-6 所示是一个 16×16 点阵的汉字"中"。每一个点用一位二进制数来表示，则一个 16×16 的汉字字模要用 32 个字节来存储。点阵的规格有简易型 16×16 点阵、普通型 24×24 点阵和提高型 32×32 点阵等。点越密表现出来的汉字就越美观、准确，但是所占的存储空间就越大。例如 16×16 点阵的字型码要占 32B 存储空间，而 32×32 点阵字型码要占 128B 存储空间。国标码中的 6763 个汉字及符号码要用 261696 字节存储。以这种形式存储所有汉字字形信息的集合称为汉字字库。可以看出，随着点阵的增大，所需存储容量也很快变大，其字形质量也越好，但成本也越高。目前汉字信息处理系统中，屏幕显示一般用 16×16 点阵，打印输出时采用 32×32 点阵，在质量要求较高时可以采用更高的点阵。

图 1-6　汉字点阵"中"

汉字的输入码、机内码、字形码都不是唯一的，不便于不同计算机系统之间的汉字交换。为此我国制定了《信息交换用汉字编码字符集——基本集》即 GB2312-80，提供了统一的国家信息交换用汉字编码，称为国标码。该标准集中规定了 682 个西文字符和图形符号、6763 个常用汉字。按照汉字在使用中出现的频度分成两级。一级汉字以拼音为序共 3755 个；二级汉字以部首为序共 3008 个。每个汉字为两个字节。每个字节的低 7 位为汉字编码，共计 14 位，每个字节的最高位置为 1，最多可编码 16384 个汉字和符号。计算机在处理时遇到高位为 1 的字节时，就随同下一个字节一起处理，这样就实现了中文与西文的共存与区别。

（3）数值在计算机中的编码。

计算机中的数据包括数值型和非数值型两大类。

数值型数据指可以参加算术运算的数据，例如 $(123)_{10}$、$(1001.101)_2$ 等。

非数值型数据不参与算术运算。例如字符串"电话号码：2519603"、"4 的 3 倍等于 12"等都是非数值数据。注意这两个例子中均含有数字，如 2519603、4、3、12 ，但它们不能也不需要参加算术运算，故仍属非数值数据。

下面讨论数值型的二进制数的表示形式：

1）机器数。

在计算机中，因为只有"0"和"1"两种形式，所以数的正负，也必须以"0"和"1"表示。通常把一个数的最高位定义为符号位，用 0 表示正，1 表示负，称为数符，其余位仍表示数值。把在机器内存放的正、负号数码化的作为一个整体来处理的二进数串称为机器数（或机器字），而把机器外部由正、负表示的数称为真值数。

例：真值为 (+1010011) B 的机器数为 01010011，存放在机器中，等效于+83。

需注意的是，机器数表示的范围受到字长和数据的类型的限制。字长和数据类型定了，机器数能表示的数值范围也就定了。例如，若表示一个整数，字长为 8 位，则最大的正数为 01111111，最高位为符号位，即最大值为 127。若数值超出 127，就要"溢出"。

2）数的定点表示和浮点表示。

当计算机所需处理的数含有小数部分时，又出现了如何表示小数点的问题。计算机中并不单独利用某一个二进制位来表示小数点，而是隐含规定小数点的位置。根据小数点位置是否固定，计算机中的数可分为定点数和浮点数两种。所谓定点表示法就是小数点在数中的位置固定不变，它总是隐含在预定位置上。

定点数用来表示整数或纯小数。如果一个数既有整数部分，又有小数部分，采用定点格式就会引起一些麻烦和困难。因此，计算机中使用浮点表示方法。浮点表示法中的小数点在数中的位置不是固定不变的，是浮动的。任何浮点数都由阶码和尾数两部分组成，阶码是指数，尾数是纯小数。其中，数符和阶符都各占一位，数符是尾数（纯小数）部分的符号位；而阶符为阶码（指数部分）的符号位。阶码的位数随数值的表示的范围而定，尾数的位数则依数的精度而定。当一个数的阶码大于机器所能表示的最大阶码或小于机器所能表示的最小阶码时会产生"溢出"。浮点数的正负是由尾数的数符确定的，而阶码的正、负只决定小数点的位置，即决定浮点数的绝对值的大小。当浮点数的尾数为零或阶码为最小值时，机器通常规定，把该数看作零，称为机器零。

1.4　多媒体技术简介

1.4.1　多媒体的概念

1. 什么是多媒体

"多媒体"一词译自英文"Multimedia"，媒体（medium）原有两重含义，一是指存储信息的实体，如磁盘、光盘、磁带、半导体存储器等，中文常译作媒质；二是指传递信息的载体，如数字、文字、声音、图形等，中文译作媒介。计算机中的多媒体通常指后者。

多媒体技术从不同的角度有着不同的定义。有人定义多媒体计算机是一组硬件和软件设备，结合了各种视觉和听觉媒体，能够产生令人印象深刻的视听效果。在视觉媒体上，包括图形、动画、图像和文字等媒体，在听觉媒体上，则包括语言、立体声响和音乐等媒体。用户可以从多媒体计算机同时接触到各种各样的媒体来源。概括起来，多媒体技术就是具有集成性、实时性和交互性的计算机综合处理声、文、图信息的技术。

2. 多媒体数据

多媒体数据是指定多媒体应用中可显示给用户的媒体形式。目前常见的媒体数据主要有文本、图形、图像、声音、动画和视频图像。

（1）文本（Text）。

文本如字母、数字、文章等，通过对文本显示方式的组织，多媒体应用系统可使显示的信息更利于理解。

（2）图形（Graphic）。

图形一般指计算机生成的有规则的图，如直线、圆、圆弧、矩形、任意曲线等几何图和统计图等。相对于图像的大数据量，它占用的存储空间较小。另外在显示、打印和放大时，图形的质量较高。

（3）图像（Image）。

图像是指由输入设备捕捉的实际场景画面或以数字化形式存储的任意画面。计算机可以处理各种不规则的静态图像，如扫描仪、数字照相机或摄像机输入的彩色、黑白图片或照片等。

（4）音频（Audio）。

音频常常作为"音频信号"或"声音"的同义词，音频主要分为波形声音、语音和音乐。将音频信号采集到多媒体中，可以烘托气氛，增强感染力。

（5）动画（Animation）。

动画是运动的图画，实质是一幅幅静态图像的连续播放。

（6）视频（Video）。

视频是若干有联系的图像数据连续播放。视频图像可来自录像带、摄像机等视频信号源的影像，如录像带、影碟上的电影、电视、摄像等。

1.4.2　多媒体硬件系统

声频卡、CD-ROM 和视频卡是配置多媒体计算机的关键设备，由于 CD-ROM 在前面已介绍过，下面再介绍一些其他常用的多媒体硬件。

1. 声频卡

声频卡是多媒体计算机的必要部件，它是计算机进行声音处理的适配器。声卡就是将模拟的声音信号，经过模数转换器，将模拟信号转换成数字信号，然后再把信号以文件形式存储在计算机的存储器和硬盘中。当用户想把此信号播放出来时，只需将文件取出，经过声卡的数模转换器，把数字信号还原成模拟信号，经过适当的放大后，再通过喇叭播放出来。

音箱是输出声音信号的设备，也是多媒体计算机必不可少的配件，音箱主要有功率、失真、信噪比等性能指标。

2. 视频卡

视频卡通过插入主板扩展槽与主机相连，通过卡上的输入/输出接口与录像机、摄像机和电视机等连接，使之能采集来自这些设备的模拟信号信息，并以数字化的形式在计算机中进行编辑或处理。

3. 图形加速卡

图文并茂的多媒体表现需要分辨率高且显示色彩丰富的显示卡的支持。而带有图形用户接口 GUI 加速器的局部总线显示适配器可使得显示速度大大加快。

4. 摄像头

摄像头作为一种视频输入、监控设备，广泛运用于视频会议、远程医疗、网上聊天及实时监控，已成为网络时代多媒体计算机的基本配置之一。摄像头分为模拟摄像头和数字摄像头。

5. 数码相机

数码相机是一种利用电子传感器把光学影像转换成电子数据的照相机，也是多媒体计算机视频、图像的输入设备。按用途分为单反相机，卡片相机，长焦相机和家用相机等。它集成了影像信息的转换、存储和传输等部件，具有数字化存取模式，与电脑交互处理和实时拍摄等特点。光线通过镜头或者镜头组进入相机，通过成像元件转化为数字信号，数字信号通过影像运算芯片储存在存储设备中。数码相机最早出现在美国，20 多年前，美国曾利用它通过卫星向地面传送照片，后来数码摄影转为民用并不断拓展应用范围。

6. 触摸屏

触摸屏是一种电脑输入设备。具有直观、操作简单、方便、自然、坚固耐用、反应速度快、节省空间、易于交流等许多优点。利用触摸屏技术，极大改善了人机交互方式。目前，触摸屏已经广泛应用在各行各业，特别是在信息查询领域得到了极大的应用。

1.4.3　多媒体软件系统

同一般计算机一样，没有软件的支持，多媒体系统的硬件也仅仅是一些电子元件，是不能发挥应有的作用的。因此，多媒体系统中除开硬件部分外，还包含有一个非常重要的组成部分——多媒体软件系统。

多媒体软件系统主要有三个部分组成：多媒体操作系统、多媒体工具软件和多媒体应用软件系统。它们分别处于三个层次：操作系统仍然是多媒体软件系统的基础，负责管理多媒体系统软件、硬件资源，是最底层；工具软件是中间层，满足对多媒体应用系统的特殊应用需求的实现，是高层与底层的接口层，主要面向多媒体应用系统开发人员；多媒体应用系统是最高层，是直接面向用户的层次。下面简单介绍几种工具软件。

1. 文本工具

制作文本文件的工具比较多，如 Microsoft 的 Notebook、Word 等。另外一个很有用的工具是 OCR 光学字符识别软件，它可以将印刷的文字资料识别出来，并转换成文本文件。最常用的 OCR 软件有清华紫光 OCR、尚书 OCR。

2. 图形工具

目前，市面上图形工具软件比较多，如 Windows XP 的图片收藏工具软件，Adobe 发布的 Photoshop，AutoDesk 发布的 AutoCAD，Corel 发布的 CorelDraw 等等，它们通常具有以下三个功能：

显示图形：一般的素材编辑工具都支持显示多种格式的图形文件。

图形素材库：它能提供一些现成的素材供人们使用、连接和修改，通常是矢量格式。

专业图形库：这样的素材编辑工具具有适合专业作图艺术家的特点。

3. 图像工具

目前，市面上图像工具软件也比较多，如 Windows XP 的绘图软件，ACDSystem 发布的 ACDSee，Adobe 发布的 Photoshop 和 PageMaker，MacroMedia 发布的 FreeHand，Corel 发布的 CorelDraw，AutoDesk 发布的 3DMax，Ulead 发布的 PhotoImpact 等等，它们通常具有以下五个功能：

显示图像：大部分素材编辑工具能显示多种格式的图像，包括图像在屏幕上的定位、显示或者改变大小。

图像编辑：它包括文件管理图像文件格式的转换，显示图像和改变图像比例等功能。

图像压缩：由于图像文件都很大，需要压缩。

图像捕捉：利用数字相机和图像扫描仪捕捉实际图像，或通过屏幕捕捉软件抓取屏幕图像。

图像素材库：它能提供一些现成的素材供人们使用、连接或修改。

4. 动画工具

常用动画工具软件有：制作网页动画的软件 Animagic Gif，它提供了六种特效,也支持拖曳功能,它不仅支持 gif 文件,甚至 pcx 与 bmp 文件皆可读取，然后立即转换成 gif 文件；友立公司出版的动画 GIF 制作软件 Ulead Gif Anmator，内建的 Plugin 有许多现成的特效可以立即套用，可将 AVI 文件转成动画 GIF 文件，而且还能将动画 GIF 图片最佳化；友立公司出品的 3D 动画打造软件 COOL 3D；Autodesk 公司的三维动画制作软件 3DStudio 和二维动画制作软件 Animator Studio；美国 Macromedia 公司开发的专门用于制作二维动画的软件 Macromedia Flash 等。它们一般包括以下三个功能：

动画显示：它具有显示任何正式动画文件格式的功能。

动画编辑：它能生成需要特殊的工具集成动画的各部分，并控制位置和时序。

动画素材库：它能提供一些现成的动画供人们使用、连接或修改。

5．音频工具

常见音频工具软件有：Windows XP 的录音机；友立公司的 Media Studio Pro（又称为多媒体工作室）中的组件 Ulead Audio Editor；GoldWave Wave 是一个功能强大的数字音乐编辑器，集声音编辑、播放、录制和转换，它还可以对音频内容进行转换格式等处理，体积小巧，功能却不弱，可以打开的音频文件相当多，包括 WAV、OGG、VOC、IFF、AIFF、AIFC、AU、SND、MP3、MAT、DWD、SMP、VOX、SDS、AVI、MOV、APE 等音频文件格式，也可以从 CD、VCD、DVD 或其他视频文件中提取声音；美国 Adobe Systems 公司（前 Syntrillium Software Corporation）开发的功能强大、效果出色的多轨录音和音频处理软件 COOL Edit；Ulead 公司出品的 Video 视频制作软件 Media Studio Audio Editor；Adobe 公司的非线性编辑软件 Premiere 等。它们一般具有以下四个功能：

音频播放：能够播放或处理声音文件和音乐文件。

音频编辑：具有剪辑，拷贝以及粘贴声音文件的基本功能和其他功能。

录音功能：能够用数字化声音板之类的工具录制声音，并保存。

声音素材库：能提供一些现成的，特殊的声音供用户调用、连接或修改。

6．视频工具

常见视频工具软件有：Windows XP 的 Windows Movie Maker，友立公司出品的 Video 视频制作软件 Ulead Video Editor；Adobe 公司的非线性编辑软件 Premiere 等。

7．播放工具

多媒体播放工具软件主要用来显示、浏览或播放图像、音频和视频等多媒体数据。随着多媒体技术应用的普及，多媒体播放工具软件市场非常火爆，国内软件厂商也积极投入这个市场并有所作为。目前，市面上比较流行的播放工具软件有：ACDSee, Media Player, RealPlayer, Flash Player, QuickTime，超级解霸，金山影霸，东方影都等等。

8．创作工具

常见的创作工具软件有：Director，能够容易地创建包含高品质图像、数字视频、音频、动画、三维模型、文本、超文本以及 Flash 文件的多媒体程序，可以开发多媒体演示程序、单人或多人游戏、画图程序、幻灯片、平面或三维的演示空间；功能丰富的课件编辑工具软件 ToolBook，任何人都可以使用 Toolbook 开发符合国际标准的互动课件、测试、评估和模拟训练；Authorware 是一个图标导向式的多媒体制作工具，使非专业人员快速开发多媒体软件成为现实，其强大的功能令人惊叹不已，它无需传统的计算机语言编程，只通过对图标的调用来编辑一些控制程序走向的活动流程图，将文字、图形、声音、动画、视频等各种多媒体项目数据汇在一起，就可达到多媒体软件制作的目的。通过图标的调用来编辑流程图用以替代传统的计算机语言编程的设计思想是它的主要特点；Visual C++是微软公司的 C++开发工具，具有集成开发环境，可提供编辑 C 语言、C++以及 C++/CLI 等编程语言，VC++整合了便利的除错工具，特别是整合了微软视窗程式设计（Windows API）、三维动画 DirectX API、Microsoft .NET 框架，目前最新的版本是 Microsoft Visual C++ 2013。

本章小结

通过本章的学习，应该了解计算机的发展、分类、特点、应用及发展趋势，掌握微型计算机的硬件系统和软件系统的组成和计算机的简单工作原理，还要熟悉微型机的主要性能指标。了解数制的概念，熟悉 ASCII 码、汉字编码和数值的编码方式。了解多媒体的基本概念、基本知识。

本章既是了解计算机的入门内容，也是学习以后各章知识的基础。虽然多为概念和理论性知识，但是学习的时候不宜仅仅纸上谈兵，若能有比较多的上机实践，对理解这些概念是大有裨益的。

思考与练习

一、简答题

1. 运算器可以执行哪些运算功能？

2. 系统软件的作用是什么？

3. 什么是多媒体？

4. 请你说出日常生活中多媒体应用的主要领域有哪些？

5. 国际上进行信息交换通用的编码方式是什么？

二、选择题

1. 以二进制和存储程序为基础的计算机结构是由_____最早提出的。

    A．布尔   B．卡诺

    C．冯·诺依曼   D．图灵

2. 微型计算机外（辅）存储器是指_____。

    A．RAM   B．ROM

    C．磁盘   D．虚拟盘

3. 计算机内部采用二进制数进行运算、存储和控制。有时还会用到十进制、八进制和十六进制。下列说法错误的是_____。

    A．"28"不可能是八进制数   B．"22"不可能是二进制数

    C．"AB"不可能是十进制数   D．"CD"不可能是十六进制数

4. 关于内存与硬盘的区别，错误的说法是_____。

    A．内存与硬盘都是存储设备

    B．内存的容量小，硬盘的容量相对大

    C．内存的存取速度快，硬盘的速度相对慢

    D．断电后,内存和硬盘中的信息均仍然保留着

5．"32 位微型计算机"中的 32 指的是＿＿＿＿。

　　A．微机型号　　　　　　　　　　B．内存容量

　　C．运算速度　　　　　　　　　　D．计算机的字长

三、填空题

1．内存可分＿＿＿＿和 RAM 两部分。

2．著名数学家冯·诺依曼（Von Neumann）提出＿＿＿＿的原理。根据这一原理组成的计算机叫做冯·诺依曼型计算机。

3．运算器是能完成算术运算和＿＿＿＿运算的装置。

4．＿＿＿＿是系统软件的核心部分。

5．要使用外存储器中的信息，应先将其调入＿＿＿＿。

四、操作题

请在"写字板"中，以正确的指法录入以下文章（摘自 ChinaTechNews）。

SmarTone-Vodafone Expands Voice Portal

Hong Kong's SmarTone-Vodafone will be using Intervoice (INTV) Media Exchange to upgrade and expand the company's existing Interactive Voice Response (IVR) Portal.

SmarTone-Vodafone worked with Intervoice's regional partner IVRS (International) Limited, a provider of customer interaction management solutions, to deliver an integrated voice solution.

'In order to support the growing demand for mobile services and to meet the higher expectations of customers, SmarTone-Vodafone is constantly leveraging new technological advancements and looking for ways to invest in improving our infrastructure as well as to capitalize on existing investments,' said Stephen Chau, chief technology officer of SmarTone-Vodafone.

According to analysts at the Yankee Group, the Asia-Pacific region has emerged as the largest cellular market in the world because of strong subscriber growth in greater China, Thailand, India and Indonesia. By leveraging Intervoice solutions, network carriers like SmarTone-Vodafone can better address its customers' needs, while reducing the cost of delivering service through efficient IVR options that offer better call control, intelligent routing and personalization.

'We have longstanding relationships with both Intervoice and IVRS (International) Limited, and we are very satisfied with the capacity of their solutions and their industry experience in meeting our demanding business requirements,' Chau emphasized.

第 2 章　Windows 7 操作系统的使用

Windows 7 是目前最常用的操作系统之一，它集办公、娱乐、管理于一体，具有界面美观、快速安全、操作稳定等优点。本章将对 Windows 7 操作系统进行全面细致的介绍，包括：文件与文件夹管理、个性化设置、软件的管理、用户管理、附件、中英文输入等操作，通过学习使读者能够熟练使用 Windows 7 操作系统。

- 操作系统的概念
- 认识 Windows 7
- 文件管理和磁盘管理
- 控制面板
- 附件
- 常用软件

2.1　操作系统概述

2.1.1　操作系统简介

操作系统是计算机的系统软件，用来管理计算机的所有硬件和软件，是整个计算机系统的组织者和管理者。操作系统也是人和计算机之间的接口，通过操作系统提供的操作命令，普通用户也能对计算机的软硬件资源进行有效的管理，大大提高了计算机的易用性和使用效率。

操作系统的主要作用：提高系统资源的利用率、提供方便友好的用户界面、提供软件开发的环境。

从资源管理角度来看，操作系统的主要功能有处理器管理、存储器管理、设备管理、文件管理、作业管理。

常见的操作系统有 DOS、UNIX、Linux、OS/2（IBM 公司）、Mac OS（苹果公司）、Windows 等。

微型机操作系统有字符界面和图形界面两种，字符界面的操作系统以 DOS 为代表，图形界面的操作系统以 Windows 为代表。

2.1.2　操作系统的分类

1. 按使用环境

按使用环境划分，操作系统分为批处理操作系统、分时操作系统和实时操作系统。

- 批处理操作系统：将多个用户作业按一定顺序排列，统一交给计算机，由计算机自动顺序处理各个作业，处理完后将结果提供给用户。
- 分时操作系统：分时操作系统是多用户操作系统。一台主机上连接多个终端，它把主计算机处理的时间分成若干时间片，每个终端轮流占用其中的一个时间片，并按一定顺序轮流使用计算机。
- 实时操作系统：实时操作系统能让计算机马上响应外部请求，及时处理响应的事件。

2. 按同时使用的用户数目

按同时使用的用户数目分，操作系统分为单用户操作系统和多用户操作系统。

- 单用户操作系统：只在一个用户与计算机之间提供联机通信和交互环境，在计算机系统内同时支持运行一个用户的程序。
- 多用户操作系统：允许多个用户在同一时间使用计算机。

3. 按计算机的硬件结构

按计算机的硬件结构分，操作系统分为分布式操作系统、网络操作系统和多媒体操作系统。

- 分布式操作系统：由通信线路把各个独立的计算机连接成一个可以互相通信的系统。各计算机之间没有主次之分，系统资源共享，一个计算任务可以分布于多台计算机上并行处理，这种计算机系统称为分布式系统。用来管理分布式系统资源的操作系统，称为分布式操作系统。
- 网络操作系统：具有单机和网络管理的双重功能，提供网络通信、网络资源共享和网络服务。
- 多媒体操作系统：在多媒体计算机上运行的操作系统，除管理一般计算机资源外，还能管理多媒体信息。

2.2　Windows 7 操作系统的基本操作

Windows 7 是 Windows 系列中新一代操作系统，与之前的版本相比，增加了许多新的功能。从本节开始，我们将系统地学习 Windows 7 的基本操作。

2.2.1　Windows 的发展历程

Windows 操作系统从 1985 年诞生至今经历了一个从无到有，从低级到高级的发展过程。系统越来越复杂、集成程序越来越多、功能越来越强大，用户使用起来也越来越方便了。但其发展的过程中也曾出现过多次波折，下面我们来回顾一下 Windows 的发展历程。

1. Windows 1.0

微软第一款图形用户界面 Windows 1.0 的发布时间是 1985 年 11 月，比苹果 Mac 晚了近两年。由于微软与苹果间存在一些法律纠纷，Windows 1.0 缺乏一些关键功能，例如重叠式窗口和回收站。系统很不稳定，能支持的软件非常少。但它是微软的第一款图形界面的操作系统，提供了有限的多任务能力，并支持鼠标操作。

2. Windows 2.0

微软购买了苹果的 Mac 图形用户界面的许可协议，1987 年 11 月推出的 Windows 2.0 完全支持图标和重叠式窗口。Windows 2.0 还获得了一些重要应用软件的支持，如早期版本的 Word 和 Excel、桌面出版软件 Aldus PageMaker 等。

3. Windows 3.0

1990 年发布的 Windows 3.0 是一个全新的 Windows 版本。借助全新的文件管理系统和更好的图形功能，Windows PC 终于成为了 Mac 的竞争对手。Windows 3.0 不但拥有全新外观，其保护和增强模式还能够更有效地利用内存。开发人员开始开发大量针对 Windows 3.0 的第三方软件，Windows 3.0 获得了巨大成功。

4. Windows 3.1

1992 年微软对 Windows 3.0 进行了优化，开发出了 Windows 3.1。这个版本支持 TrueType 字体、多媒体功能和对象连接与嵌入功能。Windows 3.1 中还包含有自 Windows 3.0 发布以来的许多补丁软件和升级包。

5. Windows 95

经过了长达几年的的研发和大量程序员的刻苦努力，微软公司在 1995 年推出了一个划时代的产品 Windows 95。Windows 95 功能非常强大，从根本上改变了大家使用计算机的方式，只要会用鼠标就会操作电脑，使得 PC 和 Windows 真正实现了平民化。Windows 95 还首次引进了"开始"按钮和任务栏，目前这两种功能已经成为 Windows 的标准配置。

6. Windows 98

Windows 98 提高了 Windows 95 的稳定性，并不是一款新版操作系统。它支持多台显示器和互联网电视，新的 FAT32 文件系统可以支持更大容量的硬盘分区。Windows 98 还将 IE 集成到了图形用户界面中，不用再安装其他浏览器就可以上网浏览网页了。

7. Windows 2000

2000 年 2 月发布的 Windows 2000 是一款经过了大量严格测试的产品，系统更稳定、网络功能更强，也是首款引入自动升级功能的 Windows 操作系统。

8. Windows XP（experience 体验版）

2001 年发布的 Windows XP 集成了 Windows 95/98/2000 的很多优点，在文件管理、速度和稳定性上都比以前做了很大的改进。Windows XP 集成了很多设备的驱动程序，很多设备不用再安装驱动程序就可以直接使用了，如闪存盘、MP3、MP4 等。图形用户界面得到了升级，界面更美观，操作更简便。

9. Windows Vista

Windows Vista 在 2007 年 1 月高调发布，采用了全新的立体化的图形用户界面和全新的显示技术，改进了打印和多媒体方面的性能。但对硬件的要求偏高，在很多低端的计算机上不能很好的运行。许多 Windows 用户仍然坚持使用 Windows XP。

10. Windows 7

2009 年发布的 Windows 7 是一个更加精简、更加灵活、扩展性更好的系统，包含有全新的搜索工具、任务栏和联网工具。系统具有触摸屏功能，用户可通过手指在触摸屏上的滑动来对软件进行各种操作，与目前热销的 iPhone 手机的触摸屏颇为类似，比如通过手指触摸屏幕改变照片和电子地图的尺寸等。它还包含了 IE 8 、Powershell（新的命令工具）、XPS Viewer（XPS 文档浏览器）等多种软件。

2.2.2　Windows 7 的启动与退出

启动与退出 Windows7 是操作电脑的第一步，掌握正确的方法，能起到保护电脑和延长电脑使用寿命的作用。

1．启动 Windows 7

按下显示器的电源按钮打开显示器，再按下电脑主机的电源按钮，即可启动 Windows 操作系统。

在启动过程中，Windows 7 会进行自检、初始化硬件设备，如果系统运行正常，则无须进行其他任何操作。

如果没有对用户账户进行任何设置，则系统将直接登录 Windows 7 操作系统；如果设置了用户密码，则在"密码"文本框中输入密码，然后按 Enter 键，便可登录 Windows 7 操作系统，如图 2-1 所示。

2．退出 Windows 7

退出 Windows 7 的操作步骤如下：

（1）单击 Windows 7 工作界面左下角的"开始"按钮。

（2）弹出"开始"菜单，单击右侧关机按钮，电脑保存文件和设置后退出 Windows 7，如图 2-2 所示。

（3）关闭显示器及其他外部设备的电源。

图 2-1　Windows 7 桌面

图 2-2　关机

2.2.3　Windows 7 睡眠与重新启动

"睡眠"是一种节能状态，计算机会立即停止工作，并做好继续工作的准备。进入睡眠状态时，Windows 7 会自动保存当前打开的文档和程序中的数据。进入睡眠状态的操作步骤如下：

（1）单击 Windows 7 工作界面左下角的"开始"按钮。

（2）弹出"开始"菜单，单击关机按钮右侧的三角按钮，在弹出的如图 2-3 所示的菜单列表中选择"睡眠"命令，即可使电脑进入睡眠状态。

"重新启动"是指将打开的程序全部关闭并退出 Windows7，然后电脑重新启动进入 Windows 7 的过程，其操作是：单击关机按钮右侧的三角按钮，在弹出的菜单列表中选择"重新启动"命令即可。

图 2-3　"关机"菜单

菜单列表中其他选项的意义：

"休眠"是一种主要为便携式计算机设计的电源节能状态。睡眠通常会将工作和设置保存在内存中并消耗少量的电量，而休眠则将打开的文档和程序保存到硬盘中，然后关闭计算机。在 Windows 使用的所有节能状态中，休眠使用的电量最少。

"注销"是关闭当前用户的应用程序，并且退出当前用户的登录状态。

"锁定"是不关闭当前用户的程序，返回到登录界面，再次进入需要解锁。

如果计算机上有多个用户帐户，则另一用户登录该计算机的便捷方法是使用"切换用户"，该方法不需要注销或关闭程序和文件。

2.2.4　Windows 7 的桌面

登录 Windows 7 后，出现在屏幕上的整个区域称为"桌面"，在 Windows 7 中大部分的操作都是通过桌面完成的。如图 2-1 所示，桌面主要由桌面图标、桌面背景和任务栏等几部分组成，下面分别介绍。

1. 桌面图标

桌面图标可以分为系统图标和快捷方式图标两种，如图 2-4 所示。双击桌面图标可以快速打开相应的文件和应用程序。Windows 7 系统自带的一些有特殊用途的图标被称为系统图标，如"计算机"、"回收站"、"网络"等。快捷方式图标是在安装某些应用程序时自动产生的，用户也可自行创建，其主要特征是图标左下角有一个小箭头标识。

图 2-4　桌面图标

（1）添加桌面图标。

对桌面图标的添加与调整可以在"个性化"窗口中进行：

①在桌面空白处单击鼠标右键，弹出如图 2-5 所示的快捷菜单，选择"个性化"命令。

②打开"个性化"窗口，在导航窗格中单击"更改桌面图标"文字链接，如图 2-6 所示。

图 2-5　快捷菜单

图 2-6　"个性化"窗口

③打开"桌面图标设置"对话框，如图 2-7 所示。选中需要添加的图标，单击"确定"按钮，系统图标就添加到桌面上了。

如果需要添加文件或应用程序的桌面快捷方式，则选中文件，单击鼠标右键，在弹出的快捷菜单中选择"发送到"|"桌面快捷方式"命令即可，如图 2-8 所示。

图 2-7　"桌面图标设置"对话框

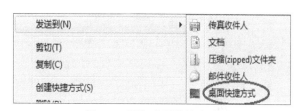

图 2-8　添加桌面快捷方式

（2）删除桌面图标。

如果要删除桌面上的图标，则可选中需删除的桌面图标，单击鼠标右键，在弹出的快捷菜单中选择"删除"命令。或将鼠标光标移到需要删除的桌面图标上，按住鼠标左键不放，将该图标拖动至"回收站"图标上，释放鼠标左键即可。

2. 桌面背景

桌面背景是指桌面上显示的背景图案。Windows 7 操作系统提供了丰富的桌面背景图片，可以根据个人的喜好设置桌面背景，美化工作环境。设置桌面背景的操作步骤如下：

①在桌面空白处单击鼠标右键，弹出快捷菜单，选择"个性化"命令，如图 2-5 所示。

②打开"个性化"窗口，单击窗口中的"桌面背景"图标，如图 2-9 所示。

③打开如图 2-10 所示的"桌面背景"窗口，在中间的列表框中选择背景图片。

图 2-9　"个性化"窗口

图 2-10　"桌面背景"窗口

④单击"保存修改"按钮。返回桌面后可看到桌面背景已经修改。

3. 任务栏

默认状态下任务栏位于桌面的最下方，用户可根据需要调整它的位置，通过它可以进行打开应用程序和管理窗口等操作。任务栏主要包括"开始"按钮 、快速启动区、任务按钮区、语言栏、系统提示区和显示桌面按钮等部分，如图 2-11 所示。

开始按钮　　　快速启动区　　　　　　　　　任务按钮区　　　　语言栏　系统提示区　显示桌面按钮

图 2-11　任务栏

各部分的功能如下：

- "开始"按钮：单击该按钮会弹出"开始"菜单，将显示 Windows 7 中各种应用程序选项，单击其中的任意选项可打开相应的应用程序或窗口。
- 快速启动区：存放常用程序的快捷方式，单击其中的图标，可打开相应的程序。
- 任务按钮区：用于显示当前打开程序窗口的对应图标，使用该图标可以进行还原窗口到桌面、切换和关闭窗口等操作。
- 语言栏：当输入文本内容时，在语言栏中进行选择和设置输入法等操作。
- 系统提示区：用于显示"系统音量"、"网络"和"时钟"等一些正在运行的应用程序的图标，单击其中的▲按钮可以看到被隐藏的其他活动图标。
- "显示桌面"按钮：单击该按钮可以在当前打开的窗口与桌面之间进行切换。

（1）调整任务栏大小。

任务栏的大小可以调整，以便为显示按钮和工具栏创建更多空间。调整的方法是：

①右键单击任务栏上的空白区域，弹出快捷菜单，删除"锁定任务栏"前面的复选标记，如图 2-12 所示。

②鼠标指针移到任务栏的边缘，直到指针变为双箭头，然后拖动边框将任务栏调整为所需大小。

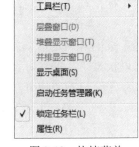

图 2-12　快捷菜单

（2）调整任务栏位置。

任务栏通常位于桌面的底部，但可以根据需要将其移动到桌面的两侧或顶部。首先解除任务栏锁定，然后，在任务栏的空白处按下鼠标按钮，并拖动任务栏到桌面的任一边缘，释放鼠标按钮即可。

也可以通过"任务栏和「开始」菜单属性"对话框来调整：

①右键单击任务栏上的空白区域，在弹出的快捷菜单中，选择"属性"命令，打开"任务栏和「开始」菜单属性"对话框。

②选择"任务栏"选项卡，如图 2-13 所示，在"屏幕上的任务栏位置"下拉列表框中选择所需的选项。

（3）在窗口之间切换。

通过使用任务栏按钮可以快速切换窗口。任务栏按钮代表打开的文件、文件夹或程序，单击任务栏按钮即可切换到相对应的窗口。

图 2-13　"任务栏和「开始」菜单属性"对话框

技巧：使用组合键 Alt+Tab 和 Alt+Esc 可快速地进行窗口的切换。

（4）设置通知区域。

通知区域即系统提示区，用于显示电脑软硬件的重要信息，可根据需要对通知图标进行设置。方法是：

①打开"任务栏和「开始」菜单属性"对话框，单击"通知区域"栏右侧"自定义"按钮，打开"通知区域图标"窗口，如图 2-14 所示。

图 2-14　自定义"通知区域"栏

②在各图标"行为"下拉列表框中设置图标的显示方式。其中：

- "显示图标和通知"：在通知区域显示图标并弹出与程序相关的提示信息界面。
- "隐藏图标和通知"：既不显示信息界面，也不显示图标。
- "仅显示通知"：只弹出与程序相关的提示信息界面，而不显示图标。

③单击"确定"按钮完成设置。

2.2.5 "开始"菜单的使用

Windows 中的菜单简洁直观地显示了各种命令，选择相应的命令即可执行操作。常用的菜单有快捷菜单和"开始"菜单，快捷菜单是指在对象上单击鼠标右键弹出的菜单。"开始"菜单是单击"开始"按钮，在桌面的左下角弹出的菜单。Windows 7 的"开始"菜单在原来版本的基础上做了很大的改进，使用起来更加方便。

"开始"菜单如图 2-15 所示。分为以下几个基本部分：

①菜单最上方为正在使用的用户账户图标　，单击它可设置用户账户。

②左侧大窗格为"常用程序区"，显示的是最近使用的程序列表，通过它可快速启动常用的程序。

③"所有程序"菜单集合了电脑中所有程序，使用"所有程序"菜单的操作步骤如下：

* 单击"开始"按钮，弹出"开始"菜单；单击"所有程序"按钮，弹出"所有程序"菜单，显示各个程序的汇总菜单，如图 2-16 所示。

图 2-15　"开始"菜单　　　　　　　图 2-16　"所有程序"菜单

* 在该菜单中选择某个选项，如选择"附件"选项，打开该选项下的二级菜单，如图 2-17 所示。选择某个程序选项，即可启动该程序。

④左侧窗格最下方为"搜索栏"，只需在标有"搜索程序和文件"的搜索框中输入需要查找的内容，系统将展开搜索并在其上方显示搜索结果。如输入"迅雷"，将显示如图 2-18 所示的搜索结果。它使程序的使用变得更加简单，用户无需在"所有程序"列表中层层检索，就能快速地找到要使用的程序。

⑤右侧深色区域是 Windows 的"系统控制区"。Windows 7 的系统控制区保留了"开始"菜单中最常用的几个选项，并在其顶部添加了"文档"、"图片"、"音乐"和"游戏"等选项，通过单击这些选项可以快速打开对应的窗口。系统控制区右下角的关机按钮可进行"关机"、"切换用户"、"注销"、"锁定"和"重新启动"等操作。

图 2-17　"附件"菜单

图 2-18　"搜索栏"

2.2.6　Windows 7 的窗口与对话框

1. 窗口

在 Windows 7 中操作是在各式各样的窗口中完成的，窗口是 Windows 图形界面最显著的外观特征。由于程序和功能的不同，各种窗口会有所差异，但大部分窗口都是由一些相同的元素组成的。主要包括标题栏、地址栏、搜索框、工具栏、窗口工作区和导航窗格等部分组成，如图 2-19 所示。

图 2-19　窗口

- 标题栏

位于窗口的最顶端，用来显示窗口的名称和已经打开的文件名称。其中有"最小化"按钮 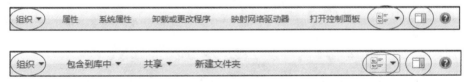、"最大化/还原"按钮 和"关闭"按钮 ，通过标题栏可以执行移动窗口、改变窗口大小和关闭窗口等操作。

- 地址栏

地址栏中显示的是当前窗口的路径，当知道某个文件或程序的保存路径时，也可以直接在地址栏中输入路径来打开保存该文件或程序的文件夹。

- 搜索栏

窗口右上角的搜索栏与"开始"菜单中的搜索框的用法和作用相同，都具有在电脑中搜索各类文件和程序的功能。使用搜索栏搜索内容时，在开始输入关键字时，搜索就开始进行，随着输入的关键字越来越完整，符合条件的内容也将越来越少，直到搜索出完全符合条件的内容为止。在某个窗口或文件夹中输入搜索内容，表示只在该窗口或文件夹中搜索，而不是对整个计算机资源进行搜索。

- 菜单栏

单击菜单栏中的菜单命令将会出现一个下拉菜单。有些命令后边有个三角符号▶，这表示该命令项后还有下一级子菜单，鼠标单击就会弹出子菜单。有些命令后边有个省略号…，单击会弹出对话框。有些菜单命令的前面有一个对号，表明该菜单命令已被激活。有些命令的颜色为浅灰色，表示该菜单命令现在不能使用。

- 工具栏

工具栏用于显示针对当前窗口或窗口内容的一些常用的工具按钮，通过这些按钮可以对当前窗口中的内容进行操作。打开不同的窗口或在窗口中选择不同的对象，工具栏中显示的工具按钮是不一样的。在图 2-20 中，上图为"计算机"窗口显示的工具栏，下图为 D 盘窗口显示的工具栏。

图 2-20   "计算机"窗口与"D 盘"窗口工具栏

从图中可以看到，"组织"按钮、"视图"按钮以及"显示预览窗格"按钮是每个窗口都包含的。通过"组织"按钮提供的命令，可以实现对文件的大部分操作，如剪切、复制、删除、重命名等，如图 2-21所示。

- 窗口工作区

窗口工作区用于显示当前窗口的内容。如果窗口工作区的内容较多，将在其右侧和下方出现滚动条，通过拖动滚动条可查看其他未显示出的部分。

- 导航窗格

使用导航窗格可以快速定位要查找的文件和文件夹，还可以在导航窗格中将项目直接移动或复制到目标位置。

图 2-21   "组织"按钮

注意：如果在已打开窗口的左侧没有导航窗格，可以选择"组织"|"布局"|"导航窗格"命令将其显示出来。

（1）窗口的打开与关闭。

打开、关闭窗口的方法有很多：双击桌面上的快捷方式图标，或选择"开始"菜单中的"程序"下的子菜单等等，均可打开程序或文件对应的窗口。

操作完成后，单击窗口右上角的"关闭"按钮，或者选择窗口菜单栏中的"文件"|"关闭"命令，即可关闭窗口。

（2）缩放窗口。

将鼠标指针指向窗口上下边框，当鼠标指针变为 ↕ 或将鼠标指针指向窗口左右边框，当鼠标指针变为 ↔ 时按住鼠标左键并拖动到所需大小。也可以将鼠标指针指向窗口的 4 个角，当鼠标指针变为 ↘ 或 ↗ 时拖动鼠标。还可以用窗口右上角的"控制按钮"来最小化、最大化或还原窗口。

（3）移动窗口。

为了方便某些操作，需要调整窗口的位置。方法是：将光标移到窗口的标题栏上，按住鼠标左键不放，拖动窗口到任意位置后释放鼠标左键。

（4）排列窗口。

当打开的窗口过多时，采用不同的方式排列窗口可以方便用户对窗口进行操作和查看。方法是：在任务栏的空白处单击鼠标右键，在弹出的快捷菜单中选择"层叠窗口"、"堆叠显示窗口"或"并排显示窗口"命令即可，如图 2-22 所示。

（5）窗口的切换。

| 工具栏(T) ▶ |
| 层叠窗口(D) |
| 堆叠显示窗口(T) |
| 并排显示窗口(I) |
| 显示桌面(S) |
| 启动任务管理器(K) |
| ✓ 锁定任务栏(L) |
| 属性(R) |

图 2-22　任务栏快捷菜单

如果在桌面上同时打开多个窗口，可以通过单击窗口的可见部分来切换窗口，也可使用组合键 Alt+Tab 或 Win+Tab 来切换窗口。按下 Win+Tab 键可将所有打开的窗口以一种立方体倾斜的界面显示出来，如图 2-23 所示，按住 Win 键不放，按 Tab 键可在打开的窗口之间切换预览。

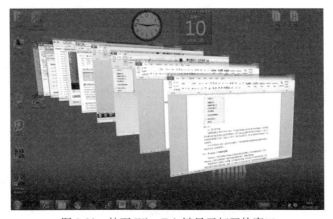

图 2-23　按下 Win+Tab 键显示打开的窗口

对于打开的每个窗口，在任务栏中都有一个代表该窗口的图标按钮，单击任务栏上的按钮也可完成窗口的切换。

2. 对话框

通常在执行某些命令时会打开一个对话框，在其中对所选对象进行具体的参数设置，从而实现系统或应用程序与用户的交互。对话框与窗口很相似，但它不能放大和缩小。执行不同的命令，所打开的对话框也各不相同。图 2-24 所示是"文件夹选项"对话框，我们就以此为例，介绍对话框中所包含的各种元素。

图 2-24　"文件夹选项"对话框

● 选项卡

当对话框中的内容较多时，将按类别把内容分布在各个选项卡中。鼠标单击某一选项卡后将显示该选项卡的内容。

● 列表框

列出了多个可供选择的选项，当列表框内容过多时，可拖动滚动条来查看未显示出来的内容。

● 单选按钮

单选按钮具有排它性，即在同一组选项中只允许选中一个。选中后单选按钮前面的标记变为 ◉。

● 复选框

复选框可以多选，当选中复选框后，复选框前面的标记变为 ☑。

● 命令按钮

按钮上显示有命令的名称，单击后可执行该命令。如果名称后面有"…"符号，单击后将打开另一个相应的对话框。

2.3　Windows 7 的文件管理和磁盘管理

2.3.1　磁盘、文件与文件夹

计算机中的数据是以文件的形式保存的，而文件通常存放于磁盘及其中的文件夹中，他们三者之间存在包含与被包含的关系。下面将分别介绍磁盘、文件和文件夹的相关概念。

1. **磁盘**

磁盘是计算机的存储设备，计算机的磁盘包括硬盘、软盘、光盘和闪存盘等，其中最主要的存储设备是硬盘。计算机至少有一个硬盘，一个硬盘通常分为几个区，磁盘通常是指硬盘划分出的分区。每个区都编一个号，依次是"C:"、"D:"、"E:"等，如图 2-25 所示。

如果有多个硬盘，其他硬盘分区的编号紧接着前一个硬盘最后一个分区的编号。光盘和闪存盘的编号紧接着硬盘的最后一个编号。

图 2-25　磁盘分区

2. **文件**

文件是按一定形式组织在一起的一个完整的、有名称的信息集合，是计算机系统中数据组织的基本存储单位。我们使用的程序、制作的文档和 Windows 7 操作系统本身都是以文件的形式保存在磁盘上。一个文件可以是一组数据、一个程序、一个游戏、一幅图画或一段乐曲等。在 Windows 7 操作系统的平铺显示方式下，文件主要由文件名、文件扩展名、分隔符、文件图标及文件描述信息等部分组成，如图 2-26 所示。

图 2-26　平铺显示文件

- 文件名：用于标识文件的名称，用户可以自定义文件的名称，以便于对其进行管理。
- 文件扩展名：是操作系统中用来标识文件格式的一种机制，如文件“实验报告.docx”，docx 是其扩展名，表示这个文件是一个 Word 文件。
- 分隔符：用于区分文件名与文件扩展名。
- 文件图标：用于表示当前文件的类别，它是应用程序自动建立的。
- 文件描述信息：用于显示文件的大小和类型等信息。

不同的文件类型有不同的文件图标和文件扩展名，如：Word 文档文件的图标是，扩展名是.docx；压缩文件的图标是，扩展名是.rar；Excel 表格文件的图标是，扩展名是.xlsx；PowerPoint 文件的图标是，扩展名是.pptx 等等。

3. 文件夹

文件夹是一个文件容器。每个文件都存储在文件夹或“子文件夹”（文件夹中的文件夹）中。可以将文件分类后存放到不同的文件夹中，以方便查找。

一个磁盘可以包含多个文件夹和文件，一个文件夹可以包含多个文件和子文件夹，子文件夹中还可以包含多个文件和文件夹。

2.3.2 文件和文件夹的基本操作

1. 设置文件与文件夹显示方式

Windows 7 提供了图标、列表、详细信息、平铺和内容五种类型的显示方式。只需单击窗口工具栏中的“更改图标”按钮，在弹出的菜单中选择相应的命令，即可应用相应的显示方式，如图 2-27 所示。显示方式介绍如下：

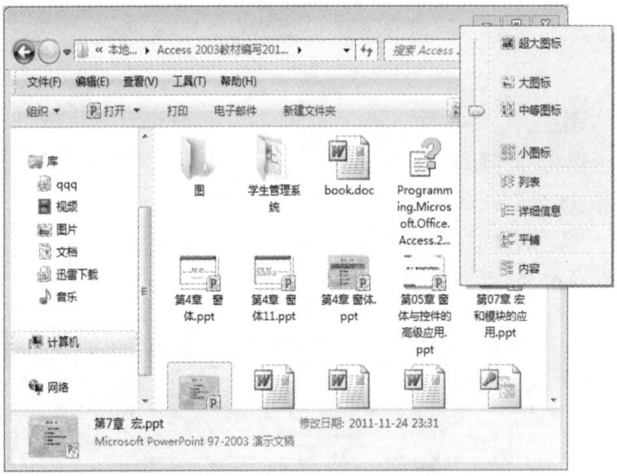

图 2-27 “更改图标”按钮

- “图标”显示方式：将文件夹所包含的图像显示在文件夹图标上，可以快速识别该文件夹的内容，常用于图片文件夹中。包括“超大图标”、“大图标”、“中等图标”和“小图标”四种图标显示方式。
- “列表”显示方式：若文件夹中包含很多文件，列表显示便于快速查找某个文件，在该显示方式中可以对文件和文件夹进行分类，但是无法按组排列文件。
- “详细信息”显示方式：显示相关文件或文件夹的详细信息，包括名称、类型、大小和日期等。

- "平铺"显示方式：以图标加文件信息的方式显示文件或文件夹，是查看文件或文件夹的常用方式。
- "内容"显示方式：将文件的创建日期、修改日期和大小等内容显示出来。

也可通过快捷菜单选择显示方式，如图 2-28 所示：在文件夹显示窗口的空白处单击右键，在快捷菜单中选择"查看"命令，即可选择显示方式。

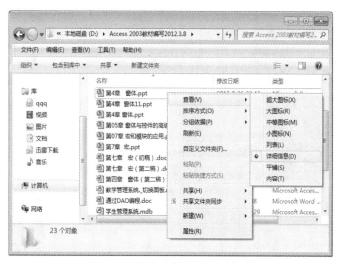

图 2-28　快捷菜单选择显示方式

2. 新建文件与文件夹

文件与文件夹的建立是在相应的窗口中通过快捷菜单命令来完成的。

【例 2.1】在 D 盘新建文件夹，命名为"计算机基础实验"。在其中建立子文件夹"第一章"，在子文件夹中建立 Word 文档，命名为"实验报告 1"。

操作步骤如下：

①在桌面双击"计算机"图标，打开"计算机"窗口，双击 D 盘图标，打开"本地磁盘（D:）"窗口。单击工具栏的"新建文件夹"命令或在窗口空白处单击鼠标右键，在弹出的快捷菜单中选择"新建"|"文件夹"命令，如图 2-29 所示，在窗口中新建文件夹。

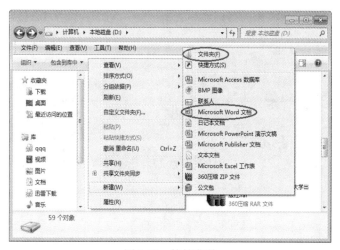

图 2-29　快捷菜单

②此时，窗口中新建文件夹的名称文本框处于可编辑状态，输入"计算机基础实验"，按Enter键完成新建，如图2-30所示。

图2-30　新建文件夹

③双击新建的文件夹，打开"计算机基础实验"文件夹窗口，同样的方法新建子文件夹，命名为"第一章"。

④双击"第一章"文件夹，打开"第一章"文件夹窗口，单击鼠标右键，在弹出的快捷菜单中选择"新建"|"Microsoft Word文档"命令，如图2-29所示，在窗口中新建Word文档，将其命名为"实验报告1"，如图2-31所示。

图2-31　新建Word文档

3. 重命名文件或文件夹

右键单击文件或文件夹后，在弹出的快捷菜单中选择"重命名"命令，在文件或文件夹名称输入框输入新的名称，完成后按Enter键，或在其他空白处单击即可。

4. 选择文件与文件夹

用鼠标单击文件或文件夹图标即可选择单个文件或文件夹。若要选择多个文件或文件夹可用如下方法：

- 选择多个相邻的文件或文件夹：在需选择的文件或文件夹起始位置处按住鼠标左键不放进行拖动，此时在窗口中将出现一个蓝色的矩形框，框住需要选择的文件或文件夹后，释放鼠标即完成选择。

- 选择多个连续的文件或文件夹：单击某个文件或文件夹图标后，按住 Shift 键不放，然后单击最后一个文件或文件夹图标，即可选择这两个文件或文件夹之间的所有连续的文件或文件夹。
- 选择多个不连续的文件或文件夹：按住 Ctrl 键不放，依次单击需要选择的文件或文件夹即可。
- 选择所有文件或文件夹：单击窗口中的"组织"按钮 组织▼ ，选择"全选"命令，如图 2-32 所示，或者按 Ctrl+A 键。

图 2-32　"组织"按钮

5．移动和复制文件或文件夹

移动文件或文件夹的方法：

- 选择需要移动的文件夹或文件，单击鼠标右键，在弹出的快捷菜单中选择"剪切"命令，然后打开目标文件夹，单击鼠标右键，在弹出的快捷菜单中选择"粘贴"命令。
- 选择需要移动的文件或文件夹，单击窗口中的"组织"按钮，选择"剪切"命令，然后打开目标文件夹，再单击窗口中的"组织"按钮，选择"粘贴"命令。

技巧：选择需要移动的文件或文件夹，可用组合键 Ctrl+X 和 Ctrl+V 来实现"剪切"和"粘贴"的功能。或者，用鼠标直接拖动文件或文件夹到目标文件夹即可。

复制文件或文件夹的方法：

- 选择需要移动的文件夹或文件，单击鼠标右键，在弹出的快捷菜单中选择"复制"命令，然后打开目标文件夹，单击鼠标右键，在弹出的快捷菜单中选择"粘贴"命令。
- 选择需要移动的文件或文件夹，单击窗口中的"组织"按钮，选择"复制"命令，然后打开目标文件夹，再单击窗口中的"组织"按钮，选择"粘贴"命令。

技巧：选择需要复制的文件或文件夹，可用组合键 Ctrl+C 和 Ctrl+V 来实现"复制"和"粘贴"的功能。或者，按住 Ctrl 键的同时，用鼠标直接拖动文件或文件夹到目标文件夹即可。

在移动或复制文件时要用到"剪贴板"，剪贴板是内存中的一块区域，是 Windows 内置的一个非常有用的小工具。是从一个地方复制或移动信息时，信息的临时存储区域，可以是文本或图形。在文件之间复制或移动信息时，使用"剪切"或"复制"命令将所选内容移至剪贴板，在使用"粘贴"命令将该内容插入到其他地方之前，它会一直存储在剪贴板中。

剪贴板是不可见的，它一次只能保存一条信息。每次将信息复制到剪贴板时，剪贴板中的旧信息将被新信息所替换。

6．删除文件或文件夹

选定要删除的文件或文件夹，按 Delete 键，删除的文件或文件夹就放到了回收站。如果不小心误删除了文件或文件夹，可以利用"回收站"来恢复被删除的文件或文件夹。

双击"回收站"图标，打开"回收站"窗口，选定要还原的文件或文件夹，执行工具栏的"还原此项目"命令（或单击右键在弹出的快捷菜单中选择"还原"命令），选定的文件或文件夹就被恢复到原来的位置。

如果要真正删除文件或文件夹，可在回收站中选定它，执行"组织"|"删除"命令，或

单击右键在弹出的快捷菜单中，选择"删除"命令。

如果要将回收站中的所有对象彻底删除，可以执行工具栏的"清空回收站"命令。

也可以在选择要删除的文件或文件夹后，按 Shift+Delete 组合键，这样删除的文件不会放到回收站而直接彻底删除。

7．搜索文件或文件夹

当忘记了文件或文件夹的保存位置或记不清楚文件或文件夹的全名时，使用 Windows 7 的搜索功能便可快速查找到所需的文件或文件夹。只需在"搜索"文本框中输入需要查找文件或文件夹的名称或该名称的部分内容，系统就会根据输入的内容自动进行搜索，并将搜索到的结果显示在窗口中。

【例 2.2】查找计算机中有关"等级考试"的文件与文件夹。

操作步骤如下：

①双击"计算机"图标，打开"计算机"窗口，单击工具栏中的"搜索"按钮。

②在"搜索"文本框中输入"等级考试"，系统进行搜索并将结果显示在窗口中。

8．文件与文件夹的设置

对文件和文件夹的设置主要包括设置文件或文件夹的属性、显示隐藏的文件或文件夹和设置个性的文件夹图标等。

【例 2.3】将 D 盘"计算机基础实验"文件夹中的子文件夹"第一章"的属性设置为只读和隐藏形式，并对"计算机基础实验"文件夹的图标进行个性化设置。

操作步骤如下：

（1）设置"第一章"文件夹的属性。

①打开 D 盘"计算机基础实验"文件夹，选择"第一章"文件夹，单击鼠标右键，在弹出的快捷菜单中选择"属性"命令。

②打开如图 2-33 所示的"属性"对话框，在"常规"选项卡的"属性"栏中选择"只读"和"隐藏"复选框，单击"确定"按钮。

③打开"确认属性更改"对话框，如图 2-34 所示。选中"将更改应用于此文件夹、子文件夹和文件"单选按钮，单击"确定"按钮。

图 2-33　"属性"对话框

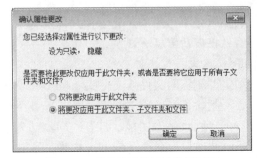

图 2-34　"确认属性更改"对话框

④返回"计算机基础实验"文件夹的窗口，"第一章"文件夹不再显示。

（2）设置文件夹"计算机基础实验"的个性化图标。

①在"计算机基础实验"文件夹上单击鼠标右键，在弹出的快捷菜单中选择"属性"命令。

②打开"属性"对话框，选择"自定义"选项卡，单击"更改图标"命令按钮。

③打开"为文件夹 计算机基础实验 更改图标"对话框，如图 2-35 所示。通过拖动列表框下方的滚动条来寻找所需图标，这里选择图标🍸，单击"确定"按钮。

④返回"属性"对话框，单击"确定"按钮，此时计算机 D 盘窗口中"计算机基础实验"文件夹的图标已经改变。

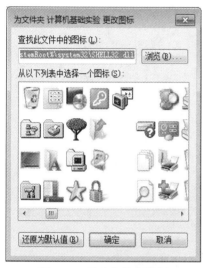

图 2-35　更改文件夹图标

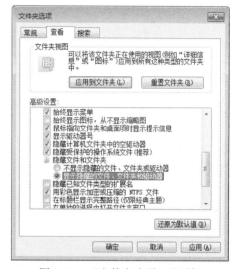

图 2-36　"文件夹选项"对话框

若要显示被隐藏的文件或文件夹，操作步骤如下：

①打开"计算机基础实验"文件夹，在菜单栏中选择"工具"|"文件夹选项"命令。

②打开"文件夹选项"对话框，选择"查看"选项卡，在"高级设置"列表框中选中"显示隐藏的文件、文件夹和驱动器"单选按钮，如图 2-36 所示。

③单击"确定"按钮完成设置。

9．资源管理器

"资源管理器"是 Windows 操作系统提供的资源管理工具，是 Windows 的精华功能之一。通过资源管理器可以查看和管理计算机上的所有资源，Windows 7 的资源管理器就是前面介绍的图 2-19 所示的窗口。打开资源管理器的方法有很多，双击 Windows 7 桌面"计算机"图标或按快捷键 Win+E 都可以迅速打开资源管理器。

与以前的版本相比，Windows 7 的资源管理器窗口提供了更直接、更清晰的管理功能。在左侧导航窗格的"收藏夹"中可以看到下载、桌面、最近访问的位置这三项信息，可以轻松定位要查找的文件和文件夹。

"搜索框"能快速搜索文档、图片和程序等信息。Windows 7 的搜索是动态的，当在搜索框中输入第一个字时，搜索工作就已经开始了，这大大提高了搜索效率。

"地址栏"中每一级目录都提供了下拉菜单小箭头，点击这些小箭头可以快速查看和选择指定目录中的其他文件夹。在地址栏空白处点击鼠标左键，可使地址栏以传统的方式显示文件路径。

"预览窗格"可以在不打开文件的情况下预览文件内容，单击"显示预览窗格"图标 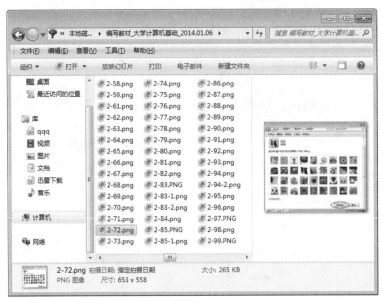，在资源管理器右侧即可显示如图 2-37 所示的预览窗格。可以通过拖动文件浏览区和预览窗格之间的分割线调整预览窗格的大小。

图 2-37　预览窗格

2.3.3　库

库是 Windows 7 中的新增功能，用于管理文档、音乐、图片和其他文件的位置。既可以使用与文件夹相同的方式浏览文件，也可以查看按属性（如日期、类型和作者）排列的文件。

在某些方面，库类似于文件夹。例如，打开库时将看到一个或多个文件。但与文件夹不同的是，库可以收集存储在多个位置中的文件。

注意：库实际上不存储项目。它们监视包含项目的文件夹，并允许以不同的方式访问和排列这些项目。

1. 应用库

（1）将文件夹包含到库中。

①右键单击"开始"按钮，选择"打开 Windows 资源管理器"命令。

②在左侧的导航窗格中，单击"计算机"，选择文件夹所在的磁盘。

③右键单击要包含的文件夹，在快捷菜单中选择"包含到库中"，或者在窗口的工具栏中选择"包含到库中"命令，然后选择要加入的库，如图 2-38 所示。

（2）从库中删除文件夹。

不再需要监视库中的文件夹时，可以将其删除。从库中删除文件夹时，不会从原始位置中删除该文件夹及其内容。

在"Windows 资源管理器"窗口的导航窗格中，找到要删除的文件夹。单击右键，在快捷菜单中选择"从库中删除位置"即可。

注意：无法将可移动媒体设备（如 CD 和 DVD）和某些 USB 闪存驱动器上的文件夹包含到库中。

图 2-38 将文件夹包含到库中

2. 创建库

Windows 7 自带有四个默认库：文档、音乐、图片和视频。用户还可以为其他集合创建新库。一个库最多可以包含 50 个文件夹，若要将文件保存到库中，必须首先将文件保存在文件夹中，然后将文件夹包含到库中，以便让库知道存储文件的位置。

【例 2.4】创建新库"计算机学习库"，将"计算机基础实验"文件夹包含到库中。

操作步骤如下：

①双击桌面上"计算机"图标，打开"计算机"窗口，然后单击左窗格中的"库"对象。

②在如图 2-39 所示的"库"窗口的工具栏上单击"新建库"命令，为新建的库键入名称"计算机学习库"。

③右键单击"计算机学习库"，在快捷菜单中选择"属性"命令，打开"属性"对话框。

④单击"包含文件夹"按钮，找到"计算机基础实验"文件夹，将其添加到"库位置"列表框中，单击"确定"按钮完成添加，如图 2-40 所示。

图 2-39 新建库

图 2-40 将文件夹添加到库中

3．删除库或库中的项目

选中要删除的库，单击鼠标右键，在快捷菜单中选择"删除"命令，即可将选中的库删除。库中的文件和文件夹由于是存储在其他位置，因此不会被删除。如果不小心删除四个默认库（文档、音乐、图片或视频）中的一个，可以在导航窗格中将其还原为原始状态，方法是：右键单击"库"，在快捷菜单中选择"还原默认库"命令。

2.3.4　磁盘管理

管理硬盘与管理存储在硬盘上的程序和数据不同，管理硬盘涉及更改硬盘本身，如对其格式化或重新分区。

1．格式化磁盘

硬盘是计算机上的主要存储设备，通常，仅当向计算机中添加其他存储时才需要格式化磁盘。如果在计算机上安装新硬盘，则必须使用文件系统（如 NTFS）对该硬盘进行格式化，然后 Windows 才能在上面存储文件。注意：格式化会擦除硬盘上现有的所有文件。

格式化磁盘的步骤是：

（1）双击"计算机"，打开"计算机"窗口。

（2）右键单击要格式化的磁盘，在弹出的快捷菜单中选择"格式化"命令。

（3）弹出"格式化 本地磁盘"对话框，如图 2-41 所示，单击"开始"按钮即可。

2．磁盘管理

在格式化硬盘之前，必须先在上面创建一个或多个分区。对硬盘进行分区后，即可格式化每个分区。分区是硬盘上的一个区域，能够进行格式化并分配有驱动器号。卷是格式化的主分区或逻辑驱动器。对硬盘进行分区，使其包含一个卷或多个卷。每个卷都分配有自己的驱动器号，系统分区通常标记为字母 C。术语"卷"和"分区"可以互换使用。

仅当硬盘包含"未分配的"空间（不属于现有分区或卷的未格式化空间）时，才能创建更多分区或卷。必须以管理员身份登录，才可对硬盘进行分区操作。

单击桌面的"计算机"图标，在快捷菜单中选择"管理"命令，打开"计算机管理"窗口。在左窗格中的"存储"下面，单击"磁盘管理"，右侧窗口中会显示当前计算机硬盘的分区信息。右键单击某个分区，在快捷菜单中选择相应的命令即可，如图 2-42 所示。

图 2-41　格式化磁盘

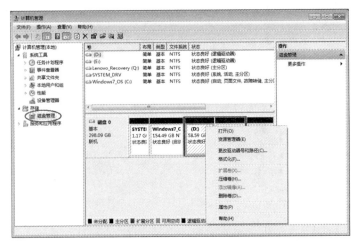

图 2-42　磁盘管理

注意: 删除分区时,其上的所有数据都将丢失。所以在开始之前,要确保将要保存的文件都备份到其他位置。

3. 磁盘碎片整理

磁盘碎片即文件碎片,碎片会使计算机运行速度变慢。磁盘碎片整理就是对计算机磁盘在长期使用过程中产生的碎片和凌乱文件重新整理,可提高电脑的整体性能和运行速度。

磁盘碎片整理程序可以按计划自动运行,但也可以手动分析磁盘并进行碎片整理。选择"开始"|"所有程序"|"附件"|"系统工具"|"磁盘碎片整理程序"命令,打开如图 2-43 所示的磁盘碎片整理对话框。

图 2-43　磁盘碎片整理程序

在"当前状态"下,选择要进行碎片整理的磁盘。单击"分析磁盘"按钮查看磁盘碎片情况,以确定是否需要对磁盘进行碎片整理。完成分析磁盘后,可以在"上一次运行时间"列中检查磁盘上碎片的百分比。如果数字高于 10%,则应该对磁盘进行碎片整理,单击"磁盘碎片整理"按钮即可进行碎片整理。

磁盘碎片整理程序可能需要几分钟到几小时才能完成,具体取决于硬盘碎片的大小和程度。在碎片整理过程中,仍然可以使用计算机。

2.4　Windows 7 的控制面板

"控制面板"是 Windows 7 中重要的系统工具,它可以方便用户查看系统状态、更改 Windows 的设置,这些设置几乎控制了有关 Windows 外观和工作方式的所有方面。

单击"开始"按钮,从开始菜单中选择"控制面板"命令就可以打开 Windows 7 系统的控制面板。Windows 7 系统的控制面板缺省以"类别"的形式来显示功能菜单,分为系统和安全、用户账户和家庭安全、网络和 Internet、外观和个性化、硬件和声音、时钟语言和区域、程序、轻松访问等类别,每个类别下会显示该类的具体功能选项。

可以使用两种方法找到要查找的"控制面板"项目：

- 浏览。可以通过单击不同的类别（例如，系统和安全、程序或轻松访问）来查看每个类别下列出的常用工具。或者在"查看方式"下，单击"大图标"或"小图标"以查看所有"控制面板"项目的列表，如图 2-44 所示。

- 使用搜索。只要在控制面板右上角的搜索框中输入关键词，回车后即可看到控制面板功能中相应的搜索结果。例如，键入"声音"可查找与声卡、系统声音以及任务栏上音量图标的设置有关的特定任务。

图 2-44　查看方式

2.4.1　系统和安全

在"控制面板"窗口单击"系统和安全"项，即可进入"系统和安全"设置窗口，如图 2-45 所示。在这里可以对系统做病毒防护、系统更新（Windows Update）、系统备份和还原等方面的设置和操作。

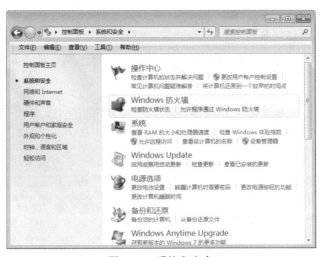

图 2-45　系统和安全

1. Windows 防火墙

防火墙可以是软件，也可以是硬件。它能够检查来自 Internet 或网络的信息，然后根据防火墙设置阻止或允许这些信息通过计算机。起到防止病毒入侵，保护系统安全的作用。

在"系统和安全"窗口，单击"打开或关闭 Windows 防火墙"文字链接，进入"Windows 防火墙"窗口，如图 2-46 所示。选择左侧导航窗格中的"打开或关闭 Windows 防火墙"文字链接，进入 Windows 防火墙"自定义设置"窗口，在当前所在网络位置栏中选中"启用 Windows 防火墙"单选按钮。单击"确定"按钮完成设置，如图 2-47 所示。

图 2-46　Windows 防火墙　　　　图 2-47　Windows 防火墙"自定义设置"

2. Windows Update

Windows Update 是 Microsoft 提供的一种自动更新工具，专用于为 Windows 操作系统软件和基于 Windows 的硬件提供更新程序。更新程序可以修补已知的安全漏洞，提供驱动程序和软件的升级。

在"系统和安全"窗口，单击"Windows Update"文字链接，进入"Windows Update"窗口，如图 2-48 所示。选择左侧导航窗格中的"更改设置"文字链接，打开"更改设置"窗口，在其中可以对更新的类型、更新的时间以及可使用更新的用户等内容进行设置。单击"确定"按钮完成设置，如图 2-49 所示。

图 2-48　"Windows Update"窗口　　　　图 2-49　更改设置

3．操作中心

操作中心是一个查看警报和执行操作的中心位置，它列出了需要用户注意的安全和维护设置的重要消息，比如病毒防护、系统更新（Windows Update）、系统备份和还原、更改用户帐户控制信息、疑难解答等等。它可帮助保持 Windows 稳定运行。

在"系统和安全"窗口，单击"操作中心"文字链接，即可进入"操作中心"窗口，如图 2-50 所示。操作中心提示的消息中，红色标记为"重要"，表明应快速解决的重要问题，例如需要更新的已过期的防病毒程序。黄色标记是一些建议执行的任务，例如所建议的维护任务。系统的状态不同，显示的提示信息也会不同。

图 2-50　操作中心

通过将鼠标放在任务栏通知区域中的"操作中心"图标 上，可快速查看操作中心中是否有新消息。单击图标选择"打开操作中心"命令可快速打开操作中心。

2.4.2　网络和 Internet

在"控制面板"窗口单击"网络和 Internet"项，即可进入"网络和 Internet"设置窗口，如图 2-51 所示。在这里可以进行检查网络状态并更改设置、设置共享文件、配置 Internet 的显示和连接等操作。

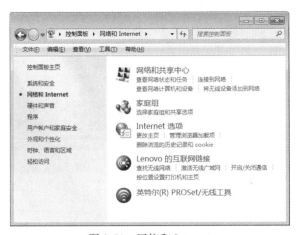

图 2-51　网络和 Internet

1．网络和共享中心

【例 2.5】设置计算机的本地网络连接。

操作步骤如下：

①单击"网络和共享中心"文字链接，打开"网络和共享中心"窗口，如图 2-52 所示。

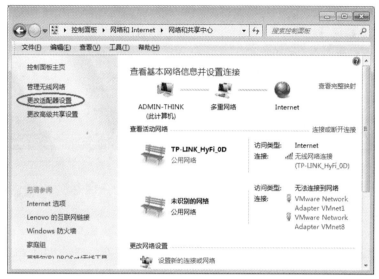

图 2-52　网络和共享中心

②单击左侧窗格中的"更改适配器设置"命令，打开"网络连接"窗口，选择"本地连接"图标，单击工具栏中"更改此连接的设置"命令，如图 2-53 所示。

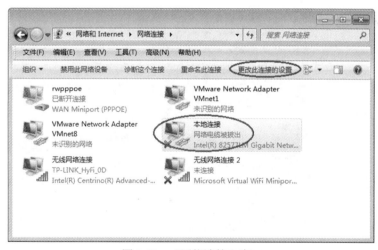

图 2-53　"网络连接"窗口

③打开"本地连接属性"对话框，在列表框中选择"Internet 协议版本 4（TCP/IPv4）"选项，单击"属性"按钮，如图 2-54 所示。

④打开"Internet 协议版本 4（TCP/IPv4）属性"对话框，选中"使用下面的 IP 地址"单选按钮，设置 IP 地址、子网掩码、默认网关和 DNS 服务器地址等，单击"确定"完成设置，如图 2-55 所示。

 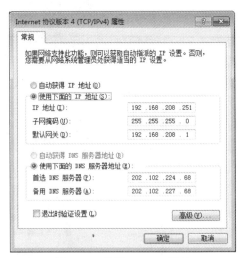

图 2-54　"本地连接属性"对话框　　　　　图 2-55　设置 Internet 属性

要在局域网中共享网络资源，首先要进行共享设置。单击图 2-52 左侧窗格中的"更改高级共享设置"命令，在打开的窗口中进行文件夹和打印机共享等设置。

2．Internet 选项

在"网络和 Internet"窗口单击"Internet 选项"文字链接，打开"Internet 属性"对话框，可以对主页、Internet 临时文件的存放方式、上网的安全级别、个人隐私、Internet 连接的方式等内容进行设置，如图 2-56 所示。

图 2-56　"Internet 属性"对话框

2.4.3　硬件和声音

在"控制面板"窗口单击"硬件和声音"项，打开"硬件和声音"设置窗口，如图 2-57所示。可以进行添加或删除打印机和其他硬件、更改系统声音、自动播放 CD、节省电源、更新设备驱动程序等方面的设置。

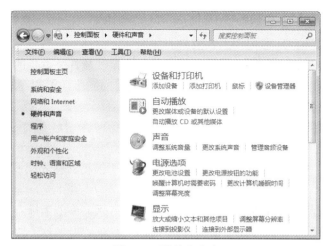

图 2-57 硬件和声音

单击"设备和打印机"项，进入设备和打印机设置窗口，可以查看连接到计算机的所有设备，如图 2-58 所示。"设备和打印机"窗口中所显示的通常是外部设备，包括：

- 随身携带以及偶尔连接到计算机的便携设备，如移动电话、便携式音乐播放器和数字照相机。
- 插入到计算机上 USB 端口的所有设备，包括外部 USB 硬盘驱动器、闪存驱动器、摄相机、键盘和鼠标。
- 连接到计算机的所有打印机，包括通过 USB 电缆、网络或无线连接的打印机。
- 连接到计算机的无线设备，包括 Bluetooth 设备和无线 USB 设备。
- 计算机。
- 连接到计算机的兼容网络设备，如启用网络的扫描仪、媒体扩展器或网络连接存储设备（NAS 设备）。

图 2-58 "设备和打印机"窗口

在"设备和打印机"文件夹窗口中可以执行如下工作：

* 计算机添加新的无线或网络设备或打印机。
* 查看连接到计算机的所有外部设备和打印机，以及有关设备的信息，如种类、型号和制造商，包括有关移动电话或其他移动设备的同步功能的详细信息。
* 检查特定设备是否正常工作。
* 使用设备执行任务。
* 修复不正常工作的设备。

【例2.6】设置鼠标，包括调整双击鼠标的速度、更换指针样式以及设置指针选项等。

操作步骤如下：

①在"设备和打印机"文件夹窗口中，选中鼠标图标，单击鼠标右键，在弹出的快捷菜单中选择"鼠标设置"命令，打开"鼠标属性"对话框。

②选择"指针"选项卡，然后单击"方案"栏中的下拉按钮，在其下拉列表中选择鼠标样式方案，如选择"Windows黑色（系统方案）"选项，单击"应用"按钮，此时鼠标指针样式变为设置后的样式。

③在"自定义"列表框中选择需单独更改样式的鼠标状态选项，如选择"后台运行"选项，单击"浏览"按钮，如图2-59所示。

图2-59　"鼠标属性"对话框

④打开"浏览"对话框，系统自动定位到可选择指针样式的文件夹，在列表框中选择一种样式，如选择"aero-busy.ani"选项，如图2-60所示，单击"打开"按钮。返回"鼠标属性"对话框，可看到"自定义"列表框中的"后台运行"鼠标指针变为"aero-busy.ani"样式效果了。

⑤选择"鼠标键"选项卡，在"双击速度"栏中拖动"速度"滑块调节双击速度，如图2-61所示，单击"应用"按钮。

⑥选择"指针选项"选项卡，在"移动"栏中拖动滑块调整鼠标指针的移动速度，选中"显示指针轨迹"复选框，移动鼠标指针时会产生"移动轨迹"效果，单击"确定"按钮，如图2-62所示，完成对鼠标的设置。

图 2-60　选择指针样式

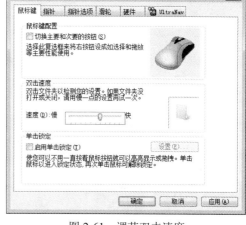

图 2-61　调节双击速度

图 2-62　设置"移动轨迹"效果

2.4.4　程序

在"控制面板"窗口单击"程序"项，打开"程序"设置窗口，如图 2-63 所示。可以进行卸载程序、打开或关闭 Windows 功能、卸载小工具和从网络或通过联机获取新程序等操作。

图 2-63　"程序"窗口

1. 程序和功能

如果某个程序不再使用，则可以从计算机上卸载该程序，以释放硬盘上的空间。在"程序"窗口单击"程序和功能"文字链接，打开"程序和功能"窗口，如图 2-64 所示。在窗口中可以卸载或更改程序，也可以通过添加或删除某些选项来更改或修复程序配置。方法是：鼠标选中某个程序，单击窗口工具栏的"卸载"、"更改"、"修复"即可。

图 2-64 "程序和功能"窗口

注意：不是所有的程序都包含"更改"或"修复"程序选项，许多程序只提供"卸载"选项。

2. 桌面小工具

桌面小工具是 Windows 7 操作程序新增功能，是一些方便用户使用的小工具。包括查看时间、天气、CPU 仪表盘、摆设（如招财猫）等。某些小工具需在联网时才能使用（如天气等），某些不用联网就能使用（如时钟等）。

在"程序"窗口单击"桌面小工具"文字链接，打开"桌面小工具"窗口，如图 2-65 所示。双击小工具即可将其添加到桌面。

图 2-65 桌面小工具

右键单击添加到桌面的小工具，在弹出的快捷菜单中，可以选择命令对它进行设置。如可以选择透明度：20%、40%、60%、80%、100%等。

注意： 微软公司提醒 Windows Vista 和 Win7 的用户，桌面小工具和侧边栏存在严重的安全漏洞，黑客可随时利用这些小工具损害你的电脑，因此建议用户禁用。

2.4.5 用户账户和家庭安全

当多个用户使用同一台电脑时，为了保护各自保存在电脑中的文件的安全，可以在电脑中设置多个帐户，让每一个用户在各自的账户界面下工作。下面介绍账户的创建和管理。

1．添加或删除用户账户

【例 2.7】创建一个新账户，命名为"笑笑"，并进行相关的设置。

（1）创建新用户账户。

操作步骤如下：

①在"控制面板"窗口，单击"用户账户和家庭安全"项下的"添加或删除用户账户"文字链接。打开"管理账户"窗口，单击"创建一个新用户"命令，如图 2-66 所示。

②打开"创建新账户"窗口，在"新账户名"文本框中输入账户名称："笑笑"，设置用户账户的类型为"标准用户"，单击"创建账户"按钮，如图 2-67 所示。

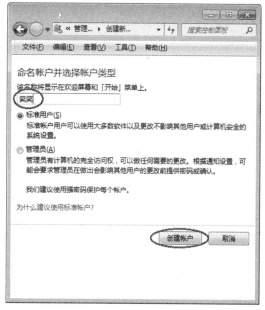

图 2-66　"管理账户"窗口　　　　　　　　　图 2-67　创建账户

③返回"管理账户"窗口，即可看到创建的新账户。

（2）更改账户类型。

不同的账户类型对计算机的操作权限不一样，将"笑笑"的标准账户更改为管理员账户类型，其操作步骤如下：

①在"管理账户"窗口，单击"笑笑"标准账户选项，打开"更改账户"窗口，如图 2-68 所示。

②选择"更改账户类型"命令，打开"更改账户类型"窗口，选中"管理员"单选按钮，单击"更改账户类型"按钮，如图 2-69 所示。

③返回"更改账户"窗口，"笑笑"的标准账户更改为"管理员"账户。

图 2-68　"更改账户"窗口　　　　　　　　　　图 2-69　更改账户类型

（3）创建、更改或删除密码。

为"笑笑"账户创建密码的操作步骤如下：

①在"更改账户"窗口，选择"创建密码"命令，如图 2-68 所示。

②打开"创建密码"窗口，在"新密码"文本框中输入密码，然后在"确认新密码"文本框中再次输入相同的密码，如图 2-70 所示，单击"创建密码"按钮。

③返回"更改账户"窗口，"笑笑"账户显示为受密码保护账户，如图 2-71 所示。

图 2-70　"创建密码"窗口　　　　　　　　　　图 2-71　"更改账户"窗口

更改账户密码是在"更改账户"窗口中，选择"更改密码"命令，在"更改密码"窗口输入新密码即可。

删除当前密码是在"更改账户"窗口中，选择"删除密码"命令，在"删除密码"窗口中单击"删除密码"按钮即可。

（4）设置账户名称和头像。

创建用户账户后，可以为账户设置个性化的名称和头像，以美化电脑的使用环境。

更改账户名称：如图 2-71 所示，在"更改账户"窗口中，选择"更改账户名称"命令，打开"重命名账户"窗口，在"新账户名"文本框中输入新的帐户名称，完成更改。

更改头像：如图 2-71 所示，在"更改账户"窗口中，选择"更改图片"命令，打开"选择图片"窗口。在窗口中选择自己喜欢的一张图片，单击"更改图片"按钮，完成更改，如图 2-72 所示。

（5）删除用户账户。

当不再需要某个已创建的用户账户时，可以将其删除。删除用户账户之前，需先以"管理员"的身份登录系统。操作步骤如下：

①在"管理账户"窗口中，单击要删除的用户账户，打开"更改账户"窗口。

②单击"删除账户"文字链接，如图 2-71 所示，打开"删除账户"窗口。

③询问是否保留该账户的文件，如需保留文件，单击"保留文件"按钮，这里单击"删除文件"按钮，如图 2-73 所示。

图 2-72　选择图片

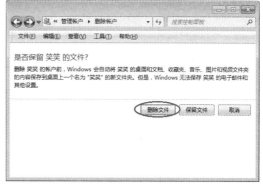

图 2-73　删除帐户

④打开"确认删除"窗口，单击"删除账户"按钮，确认删除该账户。

2．为用户设置家长控制

家长控制主要是针对在家庭中使用电脑的儿童，在家长不能全程指导儿童使用电脑时，"家长控制"功能可对孩子使用的电脑进行管理。例如，限制指定账户的使用时间等。

若要为孩子设置家长控制，需要有一个自己的管理员用户帐户，而且每个孩子都有一个标准的用户帐户。家长控制只能应用于标准用户帐户。

操作步骤如下：

①在"控制面板"窗口，单击"为所有用户设置家长控制"文字链接，打开"家长控制"窗口。

②单击用户账户"笑笑"，打开"用户控制"窗口，如图 2-74 所示。

③在"家长控制"下，单击"启用，强制当前设置"。调整要控制的以下个人设置：

- 时间限制。时间限制可以禁止儿童在指定的时段登录计算机。可以为一周中的每一天设置不同的登录时段。如果在分配的时间结束后其仍处于登录状态，则将自动注销。

- 游戏。控制对游戏的访问、选择年龄分级级别、选择要阻止的内容类型、确定是允许还是阻止未分级游戏或特定游戏。

- 允许或阻止特定程序。禁止儿童运行不希望其运行的程序。

④单击"确定"按钮，完成设置。

图 2-74 "用户控制"窗口

2.4.6 外观和个性化

在"控制面板"窗口单击"外观和个性化"项，打开"外观和个性化"设置窗口，如图 2-75 所示。可以进行更改桌面项目的外观、应用主题或屏幕保护程序、自定义开始菜单和任务栏等操作。

图 2-75 "外观和个性化"窗口

1. 个性化

在"外观和个性化"设置窗口，单击"个性化"文字链接，打开"个性化"窗口。这里可以更改计算机上的视觉和声音效果，单击选择某个主题即可立即更改桌面背景、窗口颜色、声音和屏幕保护程序，如图 2-76 所示。"主题"一词特指 Windows 的外观，是计算机上的图片、颜色和声音的组合。它包括桌面背景、屏幕保护程序、窗口颜色和声音方案。某些主题也可能包括桌面图标和鼠标指针。Windows 提供了多个主题。可以选择 Aero 主题使计算机个性化，也可以通过单击窗口下方的桌面背景、窗口颜色、声音和屏幕保护程序图标，打开相应的设置窗口，自行创建主题。

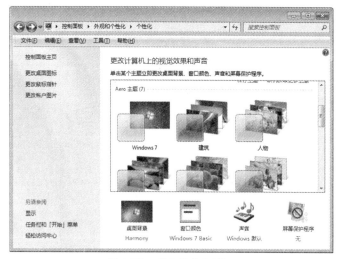

图 2-76 "个性化"窗口

2. 任务栏和"开始"菜单

在"外观和个性化"设置窗口，单击"任务栏和开始菜单"文字链接，弹出"任务栏和开始菜单属性"对话框。在"任务栏"选项卡中可以对任务栏的外观、在屏幕上的位置、按钮的合并、通知区域的显示等方面进行设置。在"开始菜单"选项卡中可以自定义"开始菜单"上的链接、图标以及菜单的外观和行为。

2.4.7 时钟、语言和区域

在"控制面板"窗口单击"时钟、语言和区域"项，打开"时钟、语言和区域"设置窗口，如图 2-77 所示。

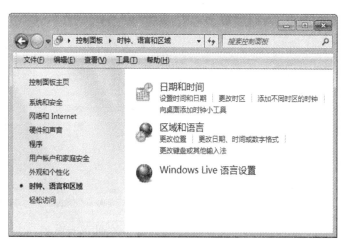

图 2-77 "时钟、语言和区域"窗口

1. 日期与时间的设置

Windows 7 在任务栏的通知区域显示了系统的日期和时间，如果设置有误，则可对系统日期和时间进行调整。操作步骤如下：

①在"时钟、语言和区域"设置窗口中，选择"日期和时间"文字链接，打开"日期和时间"对话框，如图 2-78 所示。

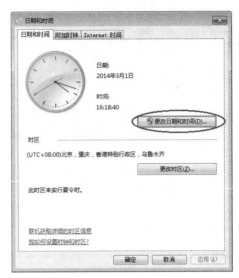

图 2-78　设置日期与时间

②选择"日期和时间"选项卡，单击"更改日期和时间"按钮。

③打开"日期和时间设置"对话框，如图 2-79 所示。在"时间"数值框中调整时间，然后在"日期"列表框中选择日期，单击"确定"按钮。

④返回到"日期和时间"对话框，选择"Internet 时间"选项卡，单击"更改设置"按钮，打开"Internet 时间设置"对话框，如图 2-80 所示。单击"立即更新"按钮，将当前时间与 Internet 时间同步一致，单击"确定"按钮。

图 2-79　"日期和时间设置"对话框

图 2-80　"Internet 时间设置"对话框

⑤返回到"日期和时间"对话框中，单击"确定"按钮完成设置。

提示：计算机时钟与 Internet 时间服务器同步，意味着可以更新计算机上的时钟，以与时间服务器上的时钟匹配，这有助于确保计算机上的时钟是准确的。时钟通常每周更新一次，而如要进行同步，必须将计算机连接到 Internet。

2. 添加和设置输入法

输入文字内容时，就需要相应的输入法来控制。为了快速寻找到自己的输入法，经常需要对其进行设置。

（1）添加输入法。

在输入法列表中添加系统自带的输入法，操作步骤如下：

①在"时钟、语言和区域"设置窗口中，选择"区域和语言"文字链接，打开"区域和语言"对话框。选择"键盘和语言"选项卡，单击"更改键盘"按钮。

②打开"文本服务和输入语言"对话框，单击"添加"按钮，如图 2-81 所示。

③打开"添加输入语言"对话框，选中需添加输入法的复选框，这里选中"简体中文全拼（版本 6.0）"输入法前面的复选框，如图 2-82 所示，单击"确定"按钮。

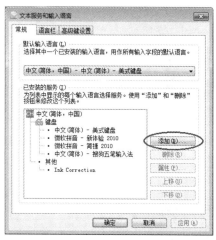
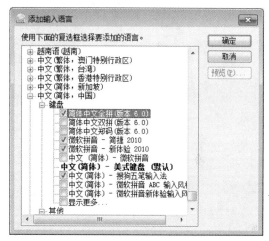

图 2-81　"文本服务和输入语言"对话框　　　　　图 2-82　添加输入法

④返回"文本服务和输入语言"对话框，可以看到"简体中文全拼（版本 6.0）"输入法已经添加到输入法列表中了，单击"确定"按钮完成设置。

（2）删除输入法。

打开"文本服务和输入语言"对话框，单击选中需要删除的输入法，单击"删除"按钮即可。

（3）设置默认输入法。

将经常使用的输入法设置为默认输入法，这样，在输入内容时就无需再进行切换了。方法是：打开"文本服务和输入语言"对话框，在"默认输入语言"栏下拉列表框中选择要设置为默认输入法的选项，单击"确定"按钮，完成设置。

技巧：在语言栏中的"输入法"按钮上单击鼠标右键，在弹出的快捷菜单中选择"设置"命令，可快速打开"文本服务和输入语言"对话框。

2.5　Windows 7 的附件

Windows 7 提供了一些实用的小程序，如便笺、画图、计算器、写字板、放大镜和录音机等，这些程序被统称为附件。本节主要对常用附件，如写字板、画图程序、截图工具等进行讲解，为其他工具软件的学习打下良好的基础。

2.5.1　写字板

"写字板"程序是 Windows 7 自带的一款功能强大的文字编辑和排版工具，在该程序中用户可以完成输入文本，设置文本的格式，插入图片等基础操作。与记事本不同，写字板文档可以包括复杂的格式和图形，并且可以在写字板内链接或嵌入对象（如图片或其他文档）。

选择"开始"|"所有程序"|"附件"|"写字板"命令，打开"写字板"程序，如图2-83所示。"写字板"程序由快速访问工具栏、标题栏、功能区、标尺、文档编辑区及缩放比例工具等组成，其结构与一般窗口基本一致。

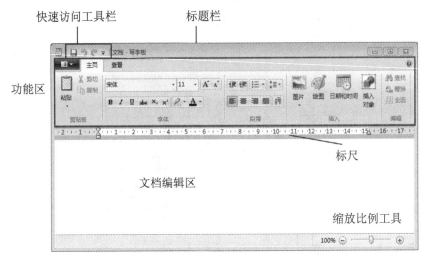

图2-83   写字板

快速访问工具栏：快速访问工具栏可以方便用户进行保存、撤销和重做等操作，单击快速访问工具栏右侧的按钮，可以将未显示的工具添加到快速访问工具栏中。

标题栏：显示正在操作的文档的名称，在标题栏右侧有三个窗口控制按钮，可对"写字板"窗口执行最小化、最大化或还原和关闭操作。

功能区："写字板"的命令分类显示在选项卡上，单击命令可执行相应的操作。

标尺：标尺是显示和编辑文本宽度的工具，其默认单位为厘米。

文档编辑区：文本编辑区是写字板的输入和编辑文本区域。

缩放比例工具：位于窗口右下侧，它用于按一定比例缩小或放大文本编辑区中的信息，拖动滑块即可实现缩小和放大操作。

1. 创建、打开和保存文档

新建文档：单击"写字板"菜单按钮 ，选择"新建"命令。

打开文档：单击"写字板"菜单按钮，选择"打开"命令，或者按Ctrl+O键。

保存文档：单击快速访问工具栏中的 按钮，或者单击"写字板"菜单按钮，选择"保存"命令，或者按Ctrl+S键。

2. 编辑文档

如果输入汉字文本，要选择汉字输入法。其方法是：单击窗口右下方语言栏中的输入法按钮，弹出输入法列表，选择合适的输入法，这里选择"微软拼音新体验2010"，如图2-84所示。

在编辑文字的过程中，若要切换输入法，可用鼠标在输入法列表中选择，也可按组合键Ctrl+Shift实现。要切换中英文输入可按Shift键。输完一段文字，按Enter键实现分段，将光标转到下一行。

图 2-84

文本的编辑包括对文本的选择、复制、移动和粘贴等操作。选择文本最简单的方法是：将光标移到需要选择的文本开始处，按下鼠标左键并拖动需至要选择文本的结束处，释放鼠标即可。

复制文本：选择需复制的文本后，在其上单击鼠标右键，在快捷菜单中选择"复制"命令。再将光标定位到目标位置，单击鼠标右键，在快捷菜单中选择"粘贴"命令；或者按住 Ctrl 键，用鼠标拖动需要复制的文本到目标位置即可。

移动文本：在需移动的文本上单击鼠标右键，在快捷菜单中选择"剪切"命令，再将光标定位到目标位置，单击鼠标右键，在快捷菜单中选择"粘贴"命令；或者直接用鼠标拖动需要移动的文本到目标位置即可。

删除文本：选择需删除的文本后，按 Delete 键或 Back Space 键。

技巧：将鼠标移到文本最左端的空白处选择区域，单击选择一行文本，双击选择一段文本，三击选择全部文本。选择整篇文本也可按 Ctrl + A 键。

3. 插入对象

写字板可以在文档中插入图片等对象。其方法是，将光标定位至文档中要插入对象的位置，选择功能区"插入"栏中不同按钮，可插入不同的对象。

4. 设置文档格式

可以使用位于"标题栏"下方的功能区轻松更改文档的显示方式和排列方式。例如，可以选择不同的字体和字体大小，为文本设置颜色，改变文档的对齐方式等。

2.5.2　画图

画图程序是 Windows 7 自带的一款集图形绘制与编辑功能于一身的软件,可用于在空白绘图区域或在现有图片上创建绘图。

选择"开始"|"所有程序"|"附件"|"画图"命令，打开"画图"程序，如图 2-85 所示。"画图"程序由快速访问工具栏、标题栏、功能区、绘图区和状态栏等组成，其结构与一般窗口基本一致。

绘图区：是画图程序中最大的区域，用于显示和编辑当前图形图像效果。

状态栏：显示当前操作图形的相关信息，如光标的位置、当前图形宽度和高度等。

在绘制图形图像时，需要借助功能区的各种工具，各工具的特点和用途如下：

"图像"栏：主要用于选择命令。单击"选择"选项下的按钮可弹出选择方式下拉列表，根据选择文件的不同，可选用"矩形选择"和"自由图形选择"等方式。"裁剪"选项可在建立各选区后，裁剪图形中的某部分。"重新调整大小"选项可对图形进行放大/缩小处理。"旋转"选项可对图形进行旋转。

快速访问工具栏　　　　　标题栏

功能区

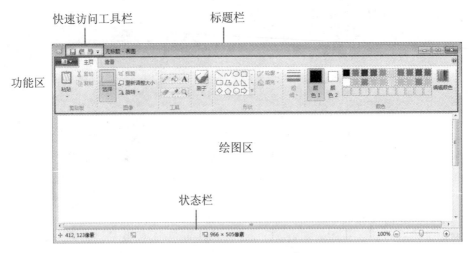

绘图区

状态栏

图 2-85　　"画图"程序

"工具"栏：提供了绘制图形时所需的各种常用工具，单击其中的按钮即可选取工具。工具栏中主要有铅笔、油漆桶（填充工具）、插入文字、橡皮擦、吸管（吸取颜色工具）和放大/缩小等工具。

"刷子"选项：单击"刷子"选项下的按钮会弹出下拉列表，其中显示了画图程序自带的 9 种刷子格式。这 9 种刷子分别模拟了现实中的 9 种画笔质感。单击任意刷子按钮即可使用刷子功能绘制图形。

"形状"栏：单击"形状"选项下的按钮，将显示画图程序提供的 23 种基本图形样式，单击任意图形按钮，可在画布中绘制选择的图形。

"颜色"栏：分为"颜色 1"、"颜色 2"、颜色块和"编辑颜色"选项，其中"颜色 1"为前景色，用于设置图像的轮廓线颜色。"颜色 2"为背景色，用于设置图像的填充色。

"粗细"选项：用于设置所有绘制工具的粗细程度，选择绘制工具后，单击该选项下的按钮会弹出下拉列表，在列表中选择任意选项即可调整当前工具的绘制宽度。

1. 绘制图形

使用"画图"程序提供的工具，可以方便地绘制图形。如使用"铅笔"工具 可绘制细的、任意形状的直线或曲线；使用"刷子"工具 可绘制具有不同外观和纹理的线条，就像使用不同的艺术刷一样。不同的刷子，可以绘制具有不同效果的线条和曲线；使用"直线"工具 可绘制直线；使用"曲线"工具 可绘制平滑曲线。选择工具时，可以同时选择线条的粗细和外观。

在"形状"栏中提供了多种图形样式，单击某个形状，在绘图区拖动鼠标即可画出形状图形。选择形状后，还可以选择操作来更改其外观显示。

技巧：若要绘制对称的形状，在拖动鼠标时按住 Shift 键。例如，若要绘制正方形，单击"矩形"，然后按住 Shift 键同时拖动鼠标。若要绘制水平直线，在从一侧到另一侧绘制直线时按住 Shift 键。若要绘制垂直直线，在向上或向下绘制直线时按住 Shift 键。

2. 编辑图形

在"画图"程序中，可以对图片或图片的一部分进行更改。为此，首先要选中图片要更改的部分，然后进行编辑。可以进行的更改包括：调整对象大小、移动或复制对象、旋转对象或裁剪图片等。

（1）打开图形文件：在"画图"程序中，单击"画图"按钮 ，在菜单中选择"打开"命令，在"打开"对话框中选择文件，单击"打开"按钮。

（2）"旋转"图形：使用"旋转"按钮 旋转 可旋转整个图片或图片中的选定部分。

若要旋转整个图片，单击"图像"栏中的"旋转"按钮，在如图 2-86 所示的菜单中选择旋转方向即可。

若要旋转图片的某一部分，首先在"图像"栏中，单击"选择"按钮，拖动鼠标选择要旋转的区域。然后单击"旋转"按钮，选择旋转方向。

（3）擦除图片中的区域：在"工具"栏中，单击"橡皮擦"按钮 。单击"粗细"按钮选择橡皮擦的宽度，然后将橡皮擦拖过图片中要擦除的区域。

（4）扭曲：在"图像"栏中单击"选择"按钮，拖动鼠标选择要调整的区域或对象。单击"重新调整大小"按钮，打开如图 2-87 所示的"调整大小和扭曲"对话框中，在"倾斜(角度)"区域的"水平"和"垂直"框中键入选定区域的扭曲量（度），然后单击"确定"按钮。在图的上半部，输入相应的值即可重新设置选中区域或对象的大小。

图 2-86　旋转菜单

图 2-87　调整大小和扭曲

（5）图形的保存：单击"画图"按钮，在菜单中选择"保存"或"另存为"命令，将其存放在磁盘中，文件存储的格式有 png、jpeg、bmp、gif 等。

2.5.3　截图工具

利用截图工具可以将屏幕上的图片和文字等信息截取下来，并保存为图片文件格式。

打开截图工具的方法是选择"开始"|"所有程序"|"附件"|"截图工具"命令，打开"截图工具"窗口，如图 2-88 所示。

截图工具可以捕获四种类型的截图，完成截图操作后，截取的图形将显示在截图窗口中，利用窗口的工具可对图形进行编辑，操作完成后单击"保存"按钮存储图片。

（1）"任意格式截图"：选择"新建"|"任意格式截图"命令后，"截图工具"窗口后面的界面呈白色半透明显示，鼠标变为剪刀形状。

图 2-88　截图工具

（2）"矩形截图"：以矩形的形状截取屏幕上的图形，当选择"矩形截图"命令后，"截图工具"窗口后面的界面呈白色半透明显示，鼠标变为十字形状，拖动鼠标可以矩形形状截取屏幕上的图形。

（3）"窗口截图"：截取屏幕上某一窗口的内容。选择"窗口截图"命令后，所有的窗口都会以红色矩形框显示，在需要的窗口上单击鼠标即可截取该窗口。

（4）"全屏幕截图"：截取整个屏幕。选择"全屏幕截图"命令后，整个屏幕将截取到"截图工具"窗口中。还可以通过键盘上的 Print Screen SysRq 键，进行截取全屏的操作。但与"截屏工具"不同的是，当按 Print Screen SysRq 键截屏完成后，不会打开"截屏工具"编辑窗口，此时所截信息存放于剪贴板中。

完成图形的截取后，单击"保存截图"按钮 或选择"文件"|"另存为"命令可打开"另存为"对话框，选择存放位置后，单击"保存"按钮完成操作。

2.5.4　计算器

选择"开始"|"所有程序"|"附件"|"计算器"命令可打开计算器窗口，Windows 7 提供有标准型、科学型、程序员和统计信息 4 种类型的计算器，通过单击"查看"菜单命令，可以选择相应的模式。

1. 标准型计算器

"标准型"计算器是最常用的模式，与日常生活中使用的计算器类似，可以完成加减乘除四则运算及根号运算。打开计算器窗口默认显示的就是"标准型"计算器，可以单击计算器按钮来执行计算，也可使用键盘键入进行计算。

2. 科学型计算器

选择"查看"|"科学型"命令，将计算器转换为科学型计算器，如图 2-89 所示。可进行三角函数、平方、平方根、多次方、多次方根和指数等复杂的数学计算。在科学型模式下计算时，计算器采用运算符优先级，精确到 32 位数。

3. 程序员计算器

选择"查看"|"程序员"命令，将计算器转换为程序员计算器，如图 2-90 所示。可进行数制转换等工作。在程序员模式下，计算器采用运算符优先级，最多可精确到 64 位数。程序员模式只是保留整数部分，小数部分将被舍弃。

图 2-89　科学型计算器

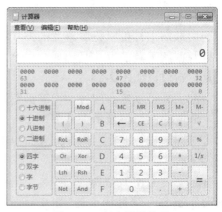

图 2-90　程序员计算器

4．统计信息计算器

选择"查看"|"统计信息"命令，将计算器转换为统计信息计算器。在窗口中输入数据，然后可以进行求和、求平均值、求平方值、求标准偏差等计算。

5．使用计算历史记录

选择"查看"|"历史记录"命令。计算的历史记录被显示在计算器的屏幕上，双击某条记录可进行修改。只有标准模式和科学型模式的计算历史记录会进行保存。

2.5.5　便笺

选择"开始"|"所有程序"|"附件"|"便笺"命令可打开便笺，如图 2-91 所示。可以使用便笺记录待办事项、电话号码等任何内容。便笺会显示在桌面上，但不能保存为单独的文件。

若要调整便笺的大小，请拖动便笺的边或角使其放大或缩小。若要创建其他便笺，单击"新建便笺"按钮 ，或按 Ctrl+N 键。若要删除便笺，单击"删除便笺"按钮 ，或按 Ctrl+D 键。

图 2-91　便笺

2.6　常用软件介绍

2.6.1　压缩与解压缩工具 WinRAR

压缩文件和文件夹，可以减少所占用的磁盘空间，同时也便于文件的存储和网络传输。WinRAR 是 Windows 环境下对 RAR 格式文件进行压缩和管理的软件，它完美支持 ZIP 压缩，是众多压缩软件中应用最广泛的一种。它不但可以压缩、解压缩文件，还具有可分割压缩大型文件的功能。

从网上下载的文件大多是压缩软件制作的压缩包，压缩软件能够允许多个小文件合在一起制成一个压缩包，方便用户下载。压缩软件的作用不仅是方便网络传送，更重要的是压缩软件能通过某种压缩算法去掉文件中的冗余信息，从而大大缩小文件的体积，使用户在有限的空间里存储更多的内容。不同的压缩软件的压缩算法不同，由此也产生不同的压缩格式，WinRAR 可以解开 CAB、ARJ、LZH、TAR、GZ、ACE、UUE、BZ2、JAR、ISO 等多种类型的压缩文件。

1．压缩文件和文件夹

【例 2.8】将 D 盘"计算机基础实验"文件夹下的 text1、text2 和 text3 三个文件用 WinRAR 进行压缩，生成一个文件名为"text.rar"的压缩包，存于原目录下。

操作步骤如下：

①打开 D 盘"计算机基础实验"文件夹，选中要压缩的三个文件，然后单击右键，在快捷菜单中选择"添加到压缩文件(A)…"命令，弹出"压缩文件名和参数"对话框，如图 2-92 所示。

②在"压缩文件名和参数"对话框的"常规"选项卡中，在"压缩文件名"文本框中输入压缩文件的路径和文件名："D:\计算机基础实验\text.rar"，其中路径可以通过"浏览"按钮

来选择。

③设置"压缩文件格式"为 RAR，"压缩方式"为"标准"，并可根据需要选择"压缩选项"，单击"确定"按钮，开始压缩文件。

技巧：如果想将其他文件添加到压缩包中，只需将该文件或文件夹用鼠标拖到压缩包列表中即可。

如果需要为压缩文件添加密码，单击"高级"选项卡，在如图 2-93 所示的设置高级压缩选项对话框中，选择"设置密码"按钮，在弹出的对话框中设置压缩文件的密码。如果为压缩包设置了密码，则解压时需要输入密码才能打开压缩包。

图 2-92　压缩文件名和参数

图 2-93　设置密码

快捷菜单其他三个选项的含义：

- 添加到"文件名.rar"：将文件压缩到当前文件夹下，压缩文件和原文件同名。
- 压缩并 E-mail：将文件压缩到某个文件夹下并通过预设的电子邮件程序发送。
- 压缩到"文件名.rar"并 E-mail：将文件压缩到当前文件夹下并通过电子邮件发送。

2. 建立自解压包

文件压缩后只能在安装有 WinRAR 的计算机上才能打开，若要在没有安装 WinRAR 的计算机上打开，就需要建立一个自解压包。自解压包是指包含有运行模块的压缩包，即使在没有安装压缩软件的 Windows 系统中，双击也可自动打开压缩文件。

在"压缩文件名和参数"对话框的"常规"选项卡中，选择"压缩选项"中的"创建自解压格式压缩文件"选项，单击"确定"按钮。压缩完成后窗口中生成一个自解压包，双击该压缩文件即可自行解压。

3. 对一个文件进行分卷压缩

如果文件太大，在网络上传送不方便，可以将文件分卷压缩为多个部分。例如，将一个120M 大小的文件进行分卷压缩，每个分卷不超过 40M。方法是：在"压缩文件名和参数"对话框的"常规"选项卡中，在"压缩分卷大小、字节（V）"一栏输入要分卷的字节数，压缩完成后建立多个分卷压缩包，如图 2-94 所示。

4. 打开压缩文件

解压文件和压缩文件一样简单，例如，将文件"text.rar"解压，操作如下：右键单击要解压的文件"text.rar"，在快捷菜单中选择"解压文件（A）…"。在弹出的"解压路径和选项"对话框中，为要释放的文件指定路径，单击"确定"按钮完成解压，如图 2-95 所示。

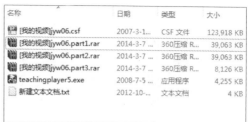

图 2-94　分卷压缩

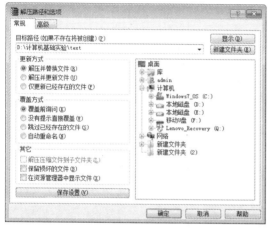

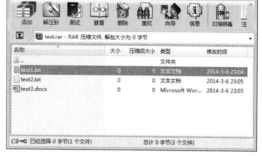

图 2-95　"解压路径和选项"对话框　　　　图 2-96　WinRAR 解压窗口

　　一个压缩包中如果文件较多，当只用到其中一个或几个文件时，仅对需要的文件解压缩即可。例如，将压缩文件"text.rar"中的 text1.txt 文件解压。

　　操作步骤如下：

　　①双击"text.rar"压缩文件，打开 WinRAR 解压窗口，选中 text1.txt 文件，如图 2-96 所示。

　　②单击工具栏上"解压到"按钮。

　　③在弹出的窗口中选择释放位置，单击"确定"完成解压。

2.6.2　文件下载工具迅雷

　　网上的很多资源，如视频流格式的.ra 或.rm 文件、Flash 动画文件、影音文件等，这些资源非常庞大，因此必须使用专用的下载工具才能够顺利下载。

　　迅雷是基于 P2SP 技术的下载软件，其特点除了可以大幅提高下载速度、支持多节点断点续传、支持各节点自动路由、支持多点同时传送等功能外，还支持智能节点分析，即迅雷可以智能分析出哪个节点上传速度最快，从而提高用户的下载速度。

　　P2SP（Peer to Server&Peer）点对服务器和点（用户对服务器和用户），此处"点"（Peer）即网络节点或终端，可以理解为用户计算机。所谓 P2SP 共享下载，与传统文件共享存在很大区别，P2SP 的共享文件不是在集中的服务器上等待用户端来下载，而是分散在所有 Internet

用户的硬盘上，从而组成一个虚拟网络。这样每个用户都可以从虚拟网络中任何一个人的机器下载电影、音乐等类型的文件，同时每个人也可以把自己文件共享给其他人使用。也就是说，每个参与下载的计算机，都将成为别的参与下载的计算机的临时服务器。因此只要计算机能够连接到 Internet，就可以共享文件让其他网友下载。

1．迅雷的安装

从网站（http://dl.xunlei.com/xl7.html）下载了迅雷 7 后，双击运行下载的安装程序，安装的方法和其他软件的安装类似，在安装向导提示下一路点击"下一步"，即可完成安装。安装完成以后桌面上会有迅雷 7 快捷图标，双击迅雷 7 图标就可以打开迅雷的主窗口。

2．使用迅雷下载文件

（1）新建普通任务。

单击工具栏中的"新建"按钮，弹出"新建任务"对话框。填入要下载对象的网址，例如 http://3.duote.com.cn/thunder.exe。默认的下载位置是"C:\TDdownload\"，单击"浏览"按钮可更改下载文件的保存路径，如图 2-97 所示。单击"立即下载"按钮，就开始下载文件了，如图 2-98 所示。

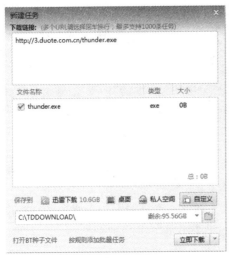

图 2-97　　　　　　　　　　　　　图 2-98

技巧：在 IE 窗口可以右键单击要下载的链接，在快捷菜单中选择"使用迅雷下载"命令进行下载。

（2）新建批量任务。

在下载时会遇到这样的情况，例如网站对于一个 10 集的电视连续剧，每集提供一个地址下载，分别是：http://www.a.com/01.rm、http://www.a.com/02.rm……http://www.a.com/10.rm，如果一个个建立下载链接，会很麻烦，利用迅雷的批量下载方法中提供的通配符等方法，可以一次性实现批量任务的下载。

单击图 2-97 下方的"按规则添加批量任务"按钮，可批量下载任务。

（3）通过 BT 种子下载。

单击图 2-97 下方的"打开 BT 种子文件"按钮，可通过 BT 种子下载文件。

3．下载控制

一般情况下，选择下载任务后系统会自动进入下载状态，但如果是上次没有完成的任务或者是被暂停的任务，还会在任务列表中显示暂停状态。

选择要进行的任务，单击主工具栏中的"开始"按钮，可以继续任务的下载。

4．下载任务的分类管理

对于下载文件的管理一般是在主程序界面"我的下载"选项中实现的。在没有指定分类的情况下，完成的下载任务都放在"已完成"中，如果需要分类管理，可以从任务列表中选中需要分类管理的对象，拖放到相应的类别，如图 2-99 所示。

图 2-99　下载文件的分类管理

单击工具栏中的"删除"按钮，删除列表中的任务，任务被删除后移动到"垃圾箱"中，需要时可以恢复任务。

5．添加计划任务

点击迅雷 7 主界面左下角的"计划任务"按钮，在弹出的"计划任务"框里面自行设定任务全部开始的时间，设置好后点"确定计划"即可，如图 2-100 所示。

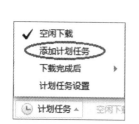
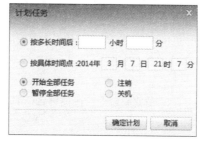
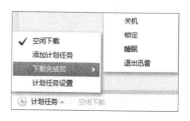

图 2-100　"计划任务"设置

也可直接在迅雷 7 左下角"计划任务"项中进行"下载完成后"关机或退出迅雷等简单设定。

本章小结

本章介绍了操作系统的一些基本概念以及 Windows 7 的基本操作。讲解了 Windows 7 的文件管理和磁盘管理，详细地介绍了控制面板中的各项命令，使读者在使用的过程中能更好地体会 Windows 7 的新特点。介绍了附件中常用的工具，熟练地使用附件可以方便我们的日常工作。最后还介绍了两款常用的软件：WinRAR 和迅雷。

通过本章的学习，应该掌握 Windows 7 的基本操作，能够熟练地使用各种命令管理计算机，为后续课程的学习打下坚实的基础。

思考与练习

一、简答题

1. 操作系统的概念，如何分类的？
2. 如何设置 Windows 7 的桌面背景？
3. 窗口与对话框的区别？
4. 文件和文件夹常用的操作有哪些？如何为磁盘分区？
5. 桌面小工具在使用时应注意些什么？

二、选择题

1. 在下列软件中，属于计算机操作系统的是（　　　）。
   　A．Windows 7　　　　B．Word 2010　　　　C．Excel 2010　　　　D．Powerpoint 2010
2. 安装 Windows 7 操作系统时，系统磁盘分区必须为（　　　）格式才能安装。
   　A．FAT　　　　　　B．FAT16　　　　　　C．FAT32　　　　　　D．NTFS
3. 在 Windows 7 中个性化设置包括（　　　）。
   　A．主题　　　　　　B．桌面背景　　　　　C．窗口颜色　　　　　D．声音
4. 在 windows 中，能够选择汉字输入法的按键有（　　　）。
   　A．Shift+空格　　　　B．Alt+空格　　　　C．Ctrl+空格　　　　D．Ctrl+Shift
5. 在 Windows 7 中可以完成窗口切换的方法是（　　　）。
   　A．Alt+Tab　　　　　　　　　　　　B．Win+Tab
   　C．单击要切换窗口的任何可见部位　　　D．单击任务栏上要切换的应用程序按钮

三、填空题

1. 在 Windows 操作系统中，Ctrl+_____是复制命令的快捷键，Ctrl+_____是剪切命令的快捷键，Ctrl+_____是粘贴命令的快捷键。
2. Windows 7 有四个默认库，分别是视频、图片、_____和_____。
3. 将鼠标移到文本最左端的空白处选择区域，单击选择_____，三击选择_____。
4. 选择要删除的文件或文件夹后，按_____组合键，可以直接彻底删除。
5. 操作系统是计算机的_____，用来管理计算机的所有硬件和软件，是整个计算机系统的组织者和管理者。

四、操作题

1. 文件的管理与属性设置
   要求：分类整理文件和文件夹的相关操作，包括"新建"、"选择"、"重命名"、"复制"、"移动"、"删除"和"恢复"等，对文件和文件夹的属性进行设置、隐藏文件和文件夹。
   操作提示如下：
   （1）任意新建一个文件；
   （2）重命名文件；

（3）复制、移动文件；

（4）删除和恢复文件；

（5）设置文件与文件夹的属性；

（6）显示隐藏的文件或文件夹；

（7）设置个性化的文件夹图标。

2．标准账户的设置与创建

要求：当多个用户使用同一台电脑时，可以在电脑中设置多个帐户，让每一个用户在各自的账户界面下工作。能够自己创建账户，并对账户进行设置。

操作提示如下：

（1）创建新用户账户；

（2）更改账户类型；

（3）创建，更改或删除密码；

（4）设置账户名称和头像；

（5）启用或禁用账户；

（6）删除用户账户。

3．压缩与解压缩工具 WinRAR

要求：使用 WinRAR 对文件进行压缩和解压缩。

操作提示如下：

（1）使用 WinRAR 快速创建压缩文件；

（2）设置解压密码；

（3）打开压缩包中的一个文件；

（4）解压缩文件。

第3章 文档制作软件 Word 2010

本章导读

　　Word 2010 是微软办公系列软件的重要组件之一，利用它可以完成对文字的录入、编辑、排版、打印等一系列工作，可以方便地在文档中插入图片、绘制表格，甚至可以插入声音、视频等信息，制作一个图文并茂、赏心悦目的多媒体文档。

本章要点

- 文档操作
- 文档编辑
- 文档排版
- 文档打印
- 表格制作
- 图文混排
- 高效排版

3.1　Word 2010 概述

3.1.1　Word 2010 启动和退出

1. 启动

　　启动 Word 2010 常用的方法有：

　　（1）选择"开始"|"所有程序"|"Microsoft Office"|"Microsoft Word 2010"选项，即可启动 Word 2010。

　　（2）双击桌面快捷方式图标，也可以启动 Word 2010。

　　注意：如果桌面没有 Word 2010 的快捷方式，可以利用第一种启动方法，在"Microsoft Word 2010"菜单项上单击鼠标右键，在弹出的快捷菜单中选择"发送"|"桌面快捷方式"命令建立 Word 2010 的快捷方式。

　　2. 退出

　　退出 Word 2010 程序的方法有很多种，下面给出常用的几种：

　　（1）单击功能区"文件"选项卡下的"退出"命令。

　　（2）单击 Word 2010 窗口右上角的"关闭"按钮。

（3）单击 Word 2010 窗口左上角的控制图标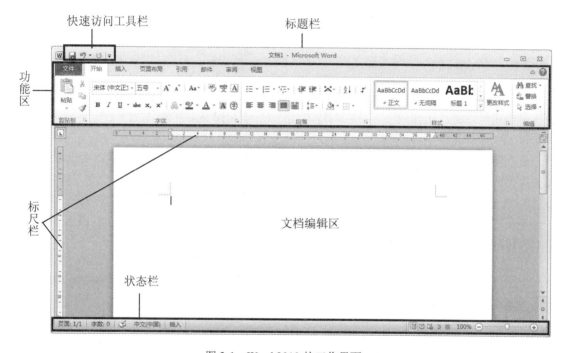，在展开的下拉菜单中选择"关闭"命令。

注意：关闭退出 Word 2010 时，如果用户创建或修改文档后未保存，系统会询问用户是否保存，给用户一个保存文档的机会。

3.1.2 Word 2010 的用户界面

成功启动 Word 2010 后，便进入其工作窗口。Word 2010 与 Word 2003 相比，界面和操作方式最大的变化就是用选项卡和功能区取代了以前的菜单栏和工具栏。

Word 2010 的窗口由标题栏、快速访问工具栏、功能区、标尺栏、文档编辑区和状态栏等组成，如图 3-1 所示。

图 3-1　Word 2010 的工作界面

1. **标题栏**

位于窗口的最上方，显示了当前编辑的文档名、程序名和一些窗口控制按钮。刚启动进入 Word 2010 时，文档编辑区为空，文档自动被命名为"文档 1"，以后再新建文档时依次自动命名为"文档 2"、"文档 3"……

2. **快速访问工具栏**

主要放置一些在编辑文档时使用频率较高的命令，默认显示"保存"、"撤销"、"重复"命令按钮。用户也可以单击此工具栏中的"自定义快速访问工具栏"按钮 ，在弹出的菜单中勾选某些命令，将其添加到工具栏中，以实现快速访问。

3. **功能区**

Word 2010 将大部分命令分类放在功能区的各选项卡上，如"文件"、"开始"、"插入"、"页面布局"等。在每个选项卡上，命令又被分成若干组，如"开始"选项卡分为"剪贴板"、

"字体"、"段落"、"样式"等几个组。要执行某个命令，可先单击命令所在的选项卡的标签切换到该选项卡，然后再单击需要的命令按钮即可。

4．标尺栏

分为水平标尺和垂直标尺，可以用于确定文档内容在纸张中的位置和设置段落缩进等。通过文档编辑区右上角的"标尺"按钮，可显示或隐藏标尺。

5．文档编辑区

水平标尺下方的空白区域是文档编辑区，用户可以在该区域内输入文本、插入表格、图片，或对文档进行编辑、修改和排版等。在编辑区有一个不停闪烁的光标，称为插入点，用来指定文档当前的编辑位置。

6．状态栏

位于 Word 文档窗口的底部，其左侧显示了当前文档的状态和相关信息，右侧显示的是视图模式和文档显示比例。

3.1.3 Word 2010 的视图模式

视图能以不同的形式来显示文档的内容，以满足不同编辑状态下用户的需要，选择合适的视图模式可以提高工作效率、节省编排时间。Word 2010 提供的视图如下：

1．草稿视图

该视图下可以快速地输入和编辑文字，页与页之间只用虚线分隔，页眉、页脚、图片和表格等不能显示。

2．页面视图

是文档中最常用的视图，显示的文档和打印出来的效果几乎是一样的。可以看到图形和文本的排列格式，能显示页的分隔、页眉和页脚。

3．大纲视图

可以显示更改标题的层次结构，并能折叠、展开各种层次的文档内容，适用于长文档的快速浏览和设置。

4．Web 版式视图

文档的显示与在浏览器中完全一致，可以编辑用于 Internet 网站发布的文档，即 Web 页面。在 Web 版式下，正文显示的更大，不是实际打印效果。

5．阅读版式视图

最大特点是便于用户阅读，也能进行文本的输入和编辑。

用户可以利用状态栏右边的视图切换按钮切换不同的视图模式，也可以单击功能区"视图"选项卡下"文档视图"组的相应视图按钮来选择视图模式。

3.1.4 Word 2010 的帮助系统

使用 Word 2010 的过程中，可能会碰到一些疑难问题。例如，对某些功能有疑问或不知道如何执行某项操作等，此时可通过系统提供的帮助信息解决问题。

单击 Word 2010 工作界面右侧的"帮助"按钮 或按 F1 键，可打开如图 3-2 所示的帮助窗口。我们可以通过单击要查看的信息类别名称查看系统提供的有关帮助内容，也可在上方的编辑框中输入要查找的帮助关键字，然后单击右侧的"搜索"按钮 进行搜索。

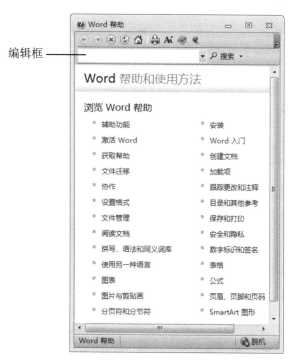

图 3-2　Word 2010 帮助窗口

3.1.5　制作 Word 2010 文档的工作流程

Word 2010 功能强大，我们可以利用它轻松制作一个集文字、图片、表格等信息为一体的电子文档，使用 Word 2010 制作电子文档的一般步骤为：

①启动 Word 2010，创建一个新文档（或打开一个旧文档）。

②设置纸张类型，系统默认的纸张类型为 A4 纸。

③输入内容（包括文字、图片、表格等）。

④编辑文档，如改正文档中错别字、调整文档内容等。

⑤排版文档，如设置字符格式、段落格式、页面格式、图文混排等。

⑥保存、预览和打印文档。

注意：文档的保存不必等到最后进行，在编排文档的过程中养成及时存盘的好习惯，避免因出现意外而丢失文档的情况发生。

3.2　文档的操作

3.2.1　创建文档

Word 2010 启动后，系统会自动建立一个名为"文档 1.doc"的空白文档，用户可以在编辑区输入内容，然后存盘，完成文档的建立。若在 Word 2010 工作过程中，需要建立新文档可以采用以下几种方法：

（1）单击功能区"文件"选项卡下的"新建"命令，在"可用模板"区域选择"空白文档"，然后单击"创建"按钮，即可创建一个空白文档。

（2）单击"快速访问工具栏"上的"新建"按钮 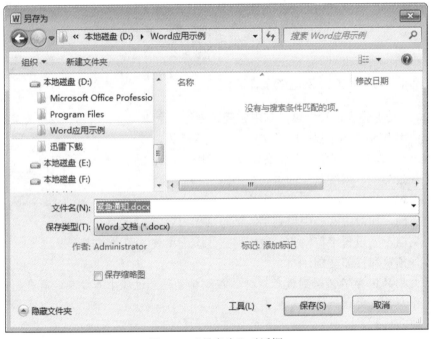 即可创建一个空白文档。如果"快速访问工具栏"上没有该按钮，只需单击"自定义快速访问工具栏"按钮，在弹出的下拉菜单中勾选"新建"命令，"新建"按钮就会出现在"快速访问工具栏"上。

（3）按 Ctrl+N 组合键可以快速地创建一个空白文档。

3.2.2　保存文档

文档的保存分为以下几种情况：

1. 保存新建文档

Word 2010 的新建文档默认的文件名是"文档 1"（"文档 2"、"文档 3"…），这个新文档只是暂时保存在内存中，如果此时计算机死机或停电，那么这个文档将永远丢失，所以一定要保存文档，保存文档需要指定文档在磁盘上的保存位置、文件名及保存类型。

具体操作如下：

（1）单击"快速访问工具栏"中的"保存"按钮 ，或单击功能区"文件"选项卡下的"保存"命令，会弹出如图 3-3 所示的"另存为"对话框。

图 3-3　"另存为"对话框

（2）在左边导航窗格中选择文档的保存位置。

（3）在"文件名"文本框输入文档的名称。

（4）在"保存类型"下拉框中选择文档的保存类型，系统默认的为"Word 文档（*.docx）"，如果希望在 Word 的早期版本中打开使用该文档，可以选择保存类型为"Word 97-2003 文档"。

（5）最后单击"保存"按钮完成文档的保存操作。

2. 保存已有文档

保存已有文档分两种情况：

（1）如果编辑后的文档以原名保存在原来位置上，只需单击功能区"文件"选项卡下的

"保存"命令，或单击"快速访问工具栏"中的"保存"按钮，或按 Ctrl+S 组合键。

（2）如果编辑后的文档需要以新文件名保存，或改变存放位置，或改变文件保存类型，可单击功能区"文件"选项卡下的"另存为"命令，在弹出的"另存为"对话框中，为文档指定新的文件名，或新的保存位置，或新的保存类型。

3．自动保存

Word 2010 还提供了自动保存功能，每隔一段时间自动对文档进行保存，有效地避免因停电、死机等意外事故来不及保存造成文档内容的丢失。自动保存功能设置方法如下：

（1）单击图 3-3 所示的"另存为"对话框中"工具"的列表按钮，在展开的列表中选择"保存选项"命令，弹出"Word 选项"对话框。

（2）选中对话框中的"保存自动恢复信息时间间隔"复选框，并在"分钟"数值框中输入需要保存的时间间隔，单击"确定"按钮，返回到"另存为"对话框。

（3）最后单击"保存"按钮。

Word 2010 还提供了恢复未保存文档的功能，单击功能区"文件"选项卡下的"最近所用文件"命令，单击面板最下方的"恢复未保存的文档"按钮，在弹出的文件列表中直接选择要恢复的文件即可恢复未保存的文档。

【例 3.1】创建一个 Word 电子文档，以文件名"例 3.1 紧急通知"保存在 D 盘的"Word 应用示例"文件夹中。文档的内容如下：

> 紧急通知
> 最近网络上出现了一种新病毒，这是一种名为"Sircam"的网络蠕虫病毒。该病毒通过邮件系统传播，病毒体附带一个随机的文件作为附件，附件的名称带有双扩展名，邮件的主体和附件名称都是不定的。

操作步骤如下：

①启动 Word 创建新文档。双击桌面 Word 2010 快捷方式图标或通过"开始"菜单启动 Word 2010 ，启动后自动建立一个名称为"文档 1"的空白文档。

②输入文字。在插入点输入上面所给文字。

③保存文档。单击"快速访问工具栏"中的"保存"按钮，打开"另存为"对话框，如果 D 盘的"Word 应用示例"文件夹已经存在，在左边导航窗格中选定该文件夹，否则创建该文件夹。方法是首先在左边导航窗格中选定"D 盘"，然后单击"新建文件夹"按钮，在文件夹名称框中输入"Word 应用示例"；然后选定该文件夹，在"文件名"文本框输入"例 3.1 紧急通知"，单击"保存"按钮。

文档保存后，Word 窗口的标题栏显示为用户输入的文件名"例 3.1 紧急通知"。

3.2.3　打开文档

如果需要编辑已经建好的文档，必须先要打开该文档。打开文档的方法有很多种，这里介绍几种常用的打开文档方法：

1．通过"打开"对话框打开指定文档

（1）选择"快速访问工具栏"中的"打开"命令按钮📂，或单击功能区"文件"选项卡下的"打开"命令，或直接按 Ctrl+O 组合键，将弹出"打开"对话框，如图 3-4 所示。

图 3-4　"打开"对话框

（2）打开文档的操作和保存文档类似，在左边导航窗格中选择要打开的文档位置，在右边文件列表窗格中选择要打开的文件；或在"文件名"列表框内输入文件名，然后单击"打开"按钮。

2．打开最近使用过的文档

单击功能区"文件"选项卡下的"最近所用文件"命令，在右边列出最近打开的文件列表和位置，单击所需文档即可将其打开。

3．通过"计算机"打开文档

在"计算机"中找到需要打开的文档，双击该文档即可打开。

3.2.4　关闭文档

单击功能区"文件"选项卡下的"关闭"命令，或单击文档窗口右上角的关闭按钮，或按 Alt+F4 组合键都可以关闭当前文档。

3.2.5　多个文档的操作

Word 2010 允许同时打开多个文档，可用来轮流查阅、复制信息或分别编辑。这些文档可以同时显示在窗口上，但只能有一个文档是活动文档，也就是用户可以进行编排操作的文档。

1．打开多个文档

（1）一次选定并打开多个文档。

在图 3-4 所示的"打开"对话框中，在所列出的文件列表中选定所有需要打开的文件（选取多个文件的方法和 Windows 下选取多个文件方法一样），单击"打开"按钮，Word 2010 将依次打开所选的各个文档。

（2）分别选中并打开多个文档。

按照前面 3.2.3 节介绍的方法打开一个文档后，再依次打开其他文档。无论哪种方法，后打开的文档窗口将在屏幕上覆盖先打开的文档窗口，成为当前的活动窗口。

2．切换当前活动文档

下面两种方法都可以切换当前活动文档：

（1）把鼠标停留在"任务栏"的 Word 2010 应用程序图标上，会弹出的一个列有当前所有打开文档的菜单，可以从中单击某个文档使其成为当前活动文档。

（2）单击功能区"视图"选项卡下"窗口"组的"切换窗口"按钮，会列出所有打开文档，单击某个文档使其成为当前活动文档。

3．同时显示多个文档

单击功能区"视图"选项卡下"窗口"组的"全部重排"按钮，系统把已打开的所有文档窗口以水平平铺方式同时显示在屏幕上。如果想使某一个窗口成为活动文档窗口，只需单击对应的窗口即可。

【例 3.2】打开"例 3.1 紧急通知"文档，在原位置为其建立副本。然后打开所建立的副本文档，利用这两个文档练习多文档操作。

操作步骤如下：

①打开"例 3.1 紧急通知"文档。启动 Word 2010，单击"快速访问工具栏"上的"打开"按钮，弹出"打开"对话框，在左边导航窗格中选定 D 盘的"Word 应用示例"文件夹，"例 3.1 紧急通知"文档将出现在文件列表中，双击该文档，或单击该文档，然后单击"打开"按钮均可打开该文档。

②建立副本。单击功能区"文件"选项卡下的"另存为"命令，弹出"另存为"对话框，在左边的导航窗格中选定 D 盘的"Word 应用示例"文件夹，在"文件名"文本框中输入"例 3.1 紧急通知副本"，单击"保存"按钮。此时"例 3.1 紧急通知"文档自动关闭，"例 3.1 紧急通知副本"文档为当前活动文档。

③多文档操作。利用第①步给出的方法再次打开"例 3.1 紧急通知"文档，此时 Word 2010 同时打开"例 3.1 紧急通知"、"例 3.1 紧急通知副本"两个文档。把鼠标停留在"任务栏"的 Word 2010 应用程序图标上，会弹出的一个列有这两个已打开文档名的菜单，可以从中单击某个文档使其成为当前活动文档；也可以单击功能区"视图"选项卡下"窗口"组的"切换窗口"按钮，在列出的所有打开文档中单击某个文档使其成为当前活动文档。

④关闭文档。操作完毕，单击"关闭窗口"按钮可以关闭文档，也可以通过单击"文件"选项卡下的"关闭"命令关闭文档。

3.3　文档的输入与编辑

3.3.1　输入文本

1．输入方式

在文档中输入文本的方式有键盘输入、语音输入、手写输入和扫描仪输入等，通常我们都是借助于键盘输入文本。

2．输入状态

利用键盘输入文本时有两种状态：插入和改写。状态栏左边的"插入"和"改写"按钮是个切换键，如果此时为"插入"状态，单击该按钮，变为"改写"状态，反之变为"插入"状态；也可以按 Insert 键切换"插入"和"改写"状态。在"插入"状态下，输入的字符插在光标后的字符前；在改写状态下，输入的字符将替代光标后的字符。

3．中文输入法的使用

目前广泛流行的中文输入法有微软拼音输入法、搜狗拼音输入法、五笔字型输入法等。微软拼音输入法、搜狗拼音输入法属于音码，音码简单易学，使用者众多，但重码高。五笔字型属于形码，形码重码低，录入速度快，但掌握起来有一定的难度。

下面以微软拼音输入法为例讲解，在使用过程中要牢记以下快捷键：

（1）中/英文输入法切换组合键 Ctrl+Space

（2）中文输入法切换组合键 Ctrl+Shift

（3）全/半角切换组合键 Shift+Space

（4）中/英文标点符号切换组合键 Ctrl+.

（5）中/英文切换键 Shift

4．输入时的注意事项

（1）文档的输入总是从插入点处开始，即插入点显示了文本的输入位置。

（2）一般情况下，不要用空格来调整段落缩进和对齐，通过段落格式设置很容易达到指定的效果。

（3）输入文字到达右边界时，不要使用回车键换行。Word 2010 会根据设定的段落左右缩进自动换行，只有当一个自然段输入完毕时，才按回车键，这时会产生一个段落标记"↵"以结束本段落。

（4）各种符号的输入。

文档中除了普通的文字外，还经常用到一些符号。各种符号的输入有以下几种方法：

① 常用标点符号。在中文标点符号状态下，直接按键盘的标点符号。例如，输入英文句号"."，会显示为中文句号"。"，输入"\"会显示为顿号"、"。可以按"Ctrl+."实现中英文标点符号的切换。

② 一些特殊符号，像数字序号、标点符号、数学符号、希腊字母等，可以通过输入法状态栏的软键盘输入。

方法是用鼠标单击"软键盘"按钮，弹出如图 3-5 所示的软键盘列表，如需要输入特殊数字序号，单击"9 数字序号"项，将打开如图 3-6 所示的"数字序号"软键盘，单击其中所需字符即可实现所需序号的输入。

图 3-5　软键盘列表

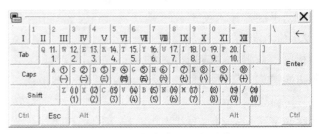

图 3-6　"数字序号"软键盘

③ 特殊的图形符号，如📖、☎等。可以单击功能区"插入"选项卡下"符号"组的"符号"按钮，在展开的下拉框中单击所需要的符号即可。如果要输入的符号不在下拉框中显示，则可以单击下拉框中的"其他符号"选项，在弹出的"符号"对话框中进行选择输入。

【例 3.3】打开 D 盘"Word 应用示例"文件夹下的文档"例 3.1 紧急通知"，在文档中继续输入以下内容：

> 请大家使用电脑时注意：
> ① 谨慎接收电子邮件，尤其是带有附件的，不要轻易打开其附件。
> ② 一旦被病毒感染，使用杀毒软件的软盘引导系统对病毒进行查杀。
> ③ 遇到不能解决的问题，请使用以下两种方式咨询：
> ☎服务热线：63518188　　✉E-mail：wlzx@hnufe.edu.cn
> 网络中心
> 8 月 10 日

操作步骤如下：

①打开 D 盘"Word 应用示例"文件夹中的"例 3.1 紧急通知"文档。

②把插入点置于文档尾部，按回车键，另起一段开始输入上面内容。输入时注意特殊符号的输入：

- ①、②、③：用鼠标单击输入法状态栏上的"软键盘"按钮，选择"9 数字序号"项，打开"数字序号"软键盘，选取其中需要的序号。
- ☎、✉：单击功能区"插入"选项卡下"符号"组的"符号"按钮，在展开的下拉框中单击"其他符号"选项，在弹出的"符号"对话框中，字体列表框选择"Wingdings"，在下面的字符列表中选择需要的字符，单击"插入"按钮，即可完成这些符号的输入。

③ 输入完毕，单击保存按钮，保存文档。

3.3.2　文本的编辑

文本编辑是对一个已经建好的文档进行修改和调整。文本编辑一般遵循"先选定，后操作"的原则。

1. 选定文本

选定文本有以下几种方法：

（1）利用鼠标选定文本。

用鼠标选定文本的最基本动作是"拖动"，即按住鼠标左键拖过所要选定的所有文本区域，然后松开鼠标即可。如果按住 Alt 键，拖动鼠标可以选取一个矩形块。

（2）利用键盘选定文本。

将光标移动到要选定的文字内容首部（或尾部），按住 Shift 键不放，同时按←键、或↑键、或→键、或↓键，直到选定所要的文本内容。

（3）利用鼠标与键盘结合选定文本。

选择较长的文本内容时，将插入点置于选择区域的起点，滚动窗口内容到区域的终点，按下 Shift 键，用鼠标指针指向终点单击即可。这种方法可方便地选定大范围的文本内容。

（4）利用选定区。

文本区左侧的空白区域，称为选定区。当鼠标移动到该区域时，变成一个向右的箭头，单击该区域，光标所在的行被选定，双击该区域，光标所在的段落被选定，三击该区域，整个文档内容将被选中，若在该区域拖曳，鼠标经过的每一行均被选定。

如果想实现同时选定多块区域的功能，可通过按住 Ctrl 键再加选定操作来实现。若要取消选定，只需在文本窗口的任何位置单击鼠标或按光标移动键即可。

2. 编辑文档

（1）插入文本。

在插入状态下，将光标移动到想要插入文本的位置，然后输入内容即可。注意要确保此时的输入状态是"插入"状态。

（2）删除文本。

对单个字符，按退格键（←）可以删除光标前的字符，按 Delete 键可删除光标后的字符，但如果要删除大量的文字，首先利用前面介绍的选定方法选定要删除的内容，然后可以选择下述 3 种删除方法之一进行删除。

①按←键或 Delete 键。

②单击功能区"开始"选项卡下"剪贴板"组的"剪切"按钮 ✄。

③在选定文字上单击右键，从弹出的快捷菜单中执行"剪切"命令。

注意：删除段落标记可以实现合并段落的功能。如果想把两个段落合并成一个段落，可以将光标定位在第一个段落的段落标记前，按 Delete 键即可。

（3）移动和复制。

在编辑文档时，可能需要把一段文字移动到另一个位置，这时可以根据移动距离的远近选择不同的操作方法。

①短距离移动。可使用"拖曳"的方法进行：选定文本，移动鼠标到选定内容上，使插入点呈虚线，鼠标箭头尾部同时出现一个小虚框，拖动虚线到达欲移动的目标处，释放鼠标，便实现了移动文本的操作。

②长距离移动（如从一页移到另一页或从一个文档移到另一个文档）。可以采用剪贴板进行操作：选定要移动的文本内容。单击鼠标右键，在弹出的快捷菜单中选择"剪切"命令或单击功能区"开始"选项卡下"剪贴板"组的"剪切"按钮或使用快捷键 Ctrl+X。然后把插入点置于要插入文本的位置。单击鼠标右键，在弹出的快捷菜单中选择"粘贴"命令或单击功能区"开始"选项卡下"剪贴板"组的"粘贴"按钮或使用快捷键 Ctrl+V，便实现了文本移动。

复制文本和移动文本的区别在于：移动文本，选定的文本在原处消失；而复制文本，选定的文本仍在原处。它们的操作相似，不同的是复制文本使用鼠标拖拽时，要同时按下 Ctrl 键。使用"复制"命令或"复制"按钮或快捷键 Ctrl+C 也可实现复制文本的功能。

注意：从网页上复制信息到 Word 2010 文档中，不要直接粘贴，因为其中包含一些网页控制符，不便于自动排版，应当单击功能区"开始"选项卡下"剪贴板"组的"粘贴"按钮，在展开的列表中选择"选择性粘贴…"选项，在打开的"选择性粘贴"对话框中选择其中的"无格式文本"，这样可以将网页的内容以纯文本的形式复制到 Word 2010 中。

（4）查找和替换。

在文档编辑的过程中，有时需要对重复出现的某些内容进行修改，用 Word 2010 提供的查找与替换功能，可以快捷轻松地完成该项工作。

①查找。单击功能区"开始"选项卡下"编辑"组的"查找"按钮 🔍，会出现"导航"窗格，在"搜索文档"文本框内输入查找关键字，如病毒，然后键入回车即可列出整篇文档中

所有包含该关键字的匹配结果项，并在文档中高亮度显示相匹配的关键字，单击某个搜索结果能快速定位到文档相应的位置，如图 3-7 所示。

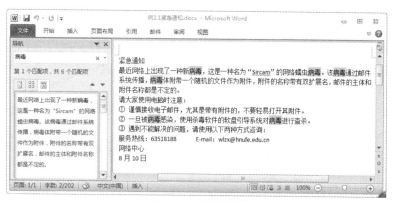

图 3-7　查找结果

也可以选择"查找"按钮下拉框中的"高级查找"选项，在弹出的如图 3-8 所示的"查找和替换"对话框中的"查找内容"文本框内键入查找关键字，然后单击"查找下一处"按钮即能定位到文档中匹配该关键字的位置。通过该对话框中的"更多"按钮能看到更多的查找功能选项，如是否"区分大小写"、是否"全字匹配"以及是否"使用通配符"等，利用这些选项可以完成更高功能的查找操作。

图 3-8　"查找和替换"对话框

②替换。利用替换功能，可以将整个文档中给定的文本内容全部替换掉，也可以在选定的范围内进行替换。

在图 3-8 所示的"查找和替换"对话框中，单击"替换"选项卡，将弹出如图 3-9 所示的"替换"对话框。在"查找内容"文本框中输入要查找的内容(如：病毒)，在"替换为"文本框中输入要替换的内容（如：Virus），单击"全部替换"按钮，则所有符合条件的内容全部替换。如果需要选择性替换，则单击"查找下一处"，找到后如果需要替换，单击"替换"按钮；如果不需要替换，继续单击"查找下一处"，反复执行，直至文档查找结束。

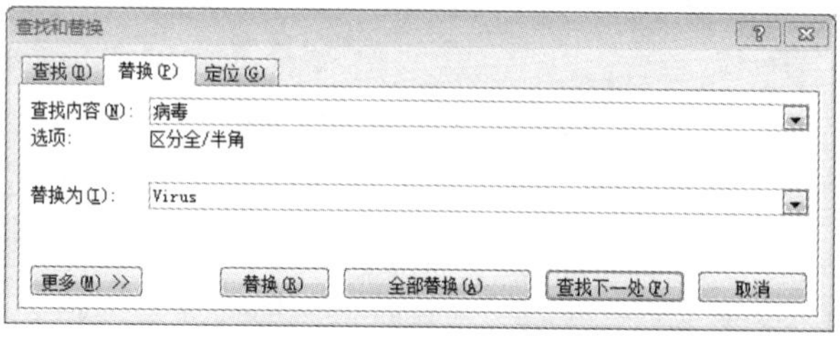

图 3-9　"替换"选项卡下的"查找和替换"对话框

（5）撤销与恢复。

在编辑文档的过程中，可能会发生一些错误操作，例如，删错了文本、移动文本时移错了位置等，也可能对已进行的操作不太满意。这时，可以使用 Word 2010 提供的撤消与恢复功能。其中"撤销"是取消上一步的操作结果，"恢复"则相反，是将撤销的操作恢复。

①撤销操作。单击"快速访问工具栏"中的"撤消"按钮 ，或按下 Ctrl+Z 组合键。

注意：使用"撤销"按钮提供的下拉列表时，可以一次撤销连续的多步操作，但不允许任意选择一个操作来撤销。

②恢复操作。选择"快速访问工具栏"中的"恢复"按钮 ，或按下 Ctrl+Y 组合键。如果没有进行"撤销"操作，不可以进行恢复操作。

【例 3.4】在 D 盘"Word 应用示例"文件夹下新建一个名为"例 3.4 练习"的文档，录入以下内容：

> 　　在英语学习中，应努力提高听立。这样可以借助听觉，大量、快速地复习学过的单词和词组，并在此基础上扩大知识面，更多地掌握同一词的不同用法，提高阅读速度与理解能力。下面笔者根据自己多年的实践，与英语自学者谈谈在提高听立方面的点滴体会。

要求完成以下操作：

（1）从"下面笔者"处把本段分为两段。

（2）把文档中所有出现"听立"的地方修改为"听力"。

（3）查找文档中出现"提高听力"处，将其复制作为标题。

操作步骤如下：

① 打开 D 盘的"Word 应用示例"文件夹，在文件夹空白处单击鼠标右键，在弹出的快捷菜单中执行"新建"|"Microsoft Word 文档"命令，并把文档命名为"例 3.4 练习"。双击打开该文档录入所给内容，单击"保存"按钮保存文档。

② 将插入点置于"下面笔者"的前面，按回车键从插入点处把段落分成两段。

③ 单击功能区"开始"选项卡下"编辑"组的"替换"按钮，打开"查找和替换"对话框，在"查找内容"文本框输入"听立"，在"替换为"文本框输入"听力"，单击"全部替换"按钮，关闭该对话框。

④ 把插入点置于文档首部，按回车键产生一空行。单击功能区"开始"选项卡下"编辑"组的"查找"命令，在"导航窗格"的"搜索文档"文本框输入"提高听力"，键入回车查找。

⑤ 选择任何一处"提高听力"文本，单击鼠标右键，在弹出的快捷菜单中选择"复制"命令，然后把插入点置于第一行，单击鼠标右键，在弹出的快捷菜单中单击"粘贴选项"列表中的"保留源格式"按钮。

⑥ 单击"保存"按钮保存文档。

3.4　文档的排版

文档编辑好之后，通过文档的排版可以改变文档的外观，使其美观易读、丰富多彩。文档的排版包括字符设置、段落设置、页面设置和其他一些特殊修饰。对文档进行排版一般在页面视图下进行（可以实现"所见即所得"），文档排版也遵循"先选定，后操作"的原则。

3.4.1　字符格式化

字符是指文档中输入的汉字、英文字母、数字、标点符号和各种符号等。字符格式化包括：字体和字号、字型、字体颜色、字符的间距、字符背景、下划线、上标下标、空心、阴影等的设置，图 3-10 给出了几种字符格式设置效果。

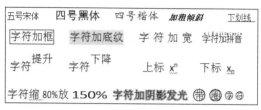

图 3-10　字符格式设置效果

下面介绍两种字符格式设置方法：

1. 通过功能区的"字体"组进行设置

单击功能区的"开始"选项卡，可以看到"字体"组的相关命令按钮，如图 3-11 所示。常用字符格式化按钮有"字体"、"字号"、"加粗"、"倾斜"、"下划线"、"字符边框"、"字符底纹"、"缩放"、"字体颜色"、"文本效果"等。可先选中文本字符，再单击字符格式按钮对所选字符设置效果。

图 3-11　"开始"选项卡下的"字体"组

2. 通过"字体"对话框进行设置

选中要设置的字符，单击图 3-11 右下角的对话框启动器按钮，会弹出图 3-12 所示的"字体"对话框。在对话框的"字体"选项卡页面，可以对字符的中文字体、西文字体、字形、字号、字体颜色、下划线线型、着重号、效果等进行设置。在对话框的"高级"选项卡页面下，可以对字符的缩放效果、间距、位置等进行设置。

图 3-12　"字体"对话框

　　【例 3.5】打开 D 盘"Word 应用示例"文件夹下的文档"例 3.1 紧急通知"，按照图 3-13 所给样张设置该文档字符格式，设置完毕以文件名"例 3.5 字符格式设置样张"保存在原位置。

最近网络上出现了一种新病毒，这是一种名为"Sircam"的网络蠕虫病毒。该病毒通过邮件系统传播，病毒体附带一个随机的文件作为附件，附件的名称带有双扩展名，邮件的主体和附件名称都是不定的。

请大家使用电脑时注意：

① 谨慎接收电子邮件，尤其是带有附件的，不要轻易打开其附件。

② 一旦被病毒感染，使用杀毒软件的软盘引导系统对病毒进行查杀。

③ 遇到不能解决的问题，请使用以下两种方式咨询：

☎服务热线：63518188　　✉E-mail: xw@hnufe.edu.cn

网络中心

8 月 10 日

图 3-13　字符格式设置样张

操作步骤如下：

①打开文档"例 3.1 紧急通知"。

②选定"紧急通知"标题文字，单击功能区"开始"选项卡下的"字体"组的"字体"列表按钮，选择"隶书"字体；同样的方法设置"字号"为"二号"；选定"紧"字，单击"带圈字符"按钮，在打开的"带圈字符"对话框的样式区域选择"增大圈号"，在"圈号"区域选择"菱形"，单击"确定"按钮；用同样的方法设置"急"字。

③选定正文第一段文字，设置"字号"为"小四"；然后选定文本"Sircam"，打开"字体"对话框，在"字体"选项卡页面中选择"西文字体"为"Verdana"，"着重号"为"."。

④ 选定正文第二段文字，设置字体为"华文新魏"；"字号"为"四号"；"倾斜"；"下划线"为"双下划线"；打开"字体"对话框，选择"高级"选项卡，在"间距"区域选择"加宽"，"磅值"设置"1 磅"，然后单击"确定"按钮。

⑤ 选定正文第三、四、五段，设置字体为"华文细黑"。

⑥ 选定正文第六段，设置"字体"为"楷体-GB2312"；"字号"为"四号"；单击"加粗"按钮。

⑦ 单击功能区"文件"选项卡下的"另存为"命令，在"另存为"对话框的文件名文本框输入"例 3.5 字符格式设置样张"，单击"保存按钮"。

3.4.2　段落格式设置

　　在 Word 2010 文档中，每当一个段落输入完毕，用户都要键入回车，回车符"↵"也称为段落标记。夹在两个段落标记之间的文本就是一个段落，对段落的格式设置包括段落对齐、段落缩进、段落行距、段落间距等。

　　对段落进行设置时，在设置前应将插入点置于该段落任意位置或选定该段落。如果对多个段落进行设置，必须先选定要设置的所有段落。段落格式设置的常用方法也有两种：一是通过功能区"开始"选项卡下的"段落"组进行设置，如图 3-14 所示；二是通过"段落"对话框进行设置，如图 3-15 所示。

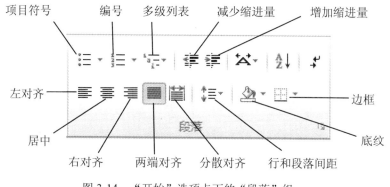

图 3-14 "开始"选项卡下的"段落"组

1. 段落的对齐方式

段落的对齐方式有 5 种：左对齐、两端对齐、居中、右对齐、分散对齐。一般文档标题选择居中对齐方式，文档正文选择两端对齐方式。

2. 段落的缩进方式

段落缩进分为首行缩进、悬挂缩进、左缩进、右缩进四种缩进方式。

段落的左右缩进和页面边界有关系，页面边界可以通过设置页边距指定。所谓页边距是指纸张边缘与文本之间的距离（页边距的设置见后面的页面设置），页边距有上、下、左、右四个，分别确定上下左右文本与纸张边缘的距离。

段落的左缩进是指段落的左边与页面左边界的距离；段落的右缩进是指段落的右边与页面右边界的距离，通过设置左右缩进可以改变段落与左右页边界的距离。首行缩进表示段落中第一行的缩进，比如中文段落一般都采用首行缩进 2 字符的格式。悬挂缩进则表示段落中除第一行外其余各行缩进的距离。图 3-16 给出了四种缩进方式示例。

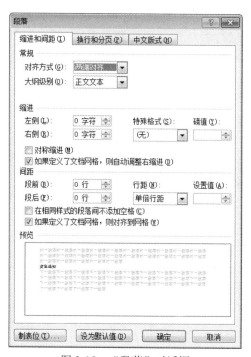

图 3-15 "段落"对话框

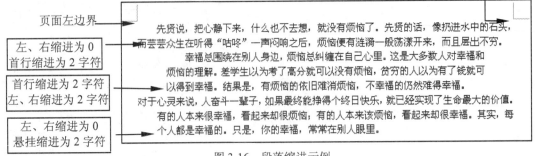

图 3-16　段落缩进示例

除了用"段落"组的"增加缩进量"按钮 和减少缩进量"按钮 和用"段落"对话框设置缩进外，还可以使用标尺进行段落的缩进设置。单击"视图"选项卡下"显示"组的"标尺"复选框可使标尺显示或隐藏。标尺上有四个缩进标记，如图 3-17 所示，可以拖动缩进标记进行段落缩进设置。

图 3-17　用标尺设置段落缩进

3. 行距和间距

在"段落"对话框"缩进和间距"选项卡页面（图 3-15 所示）中，"行距"区域可以设置段落中各行的距离，有"单倍行距"、"1.5 倍行距"、"2 倍行距"、"最小值"、"固定值"和"多倍行距"供选择。如果选择其中的最小值、固定值和多倍行距时，可同时在右侧的"设置值"编辑框中选择或输入磅数和倍数。行距也可以通过单击功能区"开始"选项卡下"段落"组的"行和段落间距"按钮 进行设置。

"间距"是指所选段落与相邻两个段落之间的距离，有段前间距和段后间距。加大段落间距有时可使文档显得更清晰。

【例 3.6】打开 D 盘"Word 应用示例"文件夹下的文档"例 3.5 字符格式设置样张"，按照图 3-18 所给样张设置该文档段落格式，设置完毕以文件名"例 3.6 段落格式设置样张"保存在原位置。

操作步骤如下：

①打开文档"例 3.5 字符格式设置样张"。

②选定第一段标题文字，单击功能区"开始"选项卡下"段落"组的"居中"按钮。

③选定正文第一段文字，右击鼠标在弹出的快捷菜单中选择"段落"命令，在"段落和缩进"选项卡页面的特殊格式区域选择"首行缩进"，"磅值"设置为"2 字符"。

④选定正文第二、三、四、五段，在"缩进和间距"选项卡页面"缩进"区域，设置"左侧"为"2 字符"。

紧急通知

最近网络上出现了一种新病毒，这是一种名为“Sircam”的网络蠕虫病毒。该病毒通过邮件系统传播，病毒体附带一个随机的文件作为附件，附件的名称带有双扩展名，邮件的主体和附件名称都是不定的。

请大家使用电脑时注意：

① 谨慎接收电子邮件，尤其是带有附件的，不要轻易打开其附件。
② 一旦被病毒感染，使用杀毒软件的软盘引导系统对病毒进行查杀。
③ 遇到不能解决的问题，请使用以下两种方式咨询：

☎服务热线：63518188　　✉E-mail：xw@hnufe.edu.cn

网络中心
8月10日

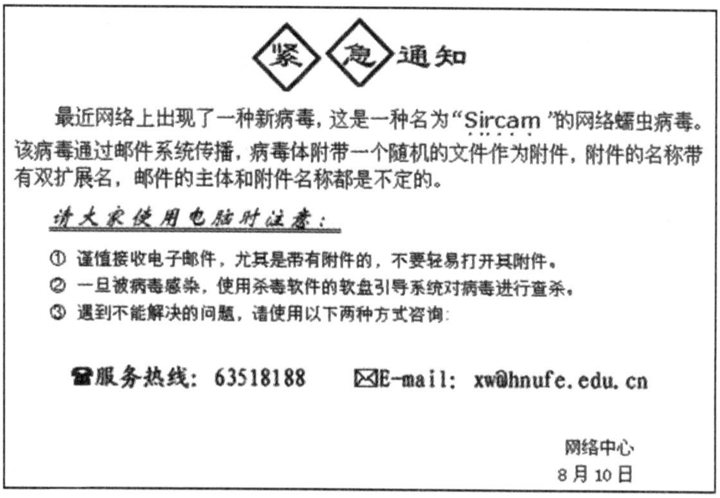

图 3-18　段落格式设置样张

⑤选定正文第六段，在“缩进和间距”选项卡的“间距”区域设置“段前”为“1 行”，“段后”为“1 行”。

⑥选定正文最后两段，在“段落和缩进”选项卡的“缩进”区域，设置“右侧”为“2 字符”。单击功能区“开始”选项卡下“段落”组的“右对齐”按钮。

⑦单击功能区“文件”选项卡下的“另存为”命令，在“另存为”对话框的文件名文本框输入“例 3.6 段落格式设置样张”，单击“保存按钮”。

4. 给段落加项目符号和编号

项目符号可以是字符，也可以是图片，用于表示内容的并列关系；编号是连续的数字或字符，用于表示内容的顺序关系。合理地应用项目符号和编号可以使文档更具条理性。

创建项目符号和编号的方法如下：

（1）利用功能区“开始”选项卡下的“段落”组进行设置。

选定要添加项目符号或编号的若干段落，单击功能区“开始”选项卡下“段落”组的“项目符号”按钮☰或“编号”按钮☰。如果想选择更多的项目符号或编号格式可以单击按钮旁的列表按钮选择。单击“多级列表”按钮☰，可以为段落设置多级符号。

（2）利用“快捷菜单”中的“项目符号”或“编号”命令。

选定要添加符号或编号的若干段落，单击鼠标右键，在弹出的快捷菜单中，选择“项目符号”或“编号”命令，在展开的列表框中选择需要的项目符号或编号。

图 3-19 为编号、项目符号和多级符号的设置效果。

编号	项目符号	多级符号
一、字符格式设置	🕮 字符格式设置	1. 字符格式格式
二、段落格式设置	🕮 段落格式设置	1.1 字体的设置
三、页面格式设置	🕮 页面格式设置	1.1.1 利用工具按钮

图 3-19　编号、项目符号和多级符号的设置效果

5. 首字下沉

首字下沉是将选定段落的第一个字放大数倍，以引导阅读，这是报刊杂志中常用的排版方式。

建立首字下沉的方法是：选中段落或将光标置于需要首字下沉的段落，单击功能区"插入"选项卡下"文本"组的"首字下沉"按钮▲▦，在展开的列表框中根据需要选择默认的"下沉"或者"悬挂"效果。如果对该效果不满意，可以选择"首字下沉选项"命令，打开如图 3-20 所示的"首字下沉"对话框，对下沉"字体"、"下沉行数"及"距正文"的距离进行设置。

若要取消首字下沉，只需选中段落或将光标定位于首字下沉的段落中，单击"首字下沉"按钮，选择"无"选项即可。

6. 边框和底纹

设置边框和底纹的目的是为了使内容更醒目和美观。Word 2010 不仅可以为文字和段落添加边框和底纹，还可以为页面添加各种好看的边框。

要快速为段落添加边框，可选中要添加边框的段落（必须将段落标记一起选中），然后单击功能区"开始"选项卡下"段落"组的"边框"按钮 ▦ ▾右侧的列表按钮，在展开的列表中选择要添加的边框类型，如选择"外侧框线"，如图 3-21 所示。

图 3-20　"首字下沉"对话框

图 3-21　快速设置段落边框

若要为段落添加复杂的边框和底纹，可选中要添加边框或底纹的段落，或将插入点置于该段落中，然后在图 3-21 中选择"边框和底纹"命令，打开如图 3-22 所示的"边框和底纹"对话框。其中有"边框"、"页面边框"、"底纹"三个选项卡：

（1）"边框"选项卡。

用于对选定的段落或文字添加边框。首先选择边框的"线型"、"颜色"和"宽度"，然后可以用左边"设置"栏中一系列的按钮进行设置，也可以在右边"预览"栏中通过单击对应线条按钮一一设置。

（2）"页面边框"选项卡。

用于对页面或整个文档添加边框。它的操作与"边框"选项卡相同，不同的是增加了"艺术型"下拉列表框供用户选择。

（3）"底纹"选项卡。

用于对选定的文字或段落添加底纹。其中，"填充"是指底纹的背景色（如白色，背景色1，深色 5%），"样式"是指底纹的图案式样（如浅色横线），"颜色"是指底纹图案中点或线的颜色。

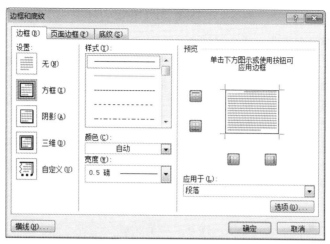

图 3-22　"边框和底纹"对话框

注意： 如果为文字设置边框和底纹，要在"应用于"下拉列表框中选择"文字"，如果为段落设置边框和底纹，要在"应用于"下拉列表框中选择"段落"。

7．用"格式刷"复制格式

若文档中有多处内容要使用相同的格式，可使用"格式刷"按钮 来进行格式的复制，以提高工作效率。

操作方法如下：

（1）选择已设置格式的文本或段落。

（2）单击工具栏上的"格式刷"按钮。

（3）移动鼠标，使指针指向欲排版的文本开头，此时光标的形状变为格式刷，按下鼠标拖动到文本末尾，然后放开鼠标，就可以完成格式的复制。

注意： 如果要把格式复制到多处，则要双击"格式刷"按钮，在需要复制格式的地方用格式刷刷一遍。复制格式结束后，只需单击"格式刷"按钮或者按 Esc 键即可。

【例 3.7】 打开 D 盘"Word 应用示例"文件夹下的文档"例 3.6 段落格式设置样张"，按照图 3-23 所给样张设置该文档段落特殊格式，设置完毕以文件名"例 3.7 段落特殊格式设置样张"保存在原位置。

图 3-23　段落特殊格式设置样张

操作步骤如下：

①打开文档"例 3.6 段落格式设置样张"。

②单击正文第一段，把光标插入点置于该段，拖动标尺栏的首行缩进标记，取消该段的首行缩进。单击功能区"插入"选项卡下"文本"组的"首字下沉"按钮下边的列表按钮，在展开的下拉列表中选择"首字下沉选项"，在"首字下沉"的位置区域选择"下沉"，选项区域的"字体"设为"隶书"，单击"确定"按钮。

③删除正文三、四、五段前的序号，然后选定这三段，单击功能区"开始"选项卡下"段落"组的"项目符号"按钮右边的列表按钮，在"项目符号库"中选择样张所给的符号，单击"确定"按钮。

④选定正文第六段，单击功能区"文件"选项卡下"段落"组的"下框线"按钮右边的列表按钮，选择"边框和底纹"选项，打开"边框和底纹"对话框。在"边框"选项卡的"应用于"下拉列表框中选择"文字"；在"设置"区域选择第 3 种样式"阴影"；然后单击打开"底纹"选项卡，在"填充"区域选择颜色为"白色，背景色 1，深色 5%"，单击"确定"按钮。

⑤单击"文件"选项卡下的"另存为"命令，在"另存为"对话框的文件名文本框输入"例 3.7 段落特殊格式设置样张"，单击"保存"按钮。

3.4.3 页面格式设置

页面格式直接决定文档的整体外观和打印输出效果。页面格式设置主要包括页面、页眉和页脚、页码、分栏等设置。

页面格式设置一是通过功能区"页面布局"选项卡下的"页面设置"组进行设置，二是通过"页面设置"对话框进行设置。下面介绍页面格式设置具体操作方法。

1. 页面设置

单击功能区"页面布局"下"页面设置"组的对话框启动器，打开如图 3-24 所示的"页面设置"对话框。该对话框中有四个选项卡："页边距"、"纸张"、"版式"和"文档网格"，各选项卡的作用如下：

（1）"页边距"选项卡（图 3-24）。

设置文本与纸张的上、下、左、右边界距离，如果文档需要装订，可以设置装订线与边界的距离。还可以在该选项卡上设置纸张的打印方向，系统默认为纵向。

注意：拖动标尺上的上边距、下边距、左边距、右边距标记，也可以进行上、下、左、右页边距的设置。如果在拖动的同时按住 Alt 键，还会显示边距值。

（2）"纸张"选项卡（图 3-25）。

设置纸张的大小（系统默认为 A4）。如果系统提供的纸张规格不符合要求，可以在"纸张大小"列表框中选择"自定义大小"，并输入宽度和高度。"纸张来源"一般选择默认。

（3）"版式"选项卡（图 3-26）。

设置页眉页脚的特殊格式，如首页不同或奇偶页不同；可以为文档添加行号，为页面添加边框，如果文档未满一页，可以设置文档在垂直方向的对齐方式。

（4）文档网格"选项卡（图 3-27）。

设置每页固定的行数和每行固定的字数；还可设置在页面上是否显示网格线，文字与网格是否对齐。这些设置主要用于一些出版物或有特殊要求的文档。

图 3-24　"页边距"选项卡

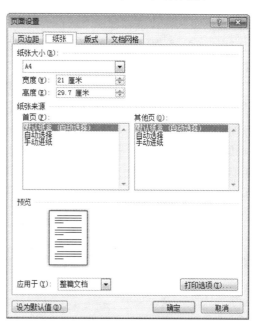

图 3-25　"纸张"选项卡

图 3-26　"版式"选项卡

图 3-27　"文档网络"选项卡

2．插入页眉和页脚

页眉和页脚是每页的顶部和底部重复出现的信息，这些信息可以是文字、图形、图片、日期或时间、页码等。设置页眉和页脚的操作方法如下：

（1）单击功能区的"插入"选项卡，可以看到功能区的"页眉和页脚"组。

（2）如果要插入页眉，单击"页眉和页脚"组中的"页眉"按钮，在弹出的下拉框中选择内置的页眉样式或者选择"编辑页眉"项，之后键入页眉内容。

（3）如果要插入页脚，单击"页眉和页脚"组中的"页脚"按钮，在弹出的下拉框中选择内置的页脚样式或者选择"编辑页脚"项，之后键入页脚内容。

（4）如果要插入页码，单击"页眉和页脚中"的"页码"按钮 📄，可以设置页码出现的位置和格式。

在进行页眉和页脚设置时，页眉和页脚的内容会突出显示，而正文中的内容则变为灰色，同时在功能区会出现如图 3-28 所示页眉和页脚工具"设计"选项卡。通过"插入"组中的"日期和时间"按钮可以在页眉和页脚中插入日期和时间，并可以设置其显示格式；通过单击"插入"组的"文档部件"下拉列表按钮，在展开的列表框中选择"域"选项，在弹出的"域"对话框中"域名"列表框进行选择，可以在页眉和页脚中插入作者名、文件名及文件大小等信息；通过"导航"组可以在页眉和页脚间进行切换；通过"选项"组中的复选框可以设置首页不同和奇偶页不同的页眉和页脚。

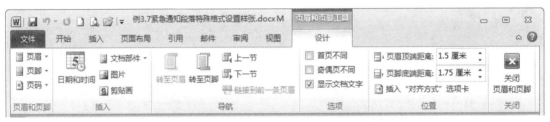

图 3-28　页眉和页脚工具"设计"选项卡

【例 3.8】打开 D 盘"Word 应用示例"文件夹下的文档"例 3.7 段落特殊格式设置样张"，按照图 3-29 所示样张设置该文档页眉和页脚，设置完毕以文件名"例 3.8 页眉和页脚设置样张"保存在原位置。

图 3-29　页眉和页脚设置样张

操作步骤如下：

①打开文档"例 3.7 段落特殊格式设置样张"。

②单击功能区"插入"选项卡下"页眉和页脚"组的"页眉"按钮，选择"编辑页眉"选项，然后输入文字"每日简讯"，输入完毕，在页眉外单击鼠标完成页眉设置。

③单击功能区"插入"选项卡下"页眉和页脚"组的"页码"按钮，选择"设置页码格式"选项，在打开"页码格式"对话框中选择"编码格式"如样张所示，"起始页码"设为"1"；接着选择页码位置为"页面底端"的"普通格式 2"。

④单击功能区"文件"选项卡下的"另存为"命令，在"另存为"对话框的文件名文本框输入"例 3.8 页眉和页脚设置样张"，单击"保存按钮"。

3. 分栏设置

分栏是将页面上的版面分为几栏，如图 3-30 所示。这样可以使版面活泼生动，增加可读性。这也是报刊杂志中常用的排版方式。

　　有的人本来很幸福，看
起来却很烦恼；有的人本来
该烦恼，看起来却很幸福。

　　活得糊涂的人，容易幸
福；活得清醒的人，容易烦
恼。这是因为，清醒的人看
得太真切，一较真儿，生活

中便烦恼遍地；而糊涂的
人，计较得少，虽然活得简
单粗糙，却因此觉得了人生
的大境界。

　　所以，人生的烦恼是自
找的。不是烦恼离不开你，
而是你撇不下它。

这个世界，为什么烦恼
的人都有。为权，为钱，为
名，为利……人人形色匆
匆，背上背着个沉重的行
囊，装得越多，牵累也就越
多。所以，人生的烦恼是自
找的。

图 3-30　"分栏"效果

　　分栏排版先选中需要分栏的段落，然后单击功能区"页面布局"选项卡下"页面设置"组的"分栏"按钮，在弹出的下拉列表中选择某个选项，即可将所选段落按照系统预设的样式进行分栏。

　　如果想对所选内容进行其他形式的分栏，可以选择"分栏"按钮下拉列表中的"更多分栏"选项，在弹出的"分栏"对话框中对分栏进行详细设置，包括设置更多的栏数、每一栏的宽度、栏与栏的距离、是否需要添加栏目分隔线等。如果想取消分栏，只需在"分栏"对话框中单击"预设"区域中的"一栏"按钮即可。

3.5　文档的预览和打印

　　编辑排版好文档后，可以把电子文档通过打印机输出得到最后的书面结果。Word 2010 将打印预览、打印设置和打印功能都融合在了功能区的"文件"选项卡的"打印"选项上，见图3-31。

图 3-31　打印文档界面

　　通常打印输出之前要先预览一下，看看文档的整体布局是否合理，纸张大小、页边距是否合适，满意后方可打印文档。

3.5.1　打印预览

如图 3-31 打印界面所示，可以看出左侧窗格可设置打印参数，右侧窗格可预览打印效果。

对文档打印预览时，可通过右侧窗格左下方的相关按钮查看预览内容。如果文档有多页，单击"上一页"按钮 ◀ 和"下一页"按钮 ▶ 可以查看预览效果。也可在这两个按钮之间的文本框中输入页码数字，按回车键直接预览该页内容。

在右侧窗格的右下角，可通过单击"缩小"按钮 ⊖ 和"放大"按钮 ⊕，或拖动显示比例滑块缩小或放大预览效果的显示比例。单击"缩放到页面"按钮 🔲，将以当前页面显示比例进行预览。

预览时如果有不满意的地方，可以返回文档重新进行编排，编排完毕可以重新预览，直到满意为止。

3.5.2　打印文档

如果预览效果满意，用户电脑连接了打印机，可以使用以下操作将文档打印出来。

在左侧窗格的"打印机"下拉列表框中选择要使用的打印机名称。如果当前只有一台可用打印机，则不必执行此操作。

如果只需打印插入点所在页面，可在"打印所有页"下拉列表中选择"打印当前页面"项；如果要打印指定页，可在下拉列表中选择"打印自定义范围"项，然后在其下方的"页数"文本框中输入页码范围。例如，输入"3-5"表示打印第 3 页至第 5 页的内容；输入"2，5，8"表示打印第 2 页、第 5 页和第 8 页。如果打印全部页面，则不必执行此操作。

如果文档要打印多份，在"份数"编辑框中输入要打印的具体数目。如果只打印一份，则不必执行该操作。

至此，我们已经掌握了制作一个包含文本信息的一般 Word 2010 文档的制作技术，下面将介绍 Word 2010 有关表格、图片等操作的高级应用技术。

3.6　表格处理

文档中经常要用到表格，表格具有分类清晰、简明直观的优点。Word 2010 的表格功能强大，操作方便。不仅可以快捷地创建表格、而且可以对表格进行修饰，还能对表格中的数据进行排序以及简单计算。

表格由若干行和若干列组成，行列交叉处为单元格，单元格内可以输入文字、图片或插入另一表格。Word 2010 中的表格分为两种类型：规则表格和不规则表格。所谓规则表格就是由横线和竖线交织而成的"田字格"，除规则表格以外的都是不规则表格，如图 3-32 所示。

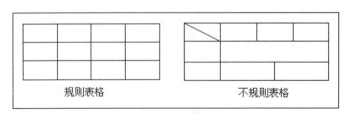

图 3-32　表格的两种类型

3.6.1　创建表格

表格的创建有以下几种方法：

1. 使用表格网格创建表格

将插入点置于要插入表格的位置，单击功能区"插入"选项卡下"表格"组的"表格"按钮▦，会弹出如图 3-33 所示的下拉框，其中显示一个示意网格，沿网格右下方移动鼠标，当达到需要的行列位置后单击鼠标即可。

2. 使用"插入表格"对话框创建表格

单击图 3-33 下拉框中的"插入表格"项，将弹出图 3-34 所示的"插入表格"对话框，在"列数"编辑框输入要创建表格的列数，在"行数"编辑框输入要创建表格的行数，在"自动调整操作"选项中根据需要进行选择，设置完成后单击"确定"按钮即可创建一个新表格。

图 3-33　"表格"按钮的下拉框

图 3-34　"插入表格"对话框

3. 绘制表格

前两种方法只能创建规则表格，对于一些复杂的不规则表格可以通过绘制表格的方法来实现。单击图 3-33 下拉框中的"绘制表格"项，此时鼠标移到文档编辑区会变成一个笔状图标，可以像绘图一样通过鼠标拖动画出所需要的任意表格。需要注意的是，首次通过鼠标拖动绘制出的是表格外框，之后才可以绘制表格的内部框线。如果要擦除画错或不要的线条，可单击功能区表格工具"设计"选项卡下"绘图边框"组的"擦除"按钮▦，此时鼠标变成橡皮状，在要擦除的线条上单击即可将该线条擦除。要结束绘制表格，双击鼠标或按 Esc 键。

4. 快速制表

要快速创建具有一定样式的表格，选择图 3-33 下拉框中的"快速表格"选项，在弹出的子菜单中根据需要单击某种样式的表格选项即可。

表格创建的前两种方法可以用来创建规则表格，第三种方法多用来绘制不规则小表格。如果表格较大，且为不规则表格，一般情况下先建立规则表格，然后在规则表格的基础上进行编辑，最终制作成用户需要的表格。

3.6.2　编辑表格

表格的编辑包括增加或删除表格中的行和列、改变行高和列宽、合并与拆分单元格等。

对表格的编辑操作也是遵循"先选定，后操作"的原则。

1. 表格的选定

可以选定表格的一个单元格、一行（列）、若干行（列）或整个表格，具体操作见表3-1。

表 3-1　表格的选定

选取范围	单击表格工具"布局"选项卡下"表"组的"选择"按钮	鼠标操作
一个单元格	选择单元格	鼠标指向单元格内左下角处，光标呈右上角方向黑色实心箭头，单击左键
一行	选择行	鼠标指向该行左端边沿处（即选定区），单击左键（用鼠标拖动可以选择多行）
一列	选择列	鼠标指向该列顶端边沿处，光标呈向下黑色实心箭头，单击左键（用鼠标拖动可以选择多列）
整个表格	选择表格	单击表格左上角的十字光标

2. 表格中行、列的插入

在表格中插入新行或新列，只需要将光标定位到要插入新行或新列的某一单元格，然后根据需要单击功能区表格工具"布局"选项卡下"行和列"组的"在上方插入"按钮或"在下方插入"按钮，即可在单元格的上方或下方插入一个新行；单击"在左侧插入"按钮或"在右侧插入"按钮，可以在单元格的左侧或右侧插入一个新列。

也可以右击鼠标，在弹出的快捷菜单中通过"插入"命令进行插入。

3. 表格中行、列的删除

要删除表格中的某一行或某一列，先将光标定位到此行或此列中的任一单元格中，再单击功能区表格工具"布局"选项卡下"行和列"组的"删除"按钮，在弹出的下拉框中根据需要单击相应选项即可。若一次要删除多行或多列，则需要先选中要删除的多行或多列，再执行上述操作。

也可以右击鼠标，在弹出的快捷菜单中通过"删除单元格"命令进行删除。

注意：如果选中后按Delete键，只能清除所选表格的内容，无法删除所选表格。

4. 调整表格行高和列宽

（1）使用鼠标调整。

将鼠标指针置于行（列）线上，当指针变成 ÷ 或 ↔ 时，拖动鼠标就可改变行高和列宽。

（2）使用功能区的"单元格大小"组调整。

将光标定位到要改变行高或列宽的那一行或列中的任一单元格，单击功能区的表格工具"布局"选项卡，在"单元格大小"组中会显示当前单元格的高度和宽度，可以在"高度"和"宽度"两个编辑框中调整或输入新的值，即可精确调整行高和列宽。

单击"单元格大小"组中的"分布行"按钮，可以设置选中的所有行行高相等；单击"单元格大小"组中的"分布列"按钮，可以设置选中的所有列列宽相等。

5. 单元格的合并与拆分

创建不规则表格时，会遇到将一个单元格拆分成若干个小的单元格，或者将一些相邻的单元格合并成一个单元格的情况，这就用到表格的合并和拆分功能。

要合并相邻的单元格，首先将其选中，然后单击功能区表格工具"布局"选项卡下"合并"组的"合并单元格"按钮▦。要将一个单元格拆分，先将光标置于该单元格内，然后单击功能区表格工具"布局"选项卡下"合并"组的"拆分单元格"按钮▦，在弹出的"拆分单元格"对话框中设置要拆分的行数和列数，最后单击"确定"按钮即可。

也可以右击鼠标，在弹出的快捷菜单中通过"合并单元格"和"拆分单元格"命令实现单元格的合并和拆分。

6. 拆分表格

如果要将一个表格分成两个表格，把插入点置于将要作为新表格的第 1 行中，单击功能区表格工具"布局"选项卡下"合并"组的"拆分表格"按钮▦，即可完成表格的拆分。两个表格之间是一个段落标记。若删除该段落标记，则撤销拆分操作，两个表格又合并为一个。

7. 缩放表格

当鼠标指针置于表格中时，表格的右下方将出现表格缩放手柄"▫"，把鼠标指针指向表格缩放手柄，当其形状变为↖时，按下左键拖动即可缩放表格。

8. 删除表格

把插入点置于表格任意位置，然后单击功能区表格工具"布局"选项卡下"行和列"组的"删除"按钮，在展开的列表中选择"删除表格"选项即可删除表格。

也可以选中整个表格，右击鼠标，在弹出的快捷菜单中通过"删除表格"命令进行删除。

3.6.3　编排表格中的文字

1. 输入和编辑单元格内容

表格建好后，每个单元格都有一个段落标记，可以把每一个单元格当作一个段落来处理。要在单元格内输入内容，需要先将插入点置于该单元格，然后输入文字，也可以插入图片、图形、图表等内容。

在单元格输入和编辑文字的方法与编辑文本段落一样。输入时，首先要定位单元格。定位单元格的方法有：按 Tab 键可以使光标移到下一个单元格；按 Shift+Tab 键可以使光标移到前一个单元格；用鼠标直接单击定位所需的单元格；使用上、下、左、右箭头键移动光标以定位单元格。

2. 排版单元格文字

（1）对齐方式。

要设置单元格内的文字对齐方式，可先选中要设置的单元格，单击功能区表格工具"布局"选项卡下"对齐方式"组的对齐按钮，即可实现如图 3-35 所示的总共 9 种对齐方式的文字排版，目前选中的文字对齐方式是"水平居中"，即文字在单元格内水平和垂直方向都居中。

图 3-35　"布局"选项卡的"对齐方式"组

（2）文字方向。

一般情况下，单元格内文字为横排，可以设置表格某一单元格或若干单元格中的文本为竖排。操作方法是：

选定要竖排文字的单元格，单击图 3-35 所示的"文字方向"按钮 ，可以实现单元格文字的竖排效果，如果仍然采用文字横排，再次单击该按钮即可。

表格中文字的其他设置如字体、缩进设置等与前面介绍的文本排版方法相同。

3.6.4　美化表格

1. 应用内置表格样式

Word 2010 提供了 30 多种预置的表格样式，无论是新建的空白表格还是已输入数据的表格，都可以通过套用表格样式来快速美化表格。设置方法为：

将插入点置于表格内，单击功能区表格工具"设计"选项卡下"表格样式"组的"样式"列表框右下方的"其他"按钮，打开样式列表，在列表中选择要使用的表格样式，系统自动为表格添加上边框和底纹。

2. 自定义表格边框和底纹

默认情况下，创建的表格边框是黑色的单实线，无填充色。我们除了可以利用表格样式快速美化表格外，还可自行为选择的单元格或表格设置不同的边线和填充风格。

选中要添加边框的表格或单元格，单击功能区表格工具"设计"选项卡下"绘图边框"组的对话框启动器，或者右击鼠标，在快捷菜单上选择"边框和底纹"命令，将打开如图 3-36 所示的"边框和底纹"对话框，在"边框"选项卡页面可选择边框样式、颜色、宽度，在"底纹"选项卡中可选择底纹颜色、图案等，以突出显示表格的某部分。

图 3-36　"边框和底纹"对话框

3. 表格的对齐与文字环绕方式

表格的对齐方式有："左对齐"、"居中"和"右对齐"，表格和文字的排版有"环绕"和"无"两种方式。设置方法如下：

把插入点置于表格中，单击功能区表格工具"布局"选项卡下"表"组的"属性"按钮 ，或者右击鼠标，在快捷菜单上选择"表格属性"命令，将打开如图 3-37 所示的"表格属性"对话框，在"表格"选项卡的"对齐方式"和"文字环绕"区域可选择对齐和环绕方式。

图 3-37 "表格"属性对话框

【例 3.9】按照图 3-38 所示样张建立一个不规则简历表，以文件名"例 3.9 简历表"保存在 D 盘"Word 应用示例"文件夹。

简 历 表

姓 名	现名		性别		出身日期		照 片
	曾用名						
通讯地址			联系电话				
个人简历							

图 3-38 简历表样张

操作步骤如下：

①创建规则表格。单击功能区表格工具"插入"选项卡下"表格"组的"表格"按钮，选择"插入表格"项，在指定位置处插入一个 4 行 8 列的规则表格。

②修改表格。选定表格 1～3 行，单击功能区表格工具"布局"选项卡，在"单元格大小"组的"高度"编辑框中输入"1 厘米"；同样的方法设置第 4 行行高为"4 厘米"。

按样张所示合并单元格和调整表格的列宽。

操作提示：用鼠标拖动表格边框线调整列宽，如果要改变某个单元格的宽度，先选定该单元格，再拖动其边框线。为了使单元格等宽，如第三行的前四个单元格，首先选定这四个单元格，然后单击功能区表格工具"布局"选项卡下"单元格大小"组的"平均分布列"按钮。

③编排文字。把插入点置于左上角单元格，键入回车，将在表格上方产生一空行；然后输入表格标题"简历表"；设置为"三号"、"黑体"、"居中"对齐。

按样张所示在单元格内分别输入文字，设置所有横排文字对齐方式为"水平居中"；选定"照片"、"个人简历"单元格，设置其文字方向为竖排，对齐方式为"中部居中"；为了文字布局均衡美观，可在竖排文字间适当插入一些空格。

④美化表格。选定整个表格，按样张为表格设置边框和填充色。设置表格外部框线"样式"为"实线"，"宽度"为"3 磅"；选中所有带文字的单元格，设置其底纹为"白色，背景1，深色 5%"。

3.6.5　表格数据的计算和排序

1. 表格数据的计算

表格中可以进行数值的加、减、乘、除运算，还可以利用系统提供的常用函数进行统计运算，如求和（Sum）、平均值（Average）、最大值（Max）和最小值（Min）等。

【例 3.10】计算图 3-39 所示表格中每个学生三门课程的总分和各门课程的平均分。

操作步骤如下：

● 计算每个人的总分

①将插入点置于"王晓"同学的总分单元格中。

②单击功能区表格工具"布局"选项卡下"数据"组的"公式"按钮 f_x，会弹出如图 3-39 所示的"公式"对话框。在"公式"栏中显示计算公式"=SUM(LEFT)"。其中"SUM"表示求和，"LEFT"表格是对当前单元格左面（同一行）的数据求和。本例不用修改公式。

③单击"确定"按钮，计算结果 225 就自动填到单元格内。

按以上步骤，可以求出其他两人的总分。

图 3-39　表格计算实例

● 计算每门课程的平均分

①将插入点置于"高等数学"平均分单元格中。

②按照上面同样的方法打开"公式"对话框。

③删除"公式"栏中"SUM(ABOVE)"（保留"="），在"粘贴函数"列表框中选择"AVERAGE"选项，"公式"栏中显示"=AVERAGE()"。在函数后面的括号中填入"ABOVE"，或者"B2,B3,B4"，或者"B2:B4"；也可以在"公式"栏中直接输入"=(B2+B3+B4)/3"。

④在"编号格式"下拉列表中选择或输入一种格式，如"0.00"表示小数点后面保留两位小数。

⑤单击"确定"按钮，插入点所在单元格显示为"77.00"。

按以上步骤可以求出其他课程的平均分以及总平均分。

关于表格的运算有如下说明：

（1）公式以等号开始，后面可以是加、减、乘、除运算符组成的表达式，也可以在"粘贴函数"下拉列表框中选择函数。

（2）表格中单元格的引用：表格中单元格都有一个名字，单元格的名字由单元格所在的行号和列标组成。行号用数字来表示，如 1、2、3……；列标用字母来表示，如 A、B、C……；那么 B3 就表示第三行第二列的单元格。函数中如果要引用连续表格区域，可以这样写："左上角单元格名字：右下角单元格名字"，也可以列出各单元格名字，用逗号隔开。

（3）按行或按列求和时可使用系统给出的默认公式"SUM(LEFT)"或"SUM(ABOVE)"，LEFT 指左边所有数字单元格，ABOVE 指上边所有数字单元格。

注意：公式中的等号、逗号、冒号、括号及运算符等必须使用英文符号（半角），否则系统将提示出错。

2. 表格数据的排序

不仅可以对表格中的数据计算，还可以对表格中的数据排序。

【例 3.11】对上面的表格按照总分由高到低将学生重新排列。

操作步骤如下：

①选定表格 1～4 行。

②单击功能区"布局"选项卡下"数据"组中的"排序"按钮，会弹出如图 3-40 所示的"排序"对话框。

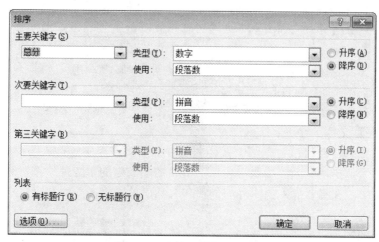

图 3-40   表格"排序"对话框

③在"列表"区域选中"有标题行"单选项，系统把所选范围的第一行作为标题，不参加排序，并且在"主要关键字"列表框中显示第一行各单元格内容。

④在"主要关键字"中选择"总分"，在"类型"中选择"数字"，并单击"降序"（从高到低）单选按钮。

如果要指定一个以上的关键字，可以使用"次要关键字"和第三关键字中各选项。

⑤单击"确定"按钮，完成排序。

3.7　图文处理

Word 2010 不仅可以处理文字、表格，而且能够在文档中插入各种类型的图片和剪贴画、图形、文本框、SmartArt 图形等，如图 3-41 所示，并能实现图文混排。

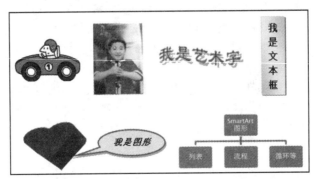

图 3-41　Word 中可以插入的各种图形对象

3.7.1　插入图片及处理

1. 插入图片

Word 2010 中插入的图片可以是来自系统的剪贴画，也可以是来自各种类型的图形文件。

（1）插入剪贴画。

Word 2010 提供了大量表达不同主题的剪贴画图片，插入时需首先选定插入位置，然后单击功能区"插入"选项卡下"插图"组的"剪贴画"按钮，打开"剪贴画"任务窗格，在"搜索文字"栏输入要插入某一类剪贴画，如"季节"；在"结果类型"下拉列表中选择文件类型，如"插图"；如果需要显示 Office.com 网站的剪贴画，则选中"包括 Office.com 内容"，单击"搜索"按钮，符合条件的剪贴画就会出现在下边的列表中，单击所要插入的剪贴画，或者在该剪贴画上右击鼠标，执行"插入"命令即可把该剪贴画插入文档中。

（2）插入图片文件。

除插入剪贴画外，还可以将电脑中保存的图片插入到文档中。插入图片时，同样先要定位插入位置，然后单击功能区"插入"选项卡下"插图"组的"图片"按钮，在弹出"插入图片"对话框中，选择要插入的图片的位置和名称，单击"插入"按钮。

2. 图片格式设置

插入文档中的图片也遵循"先选定，后操作"的原则。当我们选中某个图片后，在功能区会添加一个图片工具"格式"选项卡，单击该选项卡，出现如图 3-42 所示界面。利用"排列"、"大小"功能组中的按钮，可以实现对图片的编辑；利用"调整"、"图片样式"功能组中的按钮可以美化图片。下面介绍图片的具体操作：

（1）移动图片、复制、删除图片。

文档中刚插入的图片，默认为嵌入到文本行中，不能任意移动。想移动图片到任意位置，需单击图 3-42"排列"组的"自动换行"按钮，选择除"嵌入式"以外的任何一种环绕方式，然后单击选中图片，就可以拖拽图片到文档任何位置。拖动鼠标的同时按住 Ctrl 键，可复制图片；选中图片按 Delete 键可删除图片。

图 3-42　图片工具"格式"选项卡

（2）调整图片大小和裁剪图片。

1）调整图片大小。

选中图片，用鼠标拖动图片四周的任一控制点，图片上出现虚框表示缩放后的大小，当虚框达到所需尺寸时，松开鼠标。用鼠标拖动位于四个角的任一控制点，图片缩放后不会变形。如果要精确调整图片的大小，可在选中图片后，在图 3-42 所示的"大小"组中"高度"和"宽度"编辑框中直接输入数值。如果希望等比例缩放图片，只需要输入"高度"和"宽度"中的一个值，然后键入回车或单击鼠标即可。

2）裁剪图片。

选中图片，单击图 3-42 所示的"大小"组的"裁剪"按钮下的列表按钮，在展开的列表中选择"裁剪"选项，然后将鼠标指针移到图片左边界的控制点上，按住鼠标左键向右拖动，至合适的位置时释放鼠标，将图片左侧的空白区域全部裁掉，用同样的方法可以裁掉图片其他区域；如果拖动 4 个角的控制点，还可等比例裁剪图片。如果选择"裁剪为形状"选项，可以把图片裁剪为圆形、三角形、平行四边形等形状的图片。

（3）设置图片的文字环绕方式和旋转。

1）图片的文字环绕方式。

图片的文字环绕方式是指图片与文字之间的位置关系，如"四周型环绕"是指文字位于图片的四周。其设置方法是先选中图片，然后单击图 3-42 所示的"排列"组中的"自动换行"按钮，在展开的如图 3-43 所示的列表中，选择图片的文字环绕方式，如"四周型环绕"项。

2）图片的旋转。

图 3-43　文字环绕方式

选中图片后，其上方会自动显示绿色旋转点 ![旋转点]，将鼠标指针移至旋转点时鼠标指针会变为 ![旋转] 形状，此时按住鼠标左键并拖动即可自由旋转图片。也可右击鼠标，在弹出的快捷菜单中选择"设置图片格式"命令，进行"三维旋转"设置。

（4）美化图片。

1）设置图片的亮度、对比度、颜色和艺术效果。

选中图片，单击图 3-42 所示"调整"组的"更正"按钮 ![更正]，在展开列表的"亮度和对比度"区域列出各种亮度和对比度的图片，从中选择适合的图片；也可以选择"图片更正选项"，在打开的"设置图片格式"对话框中，直接进行亮度和对比度设置。

如果要改变图片颜色，首先也要选中图片，然后单击图 3-42 所示"调整"组的"颜色"按钮 ![颜色]，在下拉列表"颜色饱和度"和"色调"选项上列出各种效果图片，从中选择所需效果。通常"颜色饱和度"越高的图片色彩越鲜艳，反之越黯淡；"色调"则用来微调图片的颜色。如果要彻底改变图片颜色风格，可以选择"重新着色"选项列出的图片效果，如"冲蚀"、"灰度"等。

如果要为图片设置艺术效果，选中图片，单击图 3-42 所示"调整"组的"艺术效果"按钮，可以在列表中选择需要的艺术效果，如"铅笔素描"等。

2）设置图片的样式、边框和图片效果。

图片的样式包括了图片的渐变效果、颜色、边框、形状和底纹等多种效果。选中要设置样式的图片，单击图 3-42 所示"图片样式"组的样式列表框右下角的"其他"按钮，在展开的样式列表中选择所需样式，如"柔化边缘椭圆"，图片效果如图 3-44 所示。

图 3-44　使用"柔化边缘椭圆"样式效果图

单击图 3-42 所示"图片样式"组的"图片边框"按钮，可以为图片设置不同颜色、虚实、粗细的边框；单击 3-42 所示"图片样式"组的"图片效果"按钮可以为图片设置特殊的阴影、发光等效果。

【例 3.12】打开 D 盘"Word 应用示例"文件夹下的文档"例 3.8 页眉和页脚设置样张"，按照图 3-45 所示样张为文档插入 2 张图片并设置，设置完毕后以文件名"例 3.12 图文混排样张"保存在原位置。

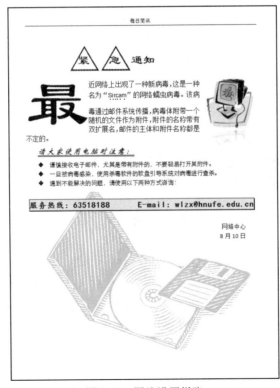

图 3-45　图片设置样张

操作步骤如下：

①打开文档"例 3.8 页眉和页脚设置样张"。

②将插入点置于正文第一段，单击功能区"插入"选项卡下的"剪贴画"按钮，在"剪贴画"任务窗格的"搜索文字"文本框输入"病毒"，结果类型设为"所有媒体文件类型"，选中"包括 Office.com 内容"复选框，单击"搜索"按钮，然后在搜索到的图片列表框中单击样张所示图片。

选中图片，单击功能区图片工具"格式"选项卡下"排列"组的"自动换行"按钮，选择"四周型环绕"选项；单击功能区图片工具"格式"选项卡下"图片样式"组的"其他"按钮，从下拉列表图片中选择"映像右透视"样式；缩放图片至样张所示大小并移至样张所示位置。

③在"剪贴画"任务窗格的"搜索文字"文本框中输入"磁盘"，按第②步方法在文档尾部插入样张所示图片。选中该图片，单击功能区图片工具"格式"选项卡下"调整组"的"颜色"按钮，在下拉列表的"重新着色"区域选择"冲蚀"效果；然后设置该图片的文字环绕方式为"衬于文字下方"，缩放图片至样张所示大小并移至样张所示位置。

④单击功能区"文件"选项卡下的"另存为"命令，在"另存为"对话框的文件名文本框中输入"例 3.12 图文混排样张"，单击"保存"按钮。

3.7.2　绘制图形

除了可以在文档中插入图片外，还可在文档中制作各种图形，如线条、正方形、椭圆和星型等，以丰富文档内容。绘制好图形后，还可以对绘制好的图形添加文字、进行编辑和美化操作。

1. 绘制图形

单击功能区"插入"选项卡下"插图"组的"形状"按钮，会展开如图 3-46 所示的列表，选择其中一种形状，然后在文档中按住鼠标左键不放并拖动，释放鼠标后可绘制出相应的图形。

选中图形后，其周围出现 8 个蓝色的控制点和 1 个绿色的旋转点，利用它们可以缩放和旋转图形。

2. 图形的编辑和格式化

（1）添加文字。

在需要添加文字的图形上单击鼠标右键，从弹出的快捷菜单中执行"编辑文字"命令，这时光标出现在选定的图形中，

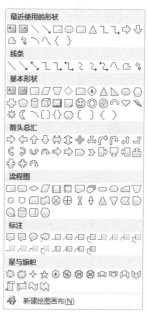

图 3-46　基本图形列表

输入需要添加的文字内容。可以单击功能区绘图工具"格式"选项卡下"文本"组的"文字方向"和"对齐文本"按钮设置文本的文字方向和垂直对齐方式。图形中文本的其他格式设置方法和正文中的文本一样。

（2）设置图形样式、轮廓、填充和效果。

系统提供了多种应用于图形的样式以美化图形。首先选中要设置样式的图形，单击功能区绘图工具"格式"选项卡下"形状样式"组"样式"列表框右下角的"其他"按钮，在展开的图形样式列表中选择所需要的样式即可。

除了应用系统的样式快速美化图形外，还可以单击功能区绘图工具"格式"选项卡下"形状样式"组的"形状填充"按钮，为图片设置填充效果；单击"形状轮廓"按钮，可为

图片设置各种粗细和颜色的轮廓；单击"形状效果"按钮，可为图形添加阴影、映像、发光、柔化边缘等效果。

3. 图形的叠放次序和组合

（1）图形的叠放次序。

默认情况下，先插入的图形在最底层，最后插入的图形在最顶层，这样后插入的图形将遮盖先插入的图形。要改变图形对象的叠放次序，可选中要改变叠放次序的图形，单击功能区绘图工具"格式"选项卡下"排列"组中的"上移一层"按钮或"下移一层"按钮，或单击其右侧的列表按钮，在展开的列表中选择所需选项。

（2）组合。

在文档中某个页面绘制多个图形时，为了统一调整其位置、尺寸、线条和填充效果，可将它们组合为一个图形单元。首先选定需要组合的所有图形，方法是单击选定第一个图形，然后按住 Shift 键，再单击其他图形。选完后单击功能区绘图工具"格式"选项卡下"排列"组中"组合"按钮，在展开的列表中选择"组合"项，即可将所选图形组合为一个整体。要想取消组合，单击功能区绘图工具"格式"选项卡下"排列"组中"组合"按钮，在展开的列表中选择"取消组合"项。

【例 3.13】按照图 3-47 所示图形样张绘制程序流程图。

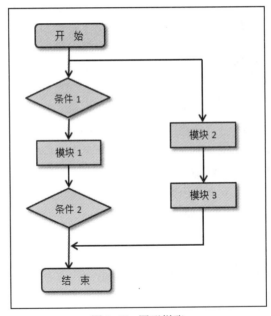

图 3-47　图形样张

操作步骤如下：

①单击功能区"插入"选项卡下"插图"组的"形状"按钮，选择绘制一个"圆角矩形"，在圆角矩形中输入文字"开始"；选中该图形，单击功能区绘图工具"格式"选项卡下"形状样式"组的"形状填充"按钮，设置填充色为"浅绿"；单击"形状轮廓"按钮，设置边框轮廓粗细为"1.5 磅"，颜色为"黑色"；单击"形状效果"按钮，设置阴影为"外部"区域的"右下斜偏移"。选中设置好的圆角矩形，按住 Ctrl 键拖动鼠标复制一个一模一样的图形，把圆角矩形内的文字修改为"结束"。

用同样的方法制作 2 个菱形，3 个矩形，图形内的文字如样张所示。

②单击功能区"插入"选项卡下"插图"组的"形状"按钮，选择绘制一个"箭头"和"直线"，设置它们的"形状轮廓"粗细为"1.5 磅"，颜色为"黑色"；随后用到的"箭头"和"直线"可以通过复制得到。

③移动和调整第①、②步绘制的图形即可制作出如 3-47 样张所示的程序流程图。

注意：选中图形，按住 Ctrl 键，同时按上、下、左、右光标键可以上、下、左、右精确移动各图形对象。

④组合流程图：单击选中流程图中的任一个图形，然后按住 Shift 键，依次单击剩余的全部图形，然后再单击功能区绘图工具"格式"选项卡下的"排列"组的"组合"按钮，在展开的列表中选择"组合"项，即可将所选图形组合为一个整体。

3.7.3　插入文本框

文本框是图形化的文本容器，使用它可以方便地将文字置于文档的任意位置。

1．创建文本框

（1）绘制文本框。

单击功能区"插入"选项卡下"插图"组的"形状"按钮，在展开的列表中选择"基本形状"组的"文本框"按钮 和"垂直文本框" 按钮，然后在文档中拖动鼠标，可绘制横排文本框和竖排文本框。绘制好的文本框内部有个闪烁的光标，此时就可在其中输入文字。

（2）插入系统内置的文本框。

单击功能区"插入"选项卡下"文本"组的"文本框"按钮 ，在展开的图 3-48 所示的列表中选择"内置"设置区的某种文本框样式，如"简单文本框"，即可在文档中插入所选文本框，此时只需修改文本框中的文字就可以了。

图 3-48　插入系统内置文本框

2. 美化文本框

创建好文本框后，可以利用功能区绘图工具"格式"选项卡对文本框的样式、边框、填充、效果、排列等进行设置，设置方法和自选图形相似，此处不再赘述。

3.7.4 制作艺术字

艺术字是以普通文字为基础，通过添加阴影、改变文字颜色、设置发光、三维效果、转换等来增强文字的美感。艺术字在文档中也是作为图形来处理的。

通过单击功能区"插入"选项卡下"文本"组的"艺术字"按钮 可以插入艺术字。插入艺术字后，通过功能区的"格式"选项卡下的各功能组如图 3-49 所示，可以对艺术字进行编辑和美化。

图 3-49   设置艺术字"功能组"

【例 3.14】按照图 3-50 所示艺术字样张制作"大学计算机基础"艺术字。

图 3-50   制作艺术字样张

操作步骤如下：

①创建艺术字。单击功能区"插入"选项卡下"文本"组的"艺术字"按钮，会打开"艺术字样式"列表，选择艺术字样式"填充-红色，强调文字颜色 2，暖色粗糙棱台"，此时出现一个艺术字占位符"请在此放置您的文字"，直接在此输入文字"大学计算机基础"，即可创建艺术字。选中创建好的艺术字，设置其字体为"华文琥珀"；打开字体对话框，设置字符"间距"为"加宽"，"磅值"为"2 磅"。

②美化艺术字。单击图 3-49 所示"艺术字样式"组的"文字效果"按钮，设置"阴影"为"外部"区域的"右下斜偏移"；设置"发光"为"发光变体"区域的"橄榄色，11pt 发光，强调文字颜色 3"；"转换"为"跟随路径"区域的"上弯弧"。

③设置艺术字版式。单击图 3-49 所示"排列"组的"自动换行"按钮，在展开的列表中选择"上下型环绕"。

3.7.5 插入 SmartArt 图形

SmartArt 图形是信息和观点的视觉表示形式，是形状和文本的结合。Word 2010 提供的"SmartArt"图形工具，可以非常方便地在文档中插入列表、流程、循环、层次结构和关系等图形，从而快速、轻松、有效地传达信息，并使制作精美文档变得非常容易。

【例 3.15】按照图 3-51 所示样张制作 SmartArt 图形。

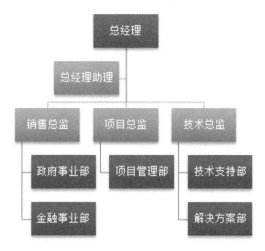

图 3-51 制作 SmartArt 图形样张

操作步骤如下：

①创建 SmartArt 图形。

单击功能区"插入"选项卡下"插图"组的"SmartArt"按钮 ，将打开"选择 SmartArt 图形"对话框。在该对话框的左侧列表框中选择"层次结构"类型，在中间窗格选择"组织结构图"布局，如图 3-52 所示，然后单击"确定"按钮，即可在文档中插入样本组织结构图。

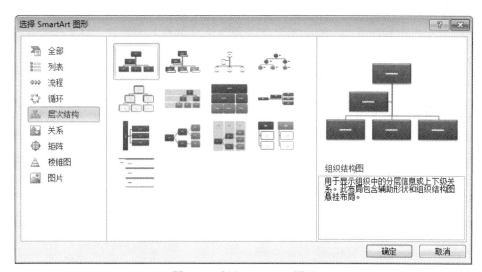

图 3-52 插入 SmartArt 图形

②编辑 SmartArt 图形。

单击功能区的 SmartArt 工具"设计"选项卡下"创建图形"组的"添加形状" 按钮右边的列表按钮，会展开如图 3-53 所示的列表框，单击其中的选项命令可以在创建的样本组织结构图的基础上按照图 3-51 所示样张添加图框。

单击每个图框，按样张为每个图框输入文字。

③修饰 SmartArt 图形。

选中整个图形，单击功能区的 SmartArt 工具"设计"选项卡下"SmartArt 样式"组的"更

图 3-53 "添加形状"列表框

改颜色"按钮，在展开的列表框中选择"彩色"区域的"彩色范围-强调文字颜色 2 至 3"选项；单击"SmartArt 样式"组的"中等效果"按钮；设置图形框中的文字为"宋体"、"五号"；最后缩放图形至样张所示大小。

3.8　高效排版

为了提高排版的效率，Word 2010 提供了一系列高效排版功能，包括模板、样式、生成目录等。

3.8.1　模板

模板就是一种预先设定好的特殊文档。模板决定了文档的基本结构和文档的设置，当要编排的多篇文档具有相同的格式设置时，例如相同的页面设置、段落设置，大致内容框架等，就可以使用模板，省去每次排版和设置的时间。在 Word 2010 中，默认情况下选择创建的"空白文档"使用的是 Normal.dot 模板，它规定了正文为五号字、宋体，内容为空白。

Word 2010 提供的内容涵盖广泛的模板，有博客文章、书法字帖、以及信函、传真、简历和报告等。另外，Office.com 网站还提供了贺卡、名片、信封、发票等特定功能模板。利用其可以快速地创建专业而且美观的文档。

3.8.2　样式

样式就是一组由系统或用户命名的字符和段落格式组合。例如，一篇文档有各级标题、正文等。每个样式都有自己的字体、字号大小、段落间距或对齐方式等，各自都有其样式名进行存储，以便使用。

使用样式有两大好处：若文档中有多个段落使用了某个样式，当修改了该样式后，即可改变文档中使用了该样式的所有段落的格式；另一好处是对长文档有利于构建大纲和目录。

1.　使用已有样式

Word 2010 系统为用户提供了多种内置样式，单击功能区"开始"选项卡下"样式"组列表框右边的"其他"按钮，会展开如图 3-54 所示的下拉框，选定需要使用样式的段落，然后单击"样式"下拉框中需要使用的样式名称就可以了。

图 3-54　"样式"下拉框

2．新建样式

当 Word 2010 提供的样式不能满足用户需要时，用户可以创建新样式。将插入点置于要应用该样式的任一段落内，单击功能区"开始"选项卡下的"样式"组右下角的对话框启动器，打开"样式"对话框，单击该对话框左下角的"新建样式"按钮 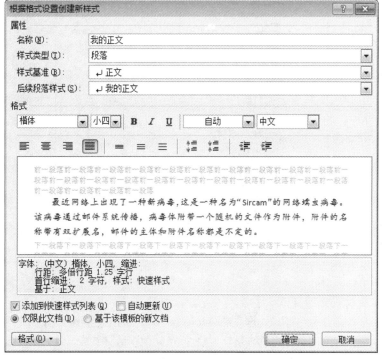，打开如图 3-55 所示的"根据格式设置创建新样式"对话框，在名称文本框输入新样式的名称，如"我的正文"；"样式类型"、"样式基准"、"后续段落样式"采用默认；在"格式"区域中设置字体为"楷体"，字号为"小四"；然后单击左下方"格式"按钮，选择"段落"选项进行设置，设置"首行缩进"为"2 字符"，"行距"为"多倍行距"，设置值为"1.25"；如果选中"添加到模板"复选框，凡是使用当前模板创建的文档都可以使用此样式。如果选中"自动更新"复选框，则一旦改变了使用该样式的文档格式，都将自动更新该样式。单击"确定"按钮，新建样式的样式名就会出现在"样式"列表框中，用户可以像使用内置样式一样直接使用。

图 3-55　"根据格式设置创建新样式"对话框

3．修改样式

如果对已有的样式不满意，可以进行修改。修改样式的方法是：在"样式"对话框中，将鼠标指针移至要修改的样式上方，如"我的正文"，然后单击右侧出现的下拉按钮，从展开的列表中选择"修改"选项，在打开的对话框中对样式的格式进行修改，然后单击"确定"按钮，所有应用该样式的段落都将自动更新为新样式。

3.8.3　自动生成目录

编写书籍、论文、报告等长文档时，一般都要有目录，以便反映文档的全貌和层次结构，方便阅读。目录无需手工录入，Word 2010 提供了自动生成目录的功能。

要自动生成目录，需要先为提取为目录的标题设置标题级别，并且为文档添加页码。为标题设置级别的方法可以选择应用系统内置的标题样式。如果目录分为 3 级，使用相应的“标题 1”、“标题 2、“标题 3”3 级样式来设置标题的级别，然后借助功能区“引用”选项卡下“目录”组的“目录”按钮即可生成。

【例 3.16】按照图 3-56 所示样张对本章内容自动创建目录，目录显示级别为 3 级。

目录

第 3 章 文档制作软件 Word 2010 1
3.1 Word 2010 概述 1
3.1.1 Word 2010 启动和退出 1
3.1.2 Word 2010 的用户界面 1
3.1.3 Word 2010 的视图模式 2
3.1.4 Word 2010 的帮助系统 3
3.1.5 制作 Word 文档的工作流程 3
3.2 文档的操作 3
3.2.1 创建文档 3
3.2.2 保存文档 4
3.2.3 打开文档 5
3.2.4 关闭文档 5
3.3 文档的输入与编辑 7
3.3.1 输入文本 7
3.3.2 文本的编辑 8
3.4 文档的排版 11
3.4.1 字符格式化 11
3.4.2 段落格式设置 12
3.4.3 页面格式设置 16
3.5 文档的预览和打印 17
3.5.1 打印预览 18
3.5.2 打印文档 18
3.6 表格处理 18
3.6.1 创建表格 19
3.6.2 编辑表格 19
3.6.3 编排表格中的文字 21
3.6.4 美化表格 21
3.6.5 表格数据的计算和排序 22
3.7 图文处理 24
3.7.1 插入图片及处理 24
3.7.2 绘制图形 26
3.7.3 插入文本框 27
3.7.4 制作艺术字 28
3.7.5 插入 Smart Art 图形 29
3.8 高效排版 29
3.8.1 模板 29
3.8.3 自动生成目录 31
3.9 综合应用实例 31

图 3-56　自动生成目录样张

操作步骤如下：

①为各级标题设置标题样式。

选中标题文字“第 3 章　文字处理软件 Word 2010”，单击功能区“开始”选项卡下“样式”组的“标题 1”按钮；用同样的方法设置“3.1 Word 2010 概述”等节标题的样式为“标题 2”（其他节的设置也可借助于“格式刷”完成）；再设置“3.1.1 Word 2010 的启动和退出”等小节标题的样式为“标题 3”。

②插入分节符。

把文档分为 2 节：第 1 节存放本章目录，第 2 节存放本章内容。分节的好处是：可以设置每节的节格式，使目录页和内容页各自拥有独立的页眉、页脚以及页码格式。

把插入点置于文档开始处，单击功能区“页面布局”选项卡下“页面设置”组的“分隔符”按钮，在展开的列表框中选择“分节符”区域的“下一页”选项，把文档分成 2 小节。

③在第 2 节页脚处插入页码，页码从 1 开始。

单击功能区“插入”选项卡下“页眉和页脚”组的“页码”按钮，在展开的下拉框中选择“页面底端”的“普通数字 2”选项；然后把光标置于第 2 节页脚处，单击功能区页眉和页脚工具“设计”选项卡下“导航组”的“链接到前一条页眉”按钮，设置第 1 节和第 2

节不同的页脚格式；右击鼠标，在弹出的快捷菜单中选择"设置页码格式"命令，在打开的"页码格式"对话框的"页码编号"区域设置"起始页码"为"1"。

④自动生成目录。

将插入点置于第 1 节开始处，单击功能区"引用"选项卡下"目录"组的"目录"按钮，在展开的下拉框的"内置"区域选择"自动目录 1"选项，第 3 章目录就自动生成了。

注意：如果文档的内容发生了变化，如页码或标题发生了变化，就要更新目录。方法是：在目录上单击鼠标右键，从快捷菜单中选择"更新域"命令，打开"更新目录对话框"，选中"更新整个目录"单选按钮，单击"确定"按钮。如果标题没有发生变化，只需选中"只更新页码"。

3.9　综合应用实例

每个人都会面临就业，要让招聘单位的人了解你的专业和特长，递交简历无疑是一个好的途径。本节以利用 Word 2010 制作一份个性化简历为例，提供一个 Word 2010 的综合应用实例。

【例 3.17】编制一份个人简历，效果如图 3-57 所示。

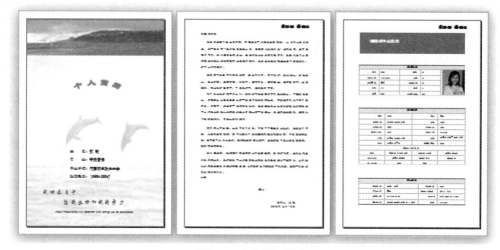

图 3-57　个人简历样张

该简历共三页，其中第一页为简历封面，其余两页为简历正文。

操作步骤如下：

● 制作简历封面

①给所有页面添加边框。

单击功能区"页面布局"选项卡下"页面背景"组的"页面边框"按钮，在"边框和底纹"对话框中单击"页面边框"选项卡，设置"线型"为"实线"，"颜色"为"水绿色,强调文字颜色 5,深色 25%"，"宽度"为"3 磅"；在"设置"区域选择带"阴影"的方框。

②插入图片并设置。

插入第一张"大海"图片，缩放后按样张所示放入页面上方；插入第二张带两条鱼的图片，单击功能区图片工具"格式"选项卡下的"自动换行"按钮，设置文字环绕方式为"衬于文字下方"；设置其"颜色"效果为"冲蚀"；然后缩放合适的尺寸置于第一张图片的下方，作为封面的水印。

③在封面上插入文字并设置。

单击功能区"插入"选项卡下的"文本"组的"艺术字"按钮，选择艺术字样式为"渐变填充-蓝色，强调文字颜色 1"；在艺术字文本框输入文字"个人简历"，并选中文字，设置其字体、字号分别为"隶书"、"初号"；单击功能区绘图工具"格式"选项卡下"艺术字样式"组的"文本效果"按钮，设置"转换"为"跟随路径"区域的"上弯弧"。并把其放置到样张所示位置。

单击功能区"插入"选项卡下的"文本"组的"文本框"按钮，插入一个内置的"简单文本框"，在文本框内输入个人信息"姓名、专业、毕业学校和联系电话"；选中文本框内文字，设置为"黑体"、"三号"；单击功能区绘图工具"格式"选项卡下的"形状样式"组的"形状填充"按钮，设置文本框为"无填充颜色"；单击"形状轮廓"按钮，设置文本框为"无轮廓"；然后把它放置到样张所示位置。

用同样的方法再插入一个文本框，同样设置为"无填充颜色"、"无轮廓"。按样张所示在文本框中分三行输入文字"成功来自于您的选择和我的努力 Your Trust and My Strenth Will Bring Us to Success"，并设置文本框内中文字体为"红色"、"二号"、"华文行楷"，英文字体设为"Verdana"、"倾斜"，并把其放置到样张所示位置。

④组合各对象。

选定封面上的所有对象，单击功能区绘图工具"格式"选项卡下"排列"组中"组合"按钮，在展开的列表中选择"组合"项，封面上所有对象就组合成一个整体，这些对象的位置被相对固定。

- 制作简历正文

①制作正文第一页。

该页内容为求职信，首先把求职信的内容录入，具体内容略。每位求职人可以结合自己的专业、特长和学习经历如实的推介自己，赢得招聘单位的好感和信任。

样文中的字体设置为"四号"、"楷体"；段落"行距"设为"1.5 倍行距"，"段后间距"设为"0.5 行"。

②制作正文第二页。

正文第二页是该人的个人信息简表，有一个文本框和三张表格组成。三张表分别介绍该人的基本信息、教育背景和求职意向。

在样张所示位置插入一个文本框，在其中输入文字"××的个人简历"；设置文本框的"形状填充"为"水绿色，强调文字颜色 5，深色 25%"（和页面边框颜色一致，保持同一种风格）。选定文本框内文字，设置其字体为"白色"、"黑体"、"三号"。

在文本框下方分别插入一个 6×5 基本信息表、11×4 教育背景表、5×4 求职意向表，表格的编辑和修饰效果如样张所示。在设计表格框线为兼顾美观，可以把表格的上框线设为较粗的实线，颜色为"水绿色，强调文字颜色 5，深色 25%"。另外尽量保证三张表格风格一致。

③为简历设置页眉。

单击功能区"插入"选项卡下"页眉和页脚"组的"页眉"按钮，在展开的下拉框的"内置"区域选择"空白"选项，然后在页眉"输入文字"区域输入"新起点 新开始"；设置页眉文字为"华文楷体"、"小四"、"加粗"、"带圈文字"、"文本右对齐"；选中页眉处文字（文字

后的段落标记一定要选上），单击功能区"开始"选项卡下的"段落"组的"下框线"按钮，
即可去掉页眉下方的横线。

保存好该文档，制作完成一份属于自己的个性化简历。

本章小结

文字处理软件 Word 2010 是最常用的现代办公软件之一，本章介绍了利用它制作一个文档的基本流程。而且结合实例详细介绍了每一个过程的操作方法和注意事项，如文档操作、编辑、排版、打印等。在学会制作一个包含文本信息的一般文档的基础上，又介绍了 Word 2010 的高级应用技术，如绘制表格、编排图形、高效排版等。最后通过一个制作个人简历的综合实例把 Word 2010 所有知识点融会贯通。

通过本章的学习，相信大家能够在工作或生活中熟练地运用 Word 2010 制作各种电子文档，为我们的工作和生活服务。

思考与练习

一、简答题

1．简述制作 Word 2010 文档的工作流程。
2．Word 2010 有几种视图方式，其特点各是什么？
3．文档录入时应注意什么？
4．什么是嵌入型图片？它同非嵌入型图片相比有什么特点？
5．什么是模板和样式？两者有什么区别？

二、选择题

1．在 Word 2010 编辑状态下，可以在插入和改写两种状态间切换的键是：
　　A．Delete　　　　　B．Backspace　　　C．Insert　　　　　　　D．Home
2．若要对文档中的图片或表格进行处理，应在哪种视图下操作：
　　A．页面视图　　　　　　　　　　　B．联机版式视图
　　C．主控文档视图　　　　　　　　　D．普通视图
3．在 Word 2010 中，可以为所选文字设置艺术字效果的选项卡是：
　　A．开始　　　　　　B．插入　　　　　C．页面布局　　　　D．引用
4．样式和模板是 Word 2010 的高级功能，其中样式包括的格式信息有：
　　A．字体　　　　　　B．段落缩进　　　C．对齐方式　　　　D．以上都是
5．通过 Word 2010，打开一个文档并做了修改，之后执行关闭文档操作，则：
　　A．文档被关闭，并自动保存修改后的内容
　　B．文档被关闭，修改后的内容不能保存
　　C．弹出对话框，询问是否保存对文档的修改
　　D．文档不能关闭，并提示出错

三、填空题

1．Word 2010 文档默认的扩展名是＿＿＿＿＿＿。

2．在 Word 2010 中，复制少量的文字，可以先选定要复制的文字，按下＿＿＿＿＿＿键不放，将它拖放到指定的位置。

3．在 Word 2010 中，如果无意误删了某段文字内容，可以使用"快速访问工具栏"上的＿＿＿＿＿＿按钮返回到删除前的状态。

4．在 Word 2010 中一种选定矩形文本块的方法是按住＿＿＿＿＿＿键的同时用鼠标拖曳。

5．在 Word 2010 中插入表格后，会出现＿＿＿＿＿＿选项卡，对表格进行"设计"和"布局"的操作设置。

四、操作题

1．请自行将本章例题在 Word 2010 中操作一遍。

2．在 Word 2010 中录入以下文字：

家用计算机

其实，家用计算机与普通电脑本来就没有什么区别，只是随着电脑越来越多地进入家庭，才出现了"家用计算机"这个名词。所谓家用计算机是指由个人购买并在家庭中使用的电脑。

家用计算机在家庭中能发挥什么样的作用？这是每个购买家用计算机和打算购买家用计算机的家庭所面临的问题。家用计算机在家庭中所起的作用主要体现在以下几个方面：

教育方面：电脑在家庭中可以扮演家庭教师，利用家用计算机可以更好地教育子女，激发学习兴趣，提高学习成绩。您可以将不同程度、不同克雷的教学软件装到电脑中，学习这可以根据自己的程度自由安排学习进度。

办公方面：电脑应用最重要的变革九十实现了办公自动化。电脑进入家庭，使得办公室里的工作可以在家中完成。您可将办公室里的一些文字工作拿回家中，利用电脑进行文书处理，还可以利用电脑与异地电脑进行联网通信，以获得更多的信息；还可以利用您的电脑接受、发送传真等。

家政方面：电脑在家庭中还可以充当家庭秘书的角色，可以利用电脑来管理家庭的收入、指出，对家庭财产进行登记；电脑可以提供飞机航班、火车时刻表、重要城市的交通路线，以便家庭随时查询；电脑还可以提供股市行情、旅游购物指南等。

娱乐方面：多媒体进入家庭，使得利用家用计算机进行娱乐的种类更加多样化。比如：可以利用电脑建立家庭影院、家庭卡拉 ok 中心、家庭影碟中心，利用家用计算机玩游戏等等。

要求完成以下操作：

（1）设置标题为华文彩云、蓝色二号字，居中对齐，段前间距为 0.5 行，段后间距为 1 行。

（2）设置正文文字为楷体、小四号字，设置正文全部段落首行缩进 2 字符，行距为 1.5 倍。

（3）为正文第一段设置波浪型下划线（第一个字除外），设置该段首字下沉，下沉字体为黑体，下沉行数为 2 行。

（4）设置正文第二段段前间距和段后间距为 1 行，左右各缩进 2 个字符，为本段文字"家用计算机在家庭中能发挥什么样的作用？"加上着重号，为该段添加边框和底纹，边框线型为实线，颜色为橙色，宽度为 3 磅，带阴影，底纹为浅绿色。

（5）设置正文第三、四、五、六段文字"教育方面：、办公方面：、家政方面：、娱乐方面："为红色、黑体、三号字并填充灰色底纹，并为这四段设置 2 栏分栏效果。

（6）为文档设置水印。水印为文字"家用计算机"，字体为黑体。

（7）在文档中插入一张与计算机有关的图片，版式为紧密型，图片样式为"矩形投影"，缩放后放于样文所示位置。

（8）为文档设置页眉和页脚。页眉为"家用计算机"，五号宋体居中，页脚插入创建日期，五号宋体右对齐。

（9）将文档命名为"家用计算机"。文档排版后效果如下图所示。

3. 制作如下图所示工作进度报告表。

工作进度报告表				
单位	工序	进度	完成日期	备注
一车间	铸模	100%	7.10	废品率 1%
	去毛刺	100%	7.15	
	热效处理	100%	7.22	
五车间	车外圆	100%	7.29	废品率 1.5%
	钻空	100%	8.6	
	攻螺纹	100%	8.10	
	热处理	100%	8.17	
三车间	磨外表面	100%	8.25	废品率 0.7%

第 4 章　表格处理软件 Excel 2010

本章导读

　　电子表格软件 Excel 是进行数据处理的常用软件。它可以帮助人们方便快速地输入和修改数据，制作数据报表和进行数据分析，并能以多种形式的图表来表示数据、表格，还能对数据表格进行排序、筛选和分类汇总等操作，广泛应用于财务、经济、统计、审计和个人事物处理等众多领域。

　　本章以 Microsoft Excel 2010 为蓝本，介绍 Excel 的主要功能与基本操作方法。内容包括工作簿的建立与管理、工作表的建立、工作表内容的编辑、格式排版、数据计算和统计分析以及图表制作等。

本章要点

- 电子表格的基本知识
- 工作簿的创建和管理
- 工作表的建立、编辑和格式化
- 工作表的函数和公式的使用
- 工作表的数据管理和清单处理的基本方法
- 数据的图表化

4.1　Excel 2010 概述

4.1.1　Excel 2010 的功能

Excel 2010 具有以下主要功能：

　　（1）表格处理。可方便地创建和编辑表格，对数据进行输入、编辑、复制、移动、设置格式和打印等。

　　（2）数据计算。用户在 Excel 工作表中，不但可以编制公式，还能使用系统提供的大量函数进行复杂计算。

　　（3）管理和分析数据。把工作表中的数据作为数据清单，并且提供排序、筛选、分类汇总、统计和查询等类似数据库管理软件的功能。

　　（4）制作图表。利用系统提供的各种图表，可以直观、形象地表示和反映数据，使数据易于阅读和评价，便于分析和比较。

　　（5）远程发布数据。Excel 可以将工作簿或其中的一部分保存为 Web 页发布，使其在 HTTP 站点、FTP 站点、Web 服务器上供用户浏览或使用。

4.1.2　Excel 2010 的启动与退出

1. Excel 2010 的启动

启动 Excel 2010 的方法很多，常用的有：

（1）从开始菜单启动：选择任务栏上的"开始"|"所有程序"|"Microsoft Office"|"Microsoft Office Excel 2010" 菜单命令，启动 Excel 2010。

（2）从桌面快捷方式图标启动：双击桌面的快捷图标，即可启动 Excel 2010。

（3）用已有 Excel 2010 文档启动：双击已存在的电子表格文件，即可启动 Excel 2010 并打开该文件。

2. Excel 2010 的退出

退出 Excel 2010 的方法也很多，常用的有：

（1）在 Excel 主窗口中，执行"文件"选项卡下的"退出"命令。

（2）按下<Alt>+<F4>组合键。

（3）单击标题栏右边的关闭按钮。

同其他 Office 软件一样，退出 Excel 2010 时，系统会对当前正在操作的文件显示保存文件的对话框。用户可以根据需要选择是否保存文件，或者取消退出，回到 Excel 2010 界面。

4.1.3　Excel 2010 的基本概念

1. 工作簿

工作簿（Book）是存储数据、运用公式以及数据格式化等信息的文件，是 Excel 存储数据的基本单位。用户在 Excel 2010 中处理的各种数据最终都是以工作簿文件的形式存储在磁盘上，文件默认的保存类型是 "Excel 工作簿(*.xlsx)"。

当每次启动 Excel 后，它都会自动地产生一个空工作簿，用户可以随时新建多个工作簿或打开一个或多个工作簿。

2. 工作表

工作表（Sheet）是一个由行和列交叉排列的二维表格，也称作电子表格，用于组织和管理数据，是工作簿的主要组成部分。每一个工作表用一个标签来标识（如 Sheet1）。

一个工作簿中最多可以包含 255 张工作表。用户正在进行工作的工作表被称为当前工作表。

3. 单元格

单元格（Cell）就是工作表中行和列交叉的部分，是工作表最基本的数据单元，也是电子表格软件处理数据的最小单位。

单元格的名称（也称单元格地址）是由列标和行号来标识的，工作表的行以数字表示，从 1 开始；列以英文字母表示，从 A 开始。列标在前，行号在后。例如，第 2 行第 1 列的单元格的名称是 "A2"。

如图 4-1 所示，当前正在使用的单元格会以黑框标识，称为活动单元格，也称当前单元格。当前选定的多个单元格区域称为活动单元格区域。单元格区域范围以"左上角单元格地址:右下角单元格地址"来表示，例如，B4:D8 表示 B 列到 D 列,4 行到 8 行的矩形单元格区域。

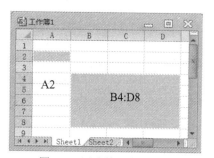

图 4-1　活动单元格和区域

4.1.4 Excel 2010 的用户界面

启动 Excel 2010 后，将看到如图 4-2 所示的窗口界面。

图 4-2　Excel 2010 窗口

1. 标题栏

标题栏位于主窗口的最上方，包含了软件图标、快速访问工具栏、当前打开的工作簿的名称，"工作簿 1"是当前新建工作簿的系统默认名称。

（1）软件图标：单击 Excel 软件图标，会弹出一个用于控制 Excel 2010 窗口的下拉菜单。在标题栏的其他位置单击鼠标右键同样会弹出这个菜单，它主要包括 Excel 2010 窗口的"还原"、"移动"、"大小"、"最小化"、"最大化"和"关闭"6 个常用命令。

（2）快速访问工具栏：显示多个常用的工具按钮，默认状态下包括"保存"、"撤销"、"恢复"按钮。用户可以根据需要进行添加和更改。

2. 功能区

（1）功能区：位于标题栏的下方，包含"文件"、"开始"、"插入"、"页面布局"、"公式"、"数据"、"视图"7 个选项卡。选中特定的操作对象（如图片、图表）后，功能区还会增加与之相关的选项卡。单击功能区的选项卡后会弹出相应的组，用户选择组中的命令按钮可以完成相应的操作。

（2）组：每一选项卡包含了若干个组，每一组由一系列的相关命令按钮组成，某些组在右下角有一个对话框启动器。单击对话框启动器，会打开一个对话框，出现该组更多的选项。

3. 编辑栏

位于功能区的下方，用于显示工作表中的活动单元格地址及数据。从左到右依次由名称框、编辑按钮、编辑栏三部分组成。

（1）名称框：显示活动单元格的地址或单元格区域的名称或引用。

（2）编辑按钮：在活动单元格进行数据输入或修改时，可通过编辑按钮栏中的 ✖（取消当前输入）、✔（确认当前输入）和 f_x（插入函数）三个按钮来实现。

（3）编辑栏：用来显示或修改活动单元格的数据和公式。

4．工作表区

编辑栏的下方的工作表区，是 Excel 2010 窗口的主体，用于存放表格的数据。工作表由列标、行号和单元格组成。列标在工作表的上端，共有 16384 列；行号在工作表的左端，共有 1048576 行。

5．工作表标签

每个工作表有一个名字，称为标签，位于工作表区底部左端。默认情况下，一个工作簿中有三个工作表，其默认标签为 Sheet1、Sheet2、Sheet3。单击工作表标签，可以切换当前工作表。

6．状态栏

位于底部的信息栏，由当前的状态信息、视图按钮和显示比例滑块组成。

（1）状态信息：用于显示当前的状态信息，如页数、字数及输入法等信息。

（2）视图按钮：包括"普通视图"、"页面布局视图"和"分页预览视图"。单击想要显示的视图类型按钮，即可切换到相应的视图方式下，对工作表进行查看。

（3）显示比例：用于设置工作表区域的显示比例，拖动滑块可进行方便快捷地调整。

4.2　工作簿和工作表的操作

4.2.1　建立工作簿

开始启动 Excel 2010 时，系统自动建立一个名为"工作簿 1"的新工作簿。还可以根据实际需要，创建新工作簿。

（1）单击快速访问工具栏的"新建"按钮或按下 Ctrl+N 组合键可新建一个空白工作簿。

（2）单击功能区"文件"选项卡下的"新建"命令，在"可用模板"区域选择"空白工作簿"，然后单击"创建"按钮，也可创建一个空白工作簿。

4.2.2　打开工作簿

（1）单击快速访问工具栏的"打开"按钮 📂 或单击功能区"文件"选项卡下的"打开"命令，出现"打开"对话框。

（2）在"打开"对话框中选择要打开的工作簿所在的驱动器、文件夹和工作簿名。

（3）双击工作簿名或单击"打开"按钮，便可将所选择的工作簿打开。

4.2.3　保存和关闭工作簿

1．保存工作簿

单击功能区"文件"选项卡的"保存"或"另存为"命令，或单击快速访问工具栏中的"保存"按钮 💾，出现如图 4-3 所示的"另存为"对话框，在该对话框中设置文件的存放路径和文件名，单击"保存"按钮，便将正在编辑的工作簿以指定的工作簿名保存到指定驱动器的指定文件夹中。

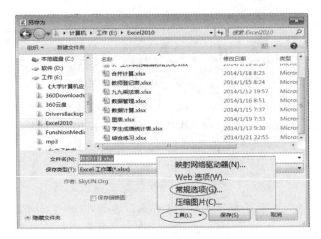

图 4-3 "另存为"对话框

其中，工作簿名是由汉字、字母或数字组成的字符序列。

注意：Excel 2010 文件的保存类型默认为"Excel 工作簿(*.xlsx)"，如果需要保存成别的程序所需要的数据，可在"保存类型"的下拉列表中选择其他的文件类型。

2. 为工作簿设置密码

如果用户创建的工作簿很重要，不想让其他用户查看和修改，可以设置密码。

（1）在如图 4-3 所示的"另存为"对话框中，单击"工具"按钮，在弹出的菜单中选择"常规选项"命令，出现如图 4-4 所示的"保存选项"对话框。

（2）若想让只有知道密码的用户才能打开工作簿，在"打开权限密码"框中输入密码；若想让其他用户能够打开工作簿，但不能对其进行修改，在"修改权限密码"框中输入密码。

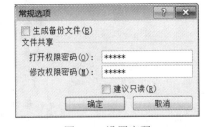

图 4-4 设置密码

（3）单击"确定"按钮，会出现"确认密码"对话框，让你重新输入一次密码。

（4）再单击"确定"按钮，返回到"另存为"对话框，单击"保存"按钮。

3. 关闭工作簿

单击"文件"选项卡下的"关闭"命令或单击工作簿窗口的"关闭"按钮☒即可。

4.2.4 工作表的操作

1. 选定工作表

（1）单击所选工作表标签，选定一个工作表。

（2）单击第一个工作表标签，按下 Shift 键，再单击最后一个工作表标签，可选定连续多个工作表。

（3）按下 Ctrl 键，用鼠标分别单击要选定的工作表标签，可选定不连续的多个工作表。

（4）在任意一个工作表标签上单击鼠标右键后出现的快捷菜单中选择"选定全部工作表"命令，可以选定全部工作表。

注意：在一个工作簿中同时选定多个工作表，这几个工作表就组成了一个工作组。此时，工作簿的标题栏出现"[工作组]"字样，只要在其中一张表内输入、编辑、计算数据、编排格式，工作组中其他表的相应的位置也将进行同样的操作。如果此时需要对某一个工作表进行单独操作，则需要取消多个工作表的选中状态，方法是：单击没有选中的工作表标签或在选定的工作表表签上单击鼠标右键，在弹出的快捷菜单选择"取消组合工作表"命令即可。

2．插入工作表

单击工作表标签最右边的"插入工作表"按钮 即可插入一个新的工作表。也可以在选定的工作表标签上单击鼠标右键后出现的快捷菜单中单击"插入"命令按钮，在"插入"对话框中选择"工作表"命令，可以在该工作表前面插入一个新工作表。

3．重命名工作表

双击工作表标签，即可输入新的工作表名。也可以在该工作表标签上单击鼠标右键后出现的快捷菜单中选择"重命名"命令，输入新的工作表名。

4．删除工作表

（1）选中要删除的工作表标签，在功能区"开始"选项卡"单元格"组中单击"删除"下的"删除工作表"，也可在该工作表标签上单击鼠标右键后出现的快捷菜单中选择"删除"命令。

（2）如果要删除的工作表中含有数据，在屏幕会弹出一个如图 4-5 所示提示的对话框，需要再次确认是否删除。被删除的工作表不能再恢复，因此必须慎重操作。

图 4-5　删除工作表提示对话框

5．移动和复制工作表

（1）选中要移动或复制的工作表标签。

（2）在该工作表标签上单击鼠标右键出现的快捷菜单中选择"移动或复制"命令，出现如图 4-6 所示的"移动或复制工作表"对话框。

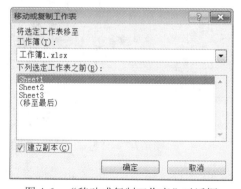

图 4-6　"移动或复制工作表"对话框

（3）在"工作簿"下拉列表框中选择要移动或复制的目标工作簿，如在本工作簿内移动或复制，则不用选择。

（4）在"下列选定工作表之前"的列表框中，选定希望把工作表复制或移动到哪个工作表之前。

（5）如果是复制工作表，则选中“建立副本”复选框。

（6）单击“确定”按钮，便将选定的工作表移动或复制到指定的工作表前面。

注意：还可以选定要移动或复制的工作表标签，用鼠标直接沿水平方向左右拖动来快速移动工作表。若拖动时同时按下 Ctrl 键，则变成快速复制工作表。

6. 隐藏和取消隐藏工作表

如果不希望别人查看某些工作表，可以把这些工作表隐藏起来。

（1）在选中要隐藏的工作表标签上单击鼠标右键后出现的快捷菜单中选择“隐藏”命令。即可隐藏所选的工作表。

（2）在工作表标签上单击鼠标右键后出现的快捷菜单中选择“取消隐藏”命令，在出现的“取消隐藏”对话框中选择要取消隐藏的工作表名称即可显示被隐藏的工作表。

7. 改变工作表标签颜色

在编辑工作表的时候，可以通过更改工作表标签的颜色来区分工作表的内容。

选择要更改颜色的工作表标签，在单击鼠标右键后出现的快捷菜单中选择“工作表标签颜色”按钮，在下拉列表中选择所需要的颜色即可。

8. 工作表窗口的拆分

由于显示器的尺寸有限，工作表数据较多时，往往只能看到工作表的部分数据。拆分工作表就是把当前窗口拆分成几个窗格，通过拆分窗格可以在不同窗格中显示工作表的不同部分。拆分窗口可分为水平拆分、垂直拆分和水平和垂直同时拆分。

（1）选中拆分位置：水平拆分选择拆分点所在的一行；垂直拆分选中拆分点所在的一列，水平和垂直同时拆分选择拆分点所在的单元格。

（2）单击功能区“视图”选项卡“窗口”组的“拆分”按钮，在选中的单元格处，工作表即被拆分。如图 4-7 所示的是水平和垂直同时拆分的四个独立的窗格。

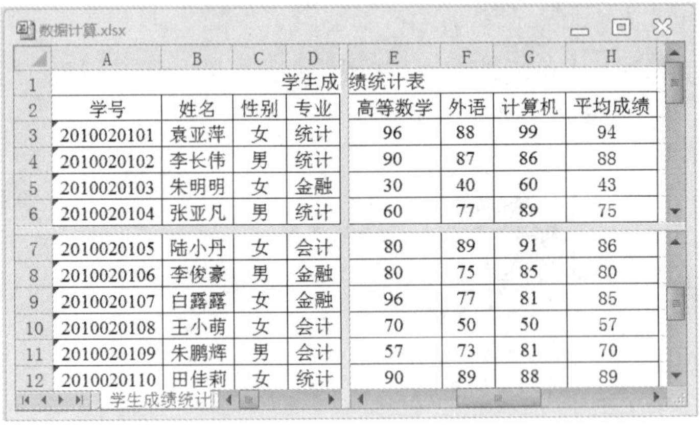

	A	B	C	D	E	F	G	H
1				学生成	绩统计表			
2	学号	姓名	性别	专业	高等数学	外语	计算机	平均成绩
3	2010020101	袁亚萍	女	统计	96	88	99	94
4	2010020102	李长伟	男	统计	90	87	86	88
5	2010020103	朱明明	女	金融	30	40	60	43
6	2010020104	张亚凡	男	统计	60	77	89	75
7	2010020105	陆小丹	女	会计	80	89	91	86
8	2010020106	李俊豪	男	金融	80	75	85	80
9	2010020107	白露露	女	金融	96	77	81	85
10	2010020108	王小萌	女	会计	70	50	50	57
11	2010020109	朱鹏辉	男	会计	57	73	81	70
12	2010020110	田佳莉	女	统计	90	89	88	89

图 4-7　拆分窗口

（3）如果要取消工作表窗格的拆分，只要再次单击“视图”选项卡下“窗口”组的“拆分”按钮即可。

9. 冻结工作表

如果工作表的数据很多，当使用垂直或水平滚动条查看数据时，将出现行标题或列标题无法显示的情况。冻结窗格的功能就是固定窗口左侧的几列或上端的几行，在滚动工作表窗口时行标题或列标题会一直在屏幕上显示。

冻结窗格的具体步骤如下：

（1）选择冻结位置：如果只需冻结上端的几行，选择冻结点所在的一行，该行上方的所有行（不包括被选择的行）将被冻结；如果只需冻结左侧几列，选择冻结点所在的一列，该列左侧的所有列（不包括选择的列）将被冻结。对于水平和垂直同时冻结的情况，选择冻结点所在的单元格，该单元格上方的所有行、左侧的所有列均将被冻结。

（2）单击功能区"视图"选项卡"窗口"组的"冻结窗格"下的"冻结拆分窗格"按钮，窗口冻结线为一条黑色细线。

（3）单击"功能区视图"选项卡"窗口"组的"冻结窗格"下的"取消冻结窗格"按钮即可撤销窗口冻结。

注意： 如果只需要冻结工作表的首行或首列，不需要选中冻结点，只需单击任意单元格，然后单击功能区"视图"选项卡"窗口"组的"冻结窗格"下的"冻结首行"或"冻结首列"按钮即可。

4.3　工作表的建立

4.3.1　单元格数据的输入

要向一个单元格输入数据，首先单击该单元格使其成为活动单元格，然后直接输入，输入的数据将在编辑栏里同步显示。结束输入后按 Enter 键或单击编辑栏中的 ✔ 按钮确认。如果要取消本次输入，可按 Esc 键或单击编辑栏中的 ✖ 按钮。

1. 文本型数据的输入

文本型数据包括汉字、英文字母、字符串以及作为字符串处理的数字，数据输入后在单元格中自动左对齐。有时为了将电话号码、邮政编码、编号、身份证号等数字作为文本处理，输入时在数字前加上一个西文单引号"'"，即可变成文本类型。例如要输入邮政编码"450002"，应输入"'450002"，此时在单元格左上方会出现绿色的小三角型，并且数据会在单元格中自动左对齐，表示此数据是文本型数据。

2. 数值型数据的输入

数值型数据指用来计算的数据。可向单元格中输入整数、小数和分数或科学计数法。在 Excel 2010 中用来表示数值的字符有：0～9、+、-、E、e、%及小数点"."和千位分隔符","。数据输入后在单元格中自动右对齐。在输入数值型数据时要注意以下几点：

（1）常规的数值型数据长度为 11 位，若输入数据的长度超过单元格宽度，Excel 2010 自动改用科学计数法表示。例如，输入"329856374823"，则单元格显示的值为"3.29856E+11"，表示 3.29856 乘以 10 的 11 次方。

（2）输入负数时，可以在数据前输入"-"号，也可以用括号将数字括起来，如"(321)"表示"-321"。

（3）输入分数时，为了避免将分数当做日期，应在分数前加 0 和空格。例如，输入数值"2/3"将显示成"2 月 3 日"，应改成输入"0　2/3"才能正确显示。

（4）当单元格中以科学计数法表示数字或者填满了"#"符号时，表示这一列没有足够的宽度来正确显示数字，在这种情况下，需要改变数字格式或者改变列宽。

3．日期型与时间型数据的输入

日期型数据和时间型数据是特殊的数值型数据，数据输入后在单元格中自动右对齐。在输入日期型数据和时间型数据时要注意以下几点：

（1）日期型数据的年、月、日之间要用"/"或"-"隔开。例如"2018 年 12 月 18 日"应输入为"2018/12/18"或"18-12-18"。

（2）时间型数据的时、分、秒要用":"隔开。例如 6 点 18 分应输入为"6:18"，时间型数据自动以 24 小时制表示。如果要以 12 小时制输入时间，应在时间后加一空格并输入"AM"或"A"，"PM"或"P"（默认时间为上午）。例如，如果输入"6:18"，则被认为是上午 6 点 18 分，如果输入"6:18 PM"，则被认为是下午 6 点 18 分，即相当于输入 24 小时制的等效时间"18:18"。

（3）可以在同一单元格输入日期和时间，两者必须用空格分开。

（4）要输入当前日期，可以按 Ctrl+；组合键；输入当前时间，可以按 Ctrl+Shift+；组合键。

4．为单元格添加批注

为单元格添加批注就是为单元格既有内容添加一些注释。

（1）选定需要加批注的单元格。

（2）单击功能区"审阅"选项卡下"批注"组中"新建批注"按钮 ，或在单元格单击鼠标右键选择"插入批注"命令。

（3）在弹出的文本框中输入注释文本，如图 4-8 所示。

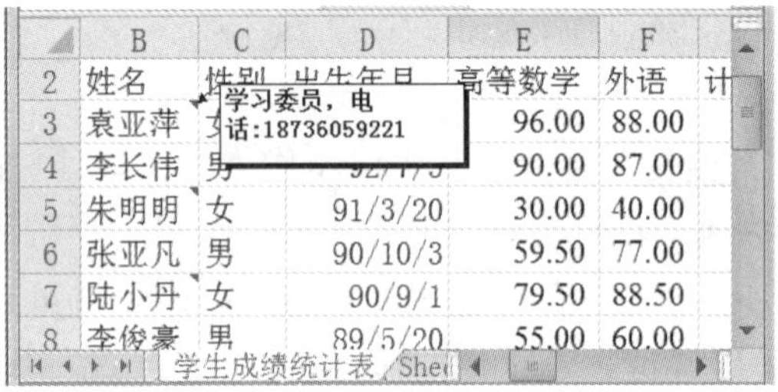

图 4-8　添加批注

注意：添加了批注的单元格的右上角有一个小红三角，当鼠标指针停留在该单元格上时，可以查看批注内容。选择此单元格后单击鼠标右键，可以在快捷菜单中选择相应的命令来编辑、删除、显示、隐藏批注。

4.3.2　自动填充数据

Excel 2010 提供了将一个单元格的数据复制到多个单元格的自动填充功能，避免重复输入数据的繁琐。利用这个方法，还可以进行一些有规律的数据的输入，如等比数列、等差数列、系统预定义的序列和用户自定义的序列等。

1．利用填充命令填充相邻单元格相同数据

（1）选定已有初值数据的单元格和相邻的要输入相同数据的空白单元格区域。

（2）单击功能区"开始"选项卡下"编辑"组中的"填充"按钮 ，在出现的下拉列表中选择"向上"、"向下"、"向左"、"向右"命令，可以实现单元格某一方向所选项区域的复制填充。

2. 利用填充命令填充数值数据的单元格序列

（1）选定已有初值数值数据的单元格。

（2）单击功能区"开始"选项卡"编辑"组的"填充"按钮，在出现的下拉列表中选择"序列"命令。

（3）在出现的如图 4-9 所示"序列"对话框中，选择相应的命令：

- 序列产生在：选择行或列，进一步确认是按行还是按列进行填充。
- 类型：选择序列类型，若选择日期，还必须在"日期单位"框中选择单位。
- 步长值：指定序列增加或减少的数量，可以输入正数或负数。

图 4-9　序列对话框

- 终止值：输入序列的最后一个值，用于限定输入数据的范围。

3. 使用填充柄自动填充输入数据

（1）选定已有初值数据的单元格。

（2）将鼠标指针指向初值所在单元格的右下角的填充柄，指针此时会变成一个实心的十字形，按下左键，拖过要复制的单元格，释放鼠标，即可完成自动填充数据。

自动填充有以下几种情况：

- 如要输入相同的数据，填充相当于数据复制，即重复填充。可用上面方法操作。
- 如要输入一个数列 1、3、5……，首先在起始的两个单元格区域分别输入开始的两个数据 1 和 3，然后选中这两个单元格区域，将鼠标指针移向该单元格区域右下角的填充柄向任一方向拖曳到要填充数据的最后一个单元格即可。
- 如果要填充一个复合数据，可以用单击鼠标右键出现的快捷菜单来确定后续数据。如图 4-10 所示，在单元格中输入"2016/1/1"，往下填充数据时，年、月、日均可发生变化。只要将鼠标指针指向单元格右下角的填充柄，并按住右键在后续单元格上拖动到要填充的单元格位置，松开右键时，在弹出的快捷菜单中执行所需的命令，即可完成自动填充。

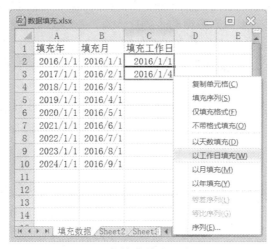

图 4-10　用快捷菜单选择填充功能

4．用户自定义序列

为了更轻松地输入特定的数据序列，可以创建自定义填充序列并保存，为以后的自动填充数据提供方便，操作方法是：

（1）单击功能区"文件"选项卡下的"选项"命令，在弹出的"Excel 选项"对话框中选择"高级"|"常规"|"创建用于排序和填充系列的列表"|"编辑自定义列表"命令。

（2）在弹出的如图 4-11 所示的"自定义序列"对话框的"输入序列"列表框中输入自定义的序列数据，如"第一名"、"第二名"、"第三名"等，每输入一个数据，均要按一次回车键，数据输入完后单击"添加"按钮，数据就加入到自定义序列中，再单击"确定"按钮完成数据的保存。

图 4-11　自定义序列

（3）如果要在工作表中自动填充 Excel 2010 系统预定义的或用户自定义的自动填充序列中的数据，如：Sun、Mon、Tue……，第一名、第二名……，等等。只要在单元格中输入序列中的任何一个数据，即可用拖曳填充柄的方法完成序列中其他数据的循环输入。

4.3.3　导入外部数据

在 Excel 2010 中，可以通过导入外部数据的功能，来导入所需要的数据，提供给 Excel 的数据处理和分析，　Excel 2010 可导入的数据文件格式有文本、Access、SQL Server 数据库等。

下面介绍以文本的方式来导入数据的步骤：

（1）单击功能区"数据"选项卡"获取外部数据"组中的"自文本"按钮 📄。

（2）在弹出的"导入文本文件"对话框中，选择需要导入的数据源文件，单击"导入"按钮。

（3）在弹出的"文本导入向导"对话框中按提示完成数据的导入工作。

Excel 2010 也可以将处理完的数据以其他的文件方式另存，以便其他软件做数据处理。

4.3.4　公式和函数

在 Excel 2010 中，公式和函数可以帮助计算和分析工作表的数据，如总计、求平均值、汇总等运算，从而避免手工计算的繁杂和易出错。公式或函数中引用的单元格数据修改后，计算结果也会自动更新。输入公式或函数并确认后，单元格中显示的是计算结果，而不是公式或函数本身，编辑栏则会显示公式或函数字符串。

1．使用公式

公式是对工作表中数据进行计算操作的有效手段之一。通过公式可以对表中的数据进行加、减、乘、除以及各种更复杂的运算，还可以通过公式建立工作簿之间、表之间、单元格之间的运算关系。

（1）公式运算符与优先级。

1）算术运算符。

算术运算符可完成基本的数学运算，运算对象是数值，结果也是数值。运算符有 ＋（加号）、－（减号）、*（乘号）、/（除号）、∧（乘方）、%（百分号）。

例如：=8^3*30%　　　表示 8 的三次方再乘以 0.3，结果为 153.6

例如：=5*8/2^3-B2/4　若单元格 B2 的值是 16 ，则结果为 1

2）文本运算符。

文本运算符&（连接）可以将两个文本连接起来，操作对象可以是带引号的文字，也可以是单元格地址。

例如：="Inter" & "net"　结果为 "Internet"

例如：B6 单元格的内容是"财经政法"，C6 单元格的内容是"大学"，若在 D6 单元格中输入公式："=B6 & C6"，则结果显示为"财经政法大学"。

3）比较运算符。

比较运算符有 ＝（等于）、＞（大于）、＜（小于）、＞＝（大于等于）、＜＝（小于等于）和＜＞（不等于）。比较运算公式返回的结果为 TRUE（真）或 FALSE（假）。

例如：B2 单元格的内容是 32，则

　　　　=B2<42　　　结果为 TRUE

　　　　=B2<=30　　结果为 FALSE

4）引用运算符。

引用运算符的功能是将不同的单元格区域合并运算，包括区域、联合、交叉三种运算。

① 区域运算符"："（冒号）：引用单元格区域中全部单元格。

例如：B1:B100　　表示从 B1 到 B100 这 100 个单元格的引用。

② 联合运算符"，"（逗号）：引用多个单元格区域内的全部单元格。

例如：C1:C6,F8:F14　表示 C1 到 C6 和 F8 到 F14 共计 12 个单元格的引用。

③ 交叉运算符" "（空格）：只引用所选区域内重叠（即交叉）的单元格。

例如：A1:C3　B2:C4　表示只有 B2、B3、C2、C3 四个单元格的引用。

5）运算符的优先顺序。

在 Excel 2010 中，各运算符的计算顺序如下：冒号、逗号、空格、百分号、乘方、乘除、加减、&、比较。对于优先级相同的运算符，则从左到右进行计算。如果要修改计算的顺序，则应把公式中需要首先计算的部分括在圆括号内。

（2）公式中地址的引用。

公式中可以使用一个工作表中单元格的地址，也可以使用不同工作表中的单元格地址，还可以使用不同工作簿中工作表的单元格地址。

1）使用同一个工作表中的单元格地址时，直接引用即可。

例如："A2"、"F3"等。

2）使用同一个工作簿但不同工作表中的单元格地址时，应在单元格地址的前面加上"工作表标签！"。

例如："Sheet3! D4"表示工作表 Sheet3 中的 D4 单元格。

3）使用不同工作簿的工作表中单元格的地址时，应该在单元格地址的前面加上"[工作簿名]工作表标签！"。

例如："[工作簿 2]Sheet6! A1"表示工作簿 2 的 Sheet6 工作表的 A1 单元格。

（3）输入公式。

输入公式必须以＝（等号）开始。一个公式是由运算符和参与计算的操作数组成的，操作数可以是常量、单元格地址、名称和函数等。下面是公式的几个例子：

=12+6　　表示计算 12+6 的值。

=E2+E6+E8　　表示计算 E2、E6、E8 单元格的数值和。

=[工作簿 3]Sheet2! A2+Sheet3! A2　　表示计算工作簿 3 中 Sheet2 工作表的 A2 单元格和当前工作簿中 Sheet3 工作表的 A2 单元格的数值和。

输入公式的操作步骤为：

1）选定要输入公式的单元格。

2）输入等号"="。

3）输入公式具体内容：公式中引用的单元格地址可以直接输入，也可以用鼠标单击要引用的单元格，输入的公式内容将同步显示在编辑栏中。

4）单击编辑栏的 ✔ 按钮或按 Enter 键，即可得到运算结果。

【例 4.1】在"学生成绩统计表"中使用公式计算各门功课的平均成绩。

操作步骤如下：

①单击要输入公式的单元格 H3。

②输入公式"=(E3+F3+G3)/3"，按下 Enter 键，Excel 2010 自动计算并将结果显示在单元格中，同时公式显示在编辑栏中，如图 4-12 所示。

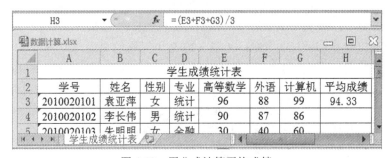

图 4-12　用公式计算平均成绩

2. 使用函数

函数是 Excel 2010 内置的已经定义好的公式。它提供了 10 类 400 多种包括财务、日期和时间、数学与三角函数、统计、查找与引用、数据库、文本和信息等函数。

函数处理数据的方式与公式处理数据的方式是相同的。例如，如图 4-12 使用公式"=(E3+F3+G3)/3"与使用函数"= AVERAGE(E3:G3)"的作用是一样的。但使用函数可以减少输入的工作量和输入时出错的概率，而且对于一些复杂的运算（例如求平方根，最大值等），如果由用户自己设计公式来完成会很困难。

函数作为预定义的内置公式具有一定的语法格式，函数的一般格式如下：

函数名([参数 1],[参数 2], [参数 3]……)

函数名代表了该函数具有的功能，参数是参与函数运算所使用的数据，不同类型的函数要求给定不同的参数。参数可以是常量、单元格、区域或其他函数。表 4-1 介绍了几个最常用的函数。

表 4-1　常用函数

函数	功能	应用举例	说明
SUM	计算单元格区域中所有数值的总和	=SUM(B2:E2)	计算 B2:E2 的和
AVERAGE	计算参数的算术平均值	=AVERAGE(B2:E2)	计算 B2:E2 的平均值
MAX	计算一组数中的最大值	=MAX(B2:E2)	计算 B2:E2 的最大值
MIN	计算一组数中的最小值	=MIN(B2:E2)	计算 B2:E2 的最小值
IF	判断一个条件是否满足，如果满足返回一个值，不满足则返回另一个值	=IF(C2+D2>150,1, 0)	如果 C2+D2>150，返回数值 1，否则返回 0
COUNT	计算包含数字的单元格数目	= COUNT（H3:H15）	统计 H3：H15 中含有数字的单元格个数
COUNTIF	计算某个区域中满足给定条件的单元格数目	=COUNTIF(B1:B10,"优秀")	统计 B1:B10 中字符是"优秀"的单元格个数
RANK	返回某个单元格在垂直区域中的排位名次	=RANK(F4,$F$1:$F$10)	计算 F4 单元格的数字在 F1:F10 区域的排位名次

注意：函数名与括号之间、括号与参数之间都没有空格，参数与参数之间用英文半角逗号分隔。函数与公式一样，都是以 = 开头。

函数输入有两种方法：

（1）直接输入法。

直接在单元格或编辑栏输入"="，再输入函数名称和参数。例如要计算单元格 C3 到 C6 和的平方，可以这样输入：=SUM(C3:C6)^2。

（2）插入函数法。

单击功能区"公式"选项卡"函数库"组的"插入函数"按钮或单击编辑栏中的"插入函数"按钮f_x，在弹出的"插入函数"对话框中进行操作。

图 4-13　自动求和

注意：如果是 5 个基本函数：求和、平均值、 计数、最大值、最小值，Excel 2010 提供了一种更快捷的方法。即单击功能区"公式"选项卡"函数库"组如图 4-13 所示"自动求和"按钮Σ的下拉列表的命令选项，它将自动进行数据运算。

【例 4.2】如图 4-14 所示，在"学生成绩统计表"中使用算术平均值（AVERAGE）函数计算各门功课的"平均成绩"。

① 选定计算第 1 位学生"平均成绩"的单元格 H3。

② 单击功能区"公式"选项卡"函数库"组的"插入函数"按钮或单击编辑栏中的"插入函数"按钮f_x，弹出如图 4-15 所示"插入函数"对话框。

③ 在"或选择类别"下拉列表框中选择函数的类型，如"常用函数"，然后再"选择函数"列表框中选择待插入的函数名，如"AVERAGE"。

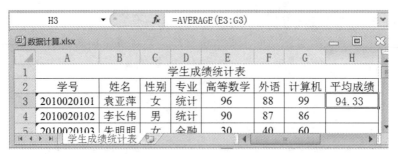

图 4-14 用函数计算平均成绩

图 4-15 "插入函数"对话框

④ 单击"确定"按钮，在弹出如图 4-16 所示的"函数参数"对话框中选定或输入作为参数的单元格区域 E3:G3。

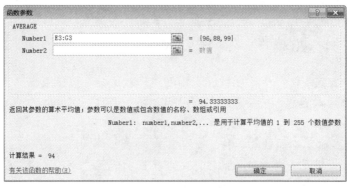

图 4-16 AVERAGE 函数参数选项

⑤ 单击"确定"按钮，如图 4-14 所示，Excel 2010 自动计算并将结果显示在单元格中，同时函数显示在编辑栏中。

3. 复制公式和函数

在 Excel 2010 的公式和函数中，参与运算的多数是存放数据的单元格地址，因此公式、函数运算的结果总是与单元格中当前的数据相关。对公式和函数进行复制或移动会改变参与计算的单元格，则计算结果也会发生变化。Excel 2010 的这项功能源于单元格地址的相对引用和绝对引用。

（1）单元格地址相对引用。

单元格地址相对引用是 Excel 2010 的默认引用方式。在相对引用中，单元格地址由列标行号表示，如 A1，B2:C4 等。它的特点是当复制公式时，公式中的引用会根据显示计算结果的单元格位置的不同而相应改变，但引用的单元格与包含公式的单元格之间的相对位置不变。

例如，在图 4-17 中，在 H3 单元格中插入公式“=(E3+F3+G3)/3”，得出运算结果后，将 H3 中的公式复制到 H4，会发现 H4 的公式变为“=(E4+F4+G4)/3”，计算结果随着单元格的改变而改变。再将 H4 的公式复制到 H5，公式就变成了“=(E5+F5+G5)/3”，计算结果也随之改变。不难看出公式中所有的单元格相对引用地址行(列)随着复制位置发生了变化。

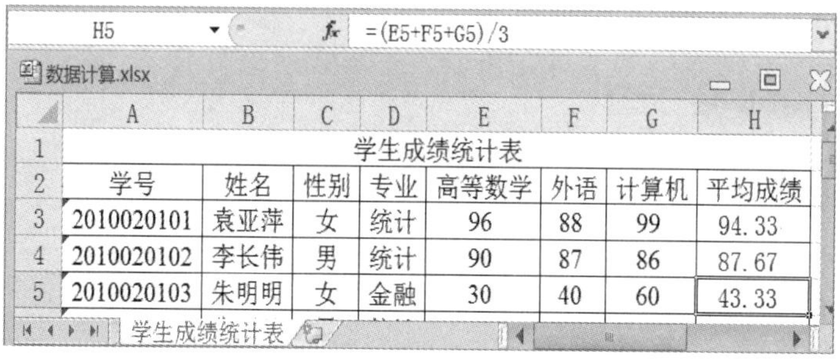

	A	B	C	D	E	F	G	H
1	学生成绩统计表							
2	学号	姓名	性别	专业	高等数学	外语	计算机	平均成绩
3	2010020101	袁亚萍	女	统计	96	88	99	94.33
4	2010020102	李长伟	男	统计	90	87	86	87.67
5	2010020103	朱明明	女	金融	30	40	60	43.33

图 4-17　单元格的相对引用复制数据

（2）单元格地址绝对引用。

单元格地址绝对引用是在列标和行号前都加上“$”符号，如$A$1，它的特点是将公式复制到目标单元格时，公式中的单元格地址始终保持固定不变。

例如，在图 4-18 中，如在 H3 单元格中插入公式“=($E$3+$F$3+$G$3)/3”，得出运算结果。然后将 H3 中的公式复制到 H4，会发现 H4 的公式还是“=($E$3+$F$3+$G$3)/3”，计算结果不变。再将 H4 的公式复制到 H5，公式和计算结果仍然不变。不难看出公式复制后，公式中所有的单元格绝对引用地址行(列)不会发生变化。

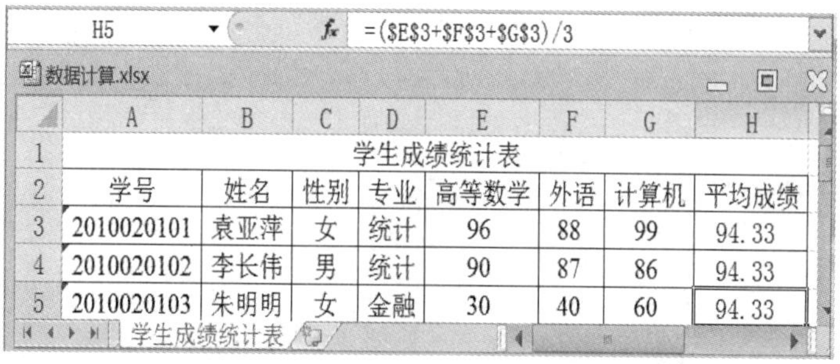

	A	B	C	D	E	F	G	H
1	学生成绩统计表							
2	学号	姓名	性别	专业	高等数学	外语	计算机	平均成绩
3	2010020101	袁亚萍	女	统计	96	88	99	94.33
4	2010020102	李长伟	男	统计	90	87	86	94.33
5	2010020103	朱明明	女	金融	30	40	60	94.33

图 4-18　单元格的绝对引用复制数据

（3）单元格地址混合引用。

单元格地址混合引用是指引用单元格地址时，既有相对引用也有绝对引用。例如 A$1，$B2。如果“$”符号在行号前，表明该行号地址是绝对不变的，而列标地址则随着公式复制到新的位置作相应的变化；反之，如果“$”符号在列标前，表明该列标地址是绝对不变的，而行号地址则随着公式复制到新的位置作相应的变化。也就是说，当公式和函数复制后，只有相对地址部分会发生改变而绝对地址部分不变化。

【例 4.3】在图 4-19 中，利用单元格地址的混合引用做九九乘法表。

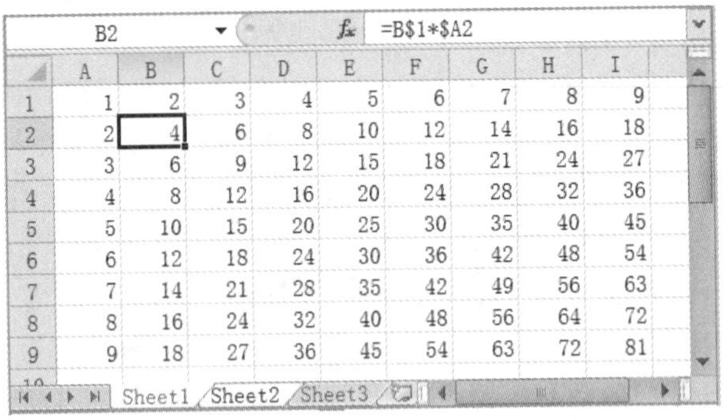

	A	B	C	D	E	F	G	H	I
1	1	2	3	4	5	6	7	8	9
2	2	4	6	8	10	12	14	16	18
3	3	6	9	12	15	18	21	24	27
4	4	8	12	16	20	24	28	32	36
5	5	10	15	20	25	30	35	40	45
6	6	12	18	24	30	36	42	48	54
7	7	14	21	28	35	42	49	56	63
8	8	16	24	32	40	48	56	64	72
9	9	18	27	36	45	54	63	72	81

图 4-19　九九乘法表

① 在 A1:A9 和 A1:I9 输入九九乘法表的首行和首列数据 1～9，首行数据为被乘数，首列数据为乘数。

② 在 B2 单元格中输入公式“= B$1*$A2”。它表示被乘数的最上行不动($1)而列跟着变动，乘数的最左列不动($A)而行跟着变动。

③ 得出运算结果后将鼠标指针移向 B2 单元格的填充柄向下拖动到 B9 单元格后再向右拖动到 I9 单元格，完成九九乘法表的建立。

注意：在编辑公式时，输入单元格地址后，如果希望将相对引用更改为绝对引用(反之亦然)，则先选定包含该公式的单元格，然后在编辑栏中选择要更改的单元格引用并按 F4 键。每次按 F4 键，Excel 2010 会在绝对引用、相对引用和混合引用之间切换。

4. 快速计算

在分析、计算工作表的过程中，有时需要得到临时计算结果而无须在工作表中表现出来，则可以使用快速计算功能。

方法：用鼠标选定需要计算的单元格区域，即可在状态栏上看到所选区域数据的平均值、计数及求和的结果，如图 4-20 所示。

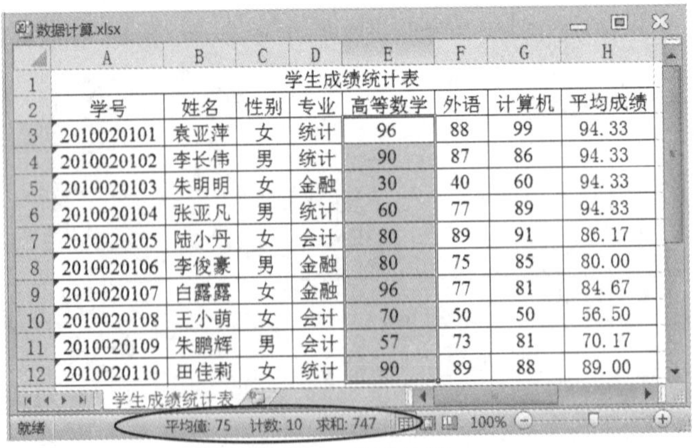

	A	B	C	D	E	F	G	H
1	学生成绩统计表							
2	学号	姓名	性别	专业	高等数学	外语	计算机	平均成绩
3	2010020101	袁亚萍	女	统计	96	88	99	94.33
4	2010020102	李长伟	男	统计	90	87	86	94.33
5	2010020103	朱明明	女	金融	30	40	60	94.33
6	2010020104	张亚凡	男	统计	60	77	89	94.33
7	2010020105	陆小丹	女	会计	80	89	91	86.17
8	2010020106	李俊豪	男	金融	80	75	85	80.00
9	2010020107	白露露	女	金融	96	77	81	84.67
10	2010020108	王小萌	女	会计	70	50	50	56.50
11	2010020109	朱鹏辉	男	会计	57	73	81	70.17
12	2010020110	田佳莉	女	统计	90	89	88	89.00

图 4-20　快速计算

5. 公式和函数应用举例

【例 4.4】在如图 4-21 所示的“计算机考试成绩”工作表中计算：

① 总成绩：考试成绩*70%+平时成绩*30%。

操作：单击 D4 单元格，输入公式：“=B4*$B$3+C4*$C$3”，得出一个同学的总成绩后将鼠标指针移向 D4 单元格的填充柄往下拖动到 D13，得出每个同学的总成绩。

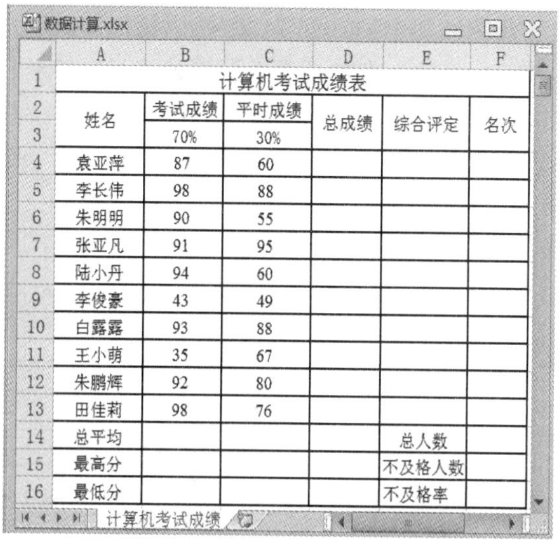

数据计算.xlsx

	A	B	C	D	E	F
1	计算机考试成绩表					
2	姓名	考试成绩	平时成绩	总成绩	综合评定	名次
3		70%	30%			
4	袁亚萍	87	60			
5	李长伟	98	88			
6	朱明明	90	55			
7	张亚凡	91	95			
8	陆小丹	94	60			
9	李俊豪	43	49			
10	白露露	93	88			
11	王小萌	35	67			
12	朱鹏辉	92	80			
13	田佳莉	98	76			
14	总平均				总人数	
15	最高分				不及格人数	
16	最低分				不及格率	

计算机考试成绩

图 4-21　计算机考试成绩初始数据

② 综合评定：如果总成绩大于等于 90 就填“优秀”，大于等于 60 就填“及格”，否则，填“不及格”。

操作：单击 E4 单元格，输入函数：“=IF(D4>=90,"优秀"，IF(D4>=60,"及格","不及格"))”，得出一个同学的综合评定结果后将鼠标指针移向 E4 单元格的填充柄往下拖动到 E13，得出每个同学的综合评定。

注意：IF 函数的功能是根据逻辑计算的真假值返回不同的结果。可以嵌套使用，最多嵌套 7 层。

③ 总平均：计算全体同学的考试成绩、平时成绩和总成绩的平均分。

操作：选中 B14 单元格，输入函数：“= AVERAGE(B4:B13)”，得出运算结果后将鼠标指针移向 B14 单元格的填充柄往右拖动到 D14，得出全体同学的考试成绩、平时成绩和总成绩的平均分。

④ 最高分：计算全体同学的考试成绩、平时成绩和总成绩中的最高分。

操作：单击 B15 单元格，输入函数：“=MAX(B4:B13)”，得出运算结果后将鼠标指针移向 B15 单元格的填充柄往右拖动到 D15，得出全体同学的考试成绩、平时成绩和总成绩的最高分。

⑤ 最低分：计算全体同学的考试成绩、平时成绩和总成绩的最低分。

操作：单击 B16 单元格，输入函数：“=MIN(B4:B13)”，得出运算结果后将鼠标指针移向 B16 单元格的填充柄往右拖动到 D16，得出全体同学的考试成绩、平时成绩和总成绩的最低分。

⑥ 总人数：统计参加考试的总人数。

操作：单击 F14 单元格，输入函数：“=COUNT(D4:D13)”，得出运算结果 10。

注意：计数函数 COUNT 是计算单元格区域中包含数字的单元格个数。

⑦ 不及格人数：统计总成绩不及格的人数。

操作：单击 F15 单元格，输入函数：“=COUNTIF(E4:E13,"不及格")”，得出运算结果 2。

注意：条件计数函数 COUNTIF 是计算单元格区域中满足条件的单元格个数。

⑧ 不及格率：统计总成绩不及格同学的比例的公式是：不及格人数/总人数。

操作：单击 F16 单元格，输入公式：=F15/F14，得出运算结果 0.2，即不及格率为 20%

⑨ 名次：单击 F4 单元格，输入函数：“=RANK(D4,$D$4:$D$13,0)”，得出运算结果后将

鼠标指针移向 F4 单元格的填充柄往下拖动到 F13，得出每位同学的成绩名次。

注意：排名函数 RANK 的第一个参数是参加排名的当前单元格；第二个参数是参加排名的所有单元格，必须用绝对地址表示；第三个参数是排名的方式，为 0 或省略，按降序排名次（值最大为第一名），不为 0 按升序排名次（值最小的为第一名）。函数 RANK 对重复数的排位相同，但重复数的存在影响后续数值的排位。

计算好的"计算机考试成绩表"见图 4-22。

	A	B	C	D	E	F
1	计算机考试成绩表					
2	姓名	考试成绩	平时成绩	总成绩	综合评定	名次
3		70%	30%			
4	袁亚萍	87	60	78.9	及格	8
5	李长伟	98	88	94.7	优秀	1
6	朱明明	90	55	79.5	及格	7
7	张亚凡	91	95	92.2	优秀	2
8	陆小丹	94	60	83.5	及格	6
9	李俊豪	43	49	44.8	不及格	9
10	白露露	93	88	91.2	优秀	4
11	王小萌	35	67	44.6	不及格	10
12	朱鹏辉	92	80	88.4	及格	5
13	田佳莉	98	76	91.4	优秀	3
14	总平均	82	72	78.9	总人数	10
15	最高分	98	95	97.1	不及格人数	2
16	最低分	35	49	39.2	不及格率	0.2

计算机考试成绩

图 4-22　计算好的计算机考试成绩

4.4　工作表的编辑和格式化操作

4.4.1　单元格的选定操作

在对工作表进行数据输入、编辑等操作时，必须先选定待操作的单元格或区域，被选定的单元格或区域将突出显示。可以按以下方法来选择单元格、区域、行或列：

（1）选择单一单元格：用鼠标单击该单元格，被选中的单元格将成为活动单元格，并以粗框标识。

（2）选择整行或整列单元格：用鼠标单击行号或列标即可选中该行或该列的所有单元格。

（3）选择连续的单元格区域：将鼠标指针移到选定区域的左上角单元格，然后按住鼠标左键不放，拖到右下角单元格，释放鼠标左键时，区域中的单元格将突出显示。或者单击选定左上角单元格，然后按住 Shift 键，再单击选定区域的右下角单元格。

（4）选择非相邻单元格或区域：选择第一个单元格或区域，然后按住 Ctrl 键，再选择其他单元格或区域。

（5）选择工作表所有单元格：用鼠标单击行号和列标交汇处的"全选"按钮，或者选中任意一个单元格后按下组合键 Ctrl+A。

4.4.2　数据编辑

1．修改数据

单击要修改的单元格，在编辑栏中进行数据修改；或双击要修改单元格，在单元格中直接进行数据修改。

2．移动、复制数据

（1）选定要移动或复制的单元格或区域。

（2）单击功能区"开始"选项卡"剪贴板"组的"剪切"或"复制"按钮，或按下 Ctrl+X（剪切）或 Ctrl+C（复制）组合键，即可将选定单元格或区域内的数据放入剪贴板。

（3）选中待粘贴的目标单元格区域的左上角单元格。

（4）单击功能区"开始"选项卡"剪贴板"组的"粘贴"按钮，或按下 Ctrl+V（粘贴）组合键，即可将选定单元格或区域内的数据移入或复制到目标单元格位置。

图 4-23　"粘贴"选项

注意：一个单元格含有多种特性，如内容、格式、批注、公式等。如果要有选择地复制单元格的特定内容，可以在粘贴时选择功能区"开始"选项卡"剪切板"组的"粘贴"下拉按钮，在弹出的如图 4-23 的下拉列表中选择所需要的选项即可。

3．清除数据

清除单元格数据是指将单元格中的内容、公式、格式等加以清除，也可以只清除其中的一部分。

（1）选中要清除的单元格或区域。

（2）按下 Delete 键完成清除数据或单击功能区"开始"选项卡下"编辑"组"清除"按钮，在弹出的下拉列表中选择所需的清除命令即可。

4.4.3　单元格的插入、删除和合并

1．插入单元格

选定待插入单元格的位置，单击功能区"开始"选项卡下"单元格"组中的"插入"按钮，在弹出的下拉列表中选择所需要插入的选项即可。如果选择的是"插入单元格"命令，会出现如图 4-24 所示的对话框，在对话框中按提示进行操作。例如，选定"活动单元格下移"单选按钮，然后单击"确定"按钮，则插入新单元格后，原来的单元格将向下移动。

2．删除单元格

删除单元格是将单元格的内容和单元格一起删除。

选定待删除的单元格，单击功能区"开始"选项卡下"单元格"组中的"删除"按钮，在弹出的下拉列表中选择所需要删除的选项即可。

3．合并单元格

选中要进行合并的单元格区域，单击功能区"开始"选项卡下"对齐方式"组中的"合并后居中"下拉按钮，在展开的列表中选择一种合并选项即可完成单元格的合并。如图 4-25 所示。合并后的单元格只保留合并前左上角单元格的数据,合并单元格地址以左上角单元格地址标识。

图 4-24 插入单元格 图 4-25 合并单元格

4.4.4 工作表的格式化

1. 调整行高和列宽

选定要调整行高或列宽的单元格，在功能区"开始"选项卡的"单元格"组中单击"格式"按钮 ，在弹出的下拉列表中选择所需要设置的选项即可。如果选择的是"自动调整行高"或"自动调整列宽"命令，系统会自动调整到最适合的行高或列宽。如果选择的是"行高"或"列宽"命令，可以在弹出的对话框中输入指定的数值来自定义行高或列宽。

说明： 对行高和列宽要求不十分精确时，可以直接用鼠标调整。将鼠标指针指向要调整行高的行号下边线，或要调整列宽的列标右边线处，当鼠标指针变成一个双向箭头形状时，按住鼠标左键上下或左右拖动，到合适的位置释放鼠标即可。

2. 设置单元格格式

Excel 2010 提供了大量预定义的单元格格式，可以方便地设置数字、文本、对齐方式或表格边框和底纹等格式。

在选定设置格式的单元格后，可以通过两种方法进行相应的设置。一种是直接单击"开始"选项卡下的"字体"组、"对齐方式"组和"数字"组中的各个列表命令直接进行简单的格式设置，另外一种方法就是单击这些组右下角的对话框启动器，在出现的"设置单元格格式"对话框中进行具体的设置。下面介绍第二种方法：

（1）设置数字格式。

在 Excel 2010 中，可以快捷地对单元格中的数字格式包含常规格式、货币格式、日期格式、百分比格式、文本格式及会计专用格式等进行设置。

1）在"单元格格式"对话框中单击"数字"选项卡，如图 4-26 所示。

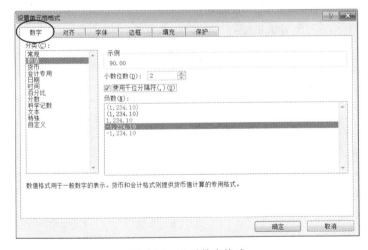

图 4-26 设置数字格式

2）在"分类"的列表框中选择数值格式类别，在右边选择具体的格式。不同的数值格式，使对话框右边的显示内容不同，在"示例"框中可以看到所编排的效果。

3）单击"确定"按钮，完成数值格式的编排。

常用的数字格式有：

- 数值格式：数值格式有整数、小数及负数格式。如在单元格内输入 6678.643，其整数显示为 6679，一位小数格式显示为 6678.6。如在单元格内输入-4623.34，可以将其显示为（4623.34）或-4623.34，既可以用红色（赤字）显示，也可以用黑色显示。

- 货币格式：货币格式除具有数值的格式外，还可以在其前面加上各国的货币符号。

- 日期格式：可以按照多种格式显示日期。如在单元格内输入 2016-10-23，可显示为"二〇一六年十月二十三日"、"2016 年 10 月 23 日"等。

- 时间格式：可以按照多种时间格式显示时间。如在单元格内输入 13:36:23，可显示为"13 时 36 分 23 秒"、"下午 1 时 36 分"、"1:36:23PM"等。

- 百分比格式：将数值的小数点向右移动两位，并加"%"。如 0.2364，可以显示为 23.64%。

- 分数格式：如输入 0.25，可以显示为 1/4。

- 科学计数格式：如输入 234673，可以显示为 2.36E+6 或 2.3E+6。

（2）设置数据对齐格式。

默认情况下，Excel 会自动调整输入数据的对齐格式，如文本数据默认是左对齐，数值和日期时间数据默认是右对齐。我们还可以进行更多的对齐设置。

1）在"单元格格式"对话框中单击"对齐"选项卡，如图 4-27 所示。

图 4-27　设置数据的对齐方式

2）在"水平对齐"列表框中选择一种对齐方式，包括常规、靠左（缩进）、居中、靠右（缩进）、两端对齐、跨列居中、分散对齐等。

3）在"垂直对齐"列表框中选择一种对齐方式，包括靠上、居中、靠下、两端对齐、分散对齐等。

4）"文本控制"是针对单元格中数据较长时的解决方案：

- "自动换行"：选中该复选框，输入的数据将根据单元格的列宽自动换行。

- "缩小字体填充"：选中该复选框，缩减单元格中字符的大小，使数据的宽度与单元格宽度相同。
- "合并单元格"：选中该复选框，将多个单元格合并为一个单元格。
- "文字方向"：单击该下拉列表框，可以根据选中的各种文字方向调整单元格数据的旋转方向和角度，角度范围为-90度到90度。

（3）设置字体格式。

1）在"单元格格式"对话框中单击"字体"选项卡，如图4-28所示。

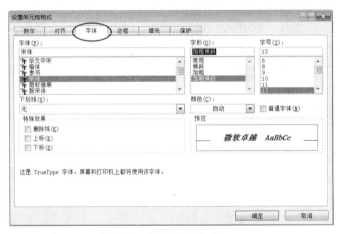

图 4-28　设置字体格式

2）在其中选择所要的字体、字形、字号、下划线、颜色。

3）在"特殊效果"选项框中选择是否加删除线，是否编排成上标或下标。

4）在"预览"框中可以看到编排的效果。

（4）设置边框和底纹。

默认情况下，在工作表中所看到的单元格都带有浅灰色的边框线，这是 Excel 默认的网格线，在打印表格时不会显示出来。为工作表添加各种类型的边框和底纹，可以起到美化工作表的目的，还可以使工作表数据更加层次分明、清晰明了。

1）在"单元格格式"对话框中单击"边框"选项卡，如图4-29所示。

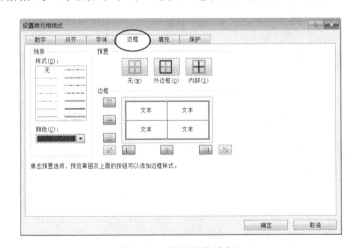

图 4-29　设置表格边框

2）在“线条”列表框选择边框线条样式；在“颜色”下拉列表框中选择边框颜色；在“预置”区域中选择一种边框的方式，如选择“外边框”，就给外边框加上边框线；在“边框”区域中单击一种边框形式，可以添加、修改、去掉该位置的边框线。

3）单击“确定”按钮，完成边框线的设置。

除了为单元格加上边框外，还可以为它加上背景颜色或图案。单击“填充”选项卡，如图 4-30 所示。单击“背景色”下的某个颜色，可以对单元格进行纯色填充，单击“填充效果”按钮，可以对单元格进行渐变填充，在“图案样式”下拉框中可选择图案填充，并可以通过“图按颜色”下拉列表框选择图案颜色，在设置的同时，可以通过“示例”框预览设置效果。

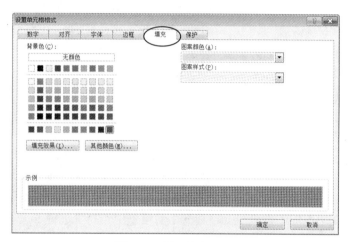

图 4-30　设置填充效果

【例 4.5】在如图 4-31 所示的“学生成绩统计表”工作表中，将标题字体设置为“黑体”，字形“加粗”，字号为“14”，字体颜色为“红色，强调颜色 2，深色 25%”；将 A1:G1 单元格“合并后居中”；将除标题之外的数据设置为“楷体”、字号为“12”，对齐方式为“水平居中”；将出生年月格式设置为中文的“年月日”；将各门功课成绩设置为整数；将各列标题加上“橙色，强调文字颜色 6，淡色 60%”的底纹；最后给表格设置一个“深蓝，文字 2，深色 25%”双线的外边框，“浅蓝色”单线的内边框。

工作表的编辑和格式化.xlsx

	A	B	C	D	E	F	G
1	学生成绩统计表						
2	学号	姓名	性别	出生年月	高等数学	外语	计算机
3	2010020101	袁亚萍	女	90/1/2	96.00	88.00	99.00
4	2010020102	李长伟	男	92/7/5	90.00	87.00	86.00
5	2010020103	朱明明	女	91/3/20	30.00	40.00	60.00
6	2010020104	张亚凡	男	90/10/3	59.50	77.00	89.00
7	2010020105	陆小丹	女	90/9/1	79.50	88.50	90.50
8	2010020106	李俊豪	男	89/5/20	55.00	60.00	54.00
9	2010020107	白露露	女	90/11/7	96.00	76.00	81.00
10	2010020108	王小萌	女	88/10/29	69.50	50.00	50.00
11	2010020109	朱鹏辉	男	91/8/6	56.50	73.00	81.00
12	2010020110	田佳莉	女	92/6/8	90.00	89.00	88.00

学生成绩统计表

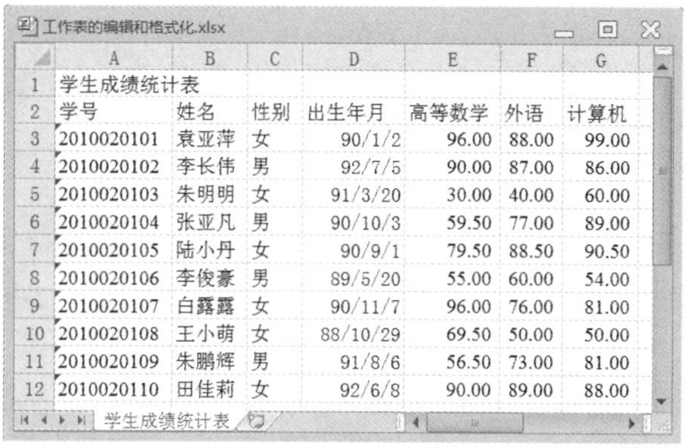

图 4-31　未设格式的“学生成绩统计表”

操作步骤如下：

① 设置标题字体：选定 A1 单元格，单击功能区“开始”选项卡“字体”组中的各个按

钮，将标题设置为“黑体”、“加粗”、14 号字，字体颜色为“红色，强调颜色 2，深色 25%”。

② A1:G1 单元格合并后居中：选定 A1:G1 单元格区域，单击“开始”选项卡“对齐方式”组下的“合并后居中”按钮。

③ 设置出生年月格式：选定 D3:D12 单元格区域，单击功能区“开始”选项卡“数字”组右下角的对话框启动器，在出现的“设置单元格格式”对话框中选择“数字”选项卡，在“分类”的列表框中选择“日期”，在“区域设置”列表框中选择“中文（中国）”，在“类型”列表框中选择“2001 年 3 月 14 日”格式，单击“确定”按钮。

注意： 如果数据被显示为充满单元格的一串“#”，则说明单元格中的数据需要的宽度大于该列的宽度。在“开始”选项卡的“单元格”组中单击“格式”按钮，在弹出的下拉列表中选择“自动调整列宽”命令，或用鼠标拖拽列标的右边线进行调整即可正确显示数据。

④ 设置各门功课成绩的数字格式：选定 E3:G12 单元格区域，单击“开始”选项卡“数字”组中的“减少小数位数”按钮二次。

⑤ 设置除标题外所有数据字体格式：选定 A2:G12 单元格区域，单击“开始”选项卡“对齐方式”组中的“居中对齐”按钮；在“字体”组下的“字体”下拉列表框中选择“楷体”，在“字号”下拉列表框中选择“12”；

⑥ 为列标题加上底纹：选定 A2:G2 单元格区域，在“开始”选项卡“字体”组中的“填充颜色”按钮的下拉列表框中选择“橙色，强调文字颜色 6，淡色 60%”。

⑦ 给表格加上边框：选定 A2:G12 单元格区域，单击“开始”选项卡“字体”组右下角的对话框启动器，在出现的“设置单元格格式”对话框中选择“边框”选项卡，在“线条”框中选择“双线”，“颜色”框中选择“深蓝，文字 2，深色 25%”，单击“预置”框中的“外边框”；然后在“线条”框中选择“单线”，“颜色”框中选择“浅蓝”，单击“预置”框中的“内部”，单击“确定”按钮。

设置好格式的工作表见图 4-32。

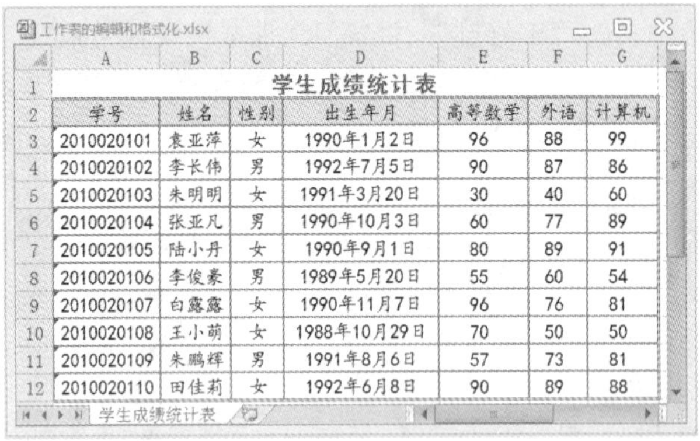

	A	B	C	D	E	F	G
1	学生成绩统计表						
2	学号	姓名	性别	出生年月	高等数学	外语	计算机
3	2010020101	袁亚萍	女	1990年1月2日	96	88	99
4	2010020102	李长伟	男	1992年7月5日	90	87	86
5	2010020103	朱明明	女	1991年3月20日	30	40	60
6	2010020104	张亚凡	男	1990年10月3日	60	77	89
7	2010020105	陆小丹	女	1990年9月1日	80	89	91
8	2010020106	李俊豪	男	1989年5月20日	55	60	54
9	2010020107	白露露	女	1990年11月7日	96	76	81
10	2010020108	王小萌	女	1988年10月29日	70	50	50
11	2010020109	朱鹏辉	男	1991年8月6日	57	73	81
12	2010020110	田佳莉	女	1992年6月8日	90	89	88

图 4-32 设置好格式的“学生成绩统计表”

3. 自动套用格式

Excel 2010 提供了一些已经制作好的表格样式，制作报表时，可以套用这些格式，制作出既漂亮又专业化的表格。

1）选定数据表中要进行格式化的区域。

2）在功能区“开始”选项卡“样式”组中单击“套用表格格式”下拉选项，在弹出的表格样式选择一种格式，单击“确定”按钮，即可将选定区域编排成所选择的格式。

4. 使用条件格式

条件格式的功能是以不同的数据条、颜色刻度和图标集来直观地显示数据，有助于突出显示所关注的单元格或区域，使之醒目易辨。

1）选定数据表中要进行条件格式化的区域。

2）在功能区"开始"选项卡"样式"组中单击"条件格式"下拉选项：

- 突出显示单元格规则：系统将单元格区域中满足某一特定条件的数据值用已设定的格式显示出来。
- 项目选取规则：系统将数据表中某些特定范围的单元格区域中的数据用其已设定的格式显示出来。例如所选单元格区域中值最大（或最小）的前 10 项、高于（或低于）数据平均值的数据。
- 数据条：系统将单元格区域中的所有数值型、日期型数据的值按照数据条的形式显示出来。数据条的长短代表了每个数据的值的大小。
- 色阶：系统将单元格区域的数据按值的范围用不同的底纹颜色表示出来，在同样的颜色中包含了双色渐变或三色渐变，分别表示在相同范围单元格的值的大小。
- 图标集：系统将单元格区域的数据按值的范围用不同的图标表示出来，每个图标表示一个单元格值的范围。

【例 4.6】如图 4-32 所示"学生成绩统计表"，将各科不及格的成绩单元格设置为浅红填充色深红色文本。

① 选定单元格区域 E3:G12，在功能区"开始"选项卡"样式"组中的"条件格式"下拉列表框中，选择"突出显示单元格规则"下的"小于"按钮。

② 在弹出如图 4-33 所示的"小于"对话框中的条件文本框输入数字"60"，在"设置为"的下拉列表框中选择"浅红填充色深红色文本"。

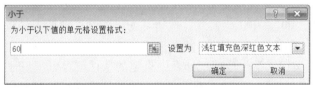

图 4-33　"小于"对话框

③ 单击"确定"按钮后学生成绩统计表中的不及格成绩就可以醒目地显示出来。

3）选择"新建规则"按钮可以新建条件格式；"清除规则"可将设定的条件格式清除；"管理规则"可以修改已设定的条件格式。

【例 4.7】如图 4-32 所示"学生成绩统计表"，将各科成绩在 70 至 80 分的单元格的数据设置字体加粗倾斜，将 90 分以上的单元格填充"黄色"、"6.25 灰色"底纹。

① 选定单元格区域 E3:G12，在功能区"开始"选项卡"样式"组中的"条件格式"下拉列表框中，选择"管理规则"命令。

② 在弹出的如图 4-34 所示的"条件格式规则管理器"对话框中单击"新建规则"按钮。

③ 在弹出如图 4-35 所示的"新建格式规则"对话框中单击"只为包含以下内容的单元格设置格式"选项，在"编辑规则说明"栏下的"只为满足以下条件的单元格设置格式"选择"单元格值介于 70 到 80"，单击"格式"按钮，在出现的"设置单元格格式"对话框中选择"字体"选项卡，将字型设为"加粗倾斜"。

图 4-34 "条件格式规则管理器"对话框

图 4-35 "新建格式规则"对话框

④ 单击"确定"按钮，返回到如图 4-34 所示的"条件格式规则管理器"对话框中。再次单击"新建规则"按钮，在出现的"新建格式规则"对话框中单击"只为包含以下内容的单元格设置格式"选项，在"编辑规则说明"栏下的"只为满足以下条件的单元格设置格式"选择"单元格值大于或等于 90"，单击"格式"按钮，在出现的"设置单元格格式"对话框中选择"填充"选项卡，选择颜色为"黄色"，图案样式为"6.25%灰色"的底纹。

⑤ 单击"确定"按钮，学生成绩统计表中设定的条件就可以醒目地显示出来，如图 4-36 所示。如果对条件格式不满意，可在如图 4-34 的"条件格式规则管理器"对话框中单击"编辑规则"按钮进行修改，或单击"删除规则"删除设置好的条件格式。

工作表的编辑和格式化.xlsx						
	A	B	C	D	E	F	G
1	学生成绩统计表						
2	学号	姓名	性别	出生年月	高等数学	外语	计算机
3	2010020101	袁亚萍	女	1990年1月2日	96	88	99
4	2010020102	李长伟	男	1992年7月5日	90	87	86
5	2010020103	朱明明	女	1991年3月20日	30	40	60
6	2010020104	张亚凡	男	1990年10月3日	60	77	89
7	2010020105	陆小丹	女	1990年9月1日	80	89	91
8	2010020106	李俊豪	男	1989年5月20日	55	60	54
9	2010020107	白露露	女	1990年11月7日	96	76	81
10	2010020108	王小萌	女	1988年10月29日	70	50	50
11	2010020109	朱鹏辉	男	1991年8月6日	57	73	81
12	2010020110	田佳莉	女	1992年6月8日	90	89	88

图 4-36 设置好条件格式的"学生成绩统计表"

4.5　数据管理

Excel 2010 具有强大的数据管理功能，如数据的排序、筛选、分类汇总、合并计算和数据透视表等操作，利用这些功能可以方便地从大量数据中获取所需数据、重新整理数据以及从不同的角度观察和分析数据。

4.5.1　建立数据清单

如果要使用 Excel 2010 的数据管理功能，首先必须将数据创建成为数据清单。

在 Excel 2010 中，数据清单是一种特殊的表格，又称为数据库。它是由工作表中的单元格构成的包含标题的一组数据，即一张二维表，如图 4-37 所示。数据清单中的数据一列称为一个字段，一行称为一个记录，第一行为数据清单的列标题，由若干个字段名组成。要正确创建数据清单，应遵守以下准则：

	A	B	C	D	E	F	G
	学号	姓名	性别	年龄	专业	籍贯	期末成绩
2	2010020101	袁亚萍	女	19	统计	洛阳	94
3	2010020102	李长伟	男	18	统计	郑州	88
4	2010020103	朱明明	女	20	金融	洛阳	43
5	2010020104	张亚凡	男	19	统计	郑州	75
6	2010020105	陆小丹	女	20	会计	开封	86
7	2010020106	李俊豪	男	20	金融	洛阳	80
8	2010020107	白露露	女	21	金融	郑州	85
9	2010020108	王小萌	女	19	会计	郑州	57
10	2010020109	朱鹏辉	男	18	会计	开封	70
11	2010020110	田佳莉	女	19	统计	郑州	89

图 4-37　数据清单

- 一张工作表只能有一个数据清单。如果工作表中还有其他数据，要与数据清单之间至少空出一行或一列。
- 在数据清单的第一行创建列标题即字段名，列标题是唯一的。
- 数据清单中每一列必须是性质相同、类型相同的数据。如字段名是"姓名"，则该列的数据必须全是姓名。
- 在数据清单中不能有非法字符，不能有空行或空列，也不能有合并的单元格。

数据清单的具体创建操作同普通表格的创建完全相同。首先，根据数据清单内容创建字段名（第一行列标题），然后移到字段名下的第一个空行，键入数据信息完成数据清单的创建工作。

4.5.2　数据排序

数据排序是指按一定的规则将数据清单的数据变成有序的数据。Excel 2010 提供了多种方法对数据清单进行排序，用户可以根据需要按行或列、按升序、降序或自定义排序。当用户按行进行排序时，数据清单的列将被重新排序，但行保持不变；如果按列进行排序，行将被重新排序而列保持不变。升序排序的默认次序如下：

- 数字：从最小的负数到最大的正数。
- 文本以及包含数字的文本：按 0～9、A～Z。
- 逻辑值：False 优先于 True。
- 空格始终排在最后。

降序排列的次序与升序相反。

1. 简单排序

简单排序，就是只对单列数据进行排序。操作步骤如下：

（1）单击数据清单中的要排序字段内的任意一个单元格。

（2）单击功能区"数据"选项卡中的"排序和筛选"组下的"升序" 或"降序" 按钮，即可完成所选数据列升序或降序的排列。

2. 多关键字排序

多关键字排序是指对工作表的数据按两个或两个以上的关键字进行排序。对多个关键字进行排序时，在主关键字完全相同的情况下，会根据指定的次要关键字进行排序，在次要关键字完全相同的情况下，会根据指定的下一个次要关键字进行排序，以此类推。

【例 4.8】在图 4-37 的数据清单中，将学生情况按籍贯升序排序；在籍贯相同的情况下，按照年龄从小到大排序；在年龄相同的情况下，再按成绩从高到低进行排序。此时将"籍贯"称为主要关键字，"年龄"和"成绩"称为次要关键字。排序的操作步骤如下：

① 单击数据清单中 A2:G11 中的任意一个单元格。

② 在功能区"数据"选项卡的"排序和筛选"组单击"排序"按钮 ，出现如图 4-38 所示的"排序"对话框。

图 4-38　多字段的"排序"对话框

③ 在"主要关键字"列表框中选择"籍贯"，"排序依据"列表框选择"数值"，"次序"列表框选择"升序"。

④ 单击"添加条件"按钮，在出现的"次要关键字"的列表框中选择"年龄"，然后设置排序依据和"升序"。

⑤ 单击"添加条件"按钮，在"次要关键字"的文本框中选择"期末成绩"，然后设置排序依据"降序"。

⑥ 单击"确定"按钮，完成对选定区域数据的排序。排序后的结果见图 4-39。

注意： 在如图 4-38 所示的"排序"对话框中，如果选中"数据包含标题"复选框，表示选定区域的第一行作为标题，不参加排序，标题行始终放在原来的位置；如果取消该复选框，表示将选定区域的第一行作为普通数据看待，参与排序。

排序默认的方式是按列排序，如果需要按行排序，可以在如图 4-38 所示的"排序"对话框中单击"选项"按钮，在出现的如图 4-40 所示的"排序选项"对话框中选中"按行排序"单选按钮即可。

| | 图 4-39　多关键字排序后的结果 | 图 4-40　"排序选项"对话框 |

3. 自定义排序

自定义排序是指对数据清单按照用户定义的顺序进行排序。自定义排序的方法与多个条件排序类似，只是自定义排序只需要设定一个"主关键字"，在"次序"列表框中选择"自定义序列"即可。

图 4-41　自定义序列的"排序"对话框

【例 4.9】 在图 4-37 的数据清单中，将"学生情况登记表"中的"专业"列，按"金融"、"会计"、"统计"排序。

① 单击数据清单中的要排序字段 E2:E11 中的任意一个单元格。

② 在功能区"数据"选项卡的"排序和筛选"组单击"排序"按钮，在弹出的"排序"对话框中的"主要关键字"列表框中选择"专业"，在"次序"列表框选择"自定义序列"。

③ 在出现的如图 4-42 所示的"自定义序列"对话框中的"输入序列"列表框中输入自定义的序列数据 "金融"、"会计"、"统计"，每输入一个数据，均要按一次回车键，数据输入完后单击"添加"按钮，数据就加入到自定义序列中。

图 4-42 "自定义序列"对话框

④ 选中上一步添加好的系列数据，单击"确定"按钮。这时，"排序"对话框中的"次序"列表框的内容就变成了如图 4-41 所示的自定义系列数据"金融"、"会计"、"统计"。

⑤ 单击"确定"按钮，完成对自定义系列数据的排序。排序后的结果见图 4-43。

	A	B	C	D	E	F	G
1	学号	姓名	性别	年龄	专业	籍贯	期末成绩
2	2010020103	朱明明	女	20	金融	洛阳	43
3	2010020106	李俊豪	男	20	金融	洛阳	80
4	2010020107	白露露	女	21	金融	郑州	85
5	2010020105	陆小丹	女	20	会计	开封	86
6	2010020108	王小萌	女	19	会计	郑州	57
7	2010020109	朱鹏辉	男	18	会计	开封	70
8	2010020101	袁亚萍	女	19	统计	洛阳	94
9	2010020102	李长伟	男	18	统计	郑州	88
10	2010020104	张亚凡	男	19	统计	郑州	75
11	2010020110	田佳莉	女	19	统计	郑州	89

学生情况登记表　自动筛选　按条

图 4-43 自定义排序后的结果

4.5.3 数据筛选

数据筛选功能将数据清单中不满足条件的数据行隐藏起来，这样可以更方便地让用户对满足条件的数据进行查看。Excel 2010 提供了三种筛选数据的方法：自动筛选、按条件筛选和高级筛选。

1. 自动筛选

自动筛选提供了快速访问数据的功能，通过简单的操作，用户就可以筛选掉那些不想显示的记录。下面举例说明自动筛选的使用及操作步骤。

【例 4.10】在图 4-37 的数据清单中自动筛选出金融专业的学生情况。操作步骤如下：

① 单击数据清单中 A2:G11 中任意一个单元格。

② 单击功能区"数据"选项卡下"排序和筛选"组中的"筛选"按钮 ，在数据清单每个字段名旁出现一个下拉按钮。

③ 单击要筛选"专业"旁边的下拉按钮，出现了如图 4-44 所示的下拉列表，选中"金融"复选框。

④ 这时数据清单只显示了金融专业的学生情况，其他的记录都隐藏了。

⑤ 如果要取消筛选，只需再次单击"数据"选项卡下"排序和筛选"组中的"筛选"按钮即可。

图 4-44　自动筛选

2. 按条件筛选

在 Excel 中，还可以自定义筛选条件筛选出符合需要的数据。

【例 4.11】在图 4-37 的数据清单中自动筛选出期末成绩在 70～80 分的学生情况表。操作步骤如下：

① 单击数据清单中 A2:G11 中任意一个单元格。

② 单击功能区"数据"选项卡下"排序和筛选"组中的"筛选"按钮，再单击"期末成绩"旁边的下拉按钮，从列表中选择"数字筛选"按钮下的"介于"命令，在弹出的如图 4-45 所示的期末成绩的"自定义自动筛选方式"对话框中，可以设置两个条件，如果要同时满足这两个条件，则单击"与"单选按钮；如果只须满足两个条件中的任意一个，则单击"或"单选按钮。在本例，我们选择"与"。

图 4-45　期末成绩的"自定义自动筛选"对话框

从第一个条件下拉列表中"大于或等于"的右边列表框中输入"70"。第二个下拉列表中"小于或等于"的右边列表框中输入"80"。

③ 单击"确定"按钮，这时数据清单中就显示出如图 4-46 的自定义自动筛选结果。

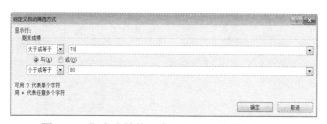

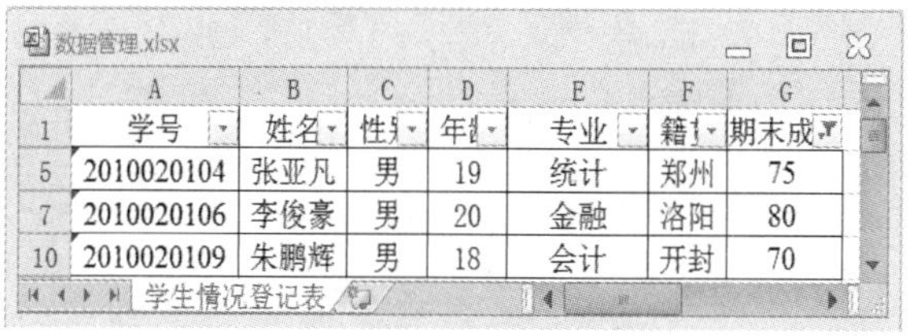

图 4-46　按条件筛选结果

注意：如果所筛选的记录为文本型或日期型数据，筛选列表中的"数字筛选"会变成"文本筛选"或"日期筛选"，操作方法同"数字筛选"是一样的。如果对工作表中的单元格填充了颜色，还可以按颜色对工作表进行筛选。

3. 高级筛选

如果要筛选的条件比较复杂，或出现多个字段的逻辑"或"时，使用高级筛选更为方便。

使用高级筛选需要注意几点：

（1）在使用高级筛选之前，用户需要在数据清单区域外建立一个条件区域，用来指定筛选的数据必须满足的条件。条件区域与数据清单区域之间必须至少空一行或空一列，将数据与条件区域分开。

（2）条件区域首行包含的字段名必须与数据清单首行的字段名一样。

（3）条件区域的字段名下面用来输入筛选条件。多个条件的"与""或"关系如下方法实现：

- 如果要筛选使一个记录能匹配这个多重条件，即满足"与"的关系，输入的条件必须在同一行，如图 4-47 所示，表示要筛选的条件是：计算机成绩大于 80 分同时平均成绩大于 85 分。

- 如果筛选的条件满足"或"的关系，输入的条件不能在同一行。如图 4-48 所示，表示要筛选的条件是：计算机成绩大于 80 或者平均成绩大于 85 分。

图 4-47　条件"与"的关系

图 4-48　条件"或"的关系

【例 4.12】在图 4-37 的数据清单中使用高级筛选功能筛选出期末成绩"大于等于 80 分"同时籍贯是"开封"和"洛阳"的学生名单。操作步骤如下：

① 建立条件区域，在条件区域设置筛选条件：如图 4-50 所示，在数据清单的标题行前插入 4 个空行，在 A1 单元格中输入"籍贯"，A2 单元格中输入"开封"，A3 单元格中输入"洛阳"，B1 单元格中输入"期末成绩"，B2 和 B3 单元格中输入">=80"。

② 单击数据清单中 A6:G15 中任意一个单元格，在功能区"数据"选项卡下"排序和筛选"组中单击"高级"按钮 ，弹出如图 4-49 所示的"高级筛选"对话框。

图 4-49　"高级筛选"对话框

③ 在此对话框中，“列表区域”文本框会显示出我们要筛选的数据范围。如果没有自动显示出数据范围或者想要改变默认显示的数据区域，我们可以单击“列表区域”后面的折叠对话框按钮，在该框中直接输入或者用鼠标在工作表中重新选定数据区域。本例筛选的数据区域范围是$A$5:$G$15。

④ 单击“条件区域”后面的折叠对话框按钮，直接输入或用鼠标选择条件区域。本例我们选择的条件区域是$A$1:$B$3。

⑤ 要通过隐藏不符合条件的数据行来筛选数据清单，可以单击“在原有区域显示筛选结果”单选按钮；要通过将符合条件的数据行复制到工作表的其他位置来筛选数据，可以单击“将筛选结果复制到其他位置”单选按钮，接着在“复制到”框中直接输入存放筛选结果的目标区域的左上角单元格。本例我们选择的是“将筛选结果复制到其他位置”，复制到的目标区域是以 A17 为左上角单元格的区域。

⑥ 单击“确定”按钮，在 A17:G20 显示出期末成绩大于等于 80 分同时籍贯是开封和洛阳的学生名单，如图 4-50 所示。

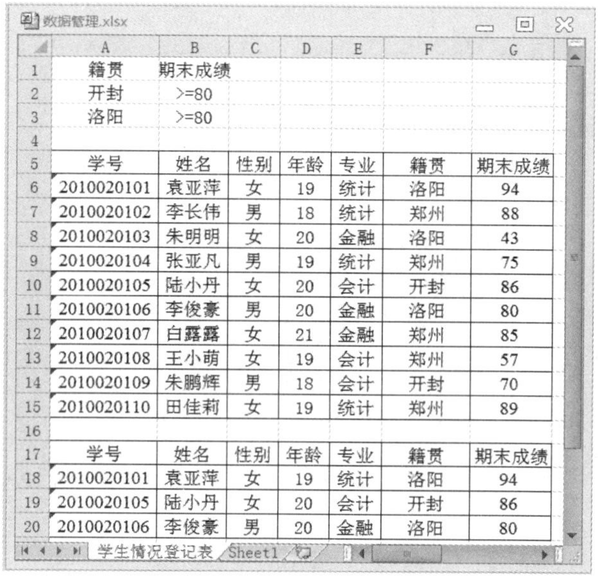
数据管理.xlsx

	A	B	C	D	E	F	G
1	籍贯	期末成绩					
2	开封	>=80					
3	洛阳	>=80					
4							
5	学号	姓名	性别	年龄	专业	籍贯	期末成绩
6	2010020101	袁亚萍	女	19	统计	洛阳	94
7	2010020102	李长伟	男	18	统计	郑州	88
8	2010020103	朱明明	女	20	金融	洛阳	43
9	2010020104	张亚凡	男	19	统计	郑州	75
10	2010020105	陆小丹	女	20	会计	开封	86
11	2010020106	李俊豪	男	20	金融	洛阳	80
12	2010020107	白露露	女	21	金融	郑州	85
13	2010020108	王小萌	女	19	会计	郑州	57
14	2010020109	朱鹏辉	男	18	会计	开封	70
15	2010020110	田佳莉	女	19	统计	郑州	89
16							
17	学号	姓名	性别	年龄	专业	籍贯	期末成绩
18	2010020101	袁亚萍	女	19	统计	洛阳	94
19	2010020105	陆小丹	女	20	会计	开封	86
20	2010020106	李俊豪	男	20	金融	洛阳	80

图 4-50　高级筛选后的结果

4.5.4　分类汇总

在数据的统计分析中，分类汇总是经常使用的，像仓库的库存管理经常要统计各类产品的库存总量一样。进行分类汇总，首先要对数据分类，然后进行数量求和之类的汇总运算。Excel 2010 提供了分类汇总的功能。分类汇总就是先将数据按某一字段分类，然后利用 Excel 2010 提供的函数，对各类数值字段进行求和、求平均值、计数、最大值、最小值等运算。针对同一分类字段，可进行简单汇总和多重分类汇总。

分类汇总有以下 3 个基本元素：

- 分类字段：即按哪个关键字段对数据进行分类汇总。
- 汇总方式：即计算分类汇总值的方法。
- 汇总项：即对哪些数值字段计算汇总结果。

注意：在分类汇总前，首先要对分类字段进行排序，否则得不到正确的结果。此外，选定的汇总项必须是数值型的字段，例如，"专业"字段是不能进行求平均值计算的。

下面举例说明建立分类汇总的方法及操作步骤。

1. 简单分类汇总

【例 4.13】在图 4-37 的数据清单中，按"专业"分类汇总，计算出各专业学生期末成绩的平均值。

分析：根据要求，应选择"专业"为分类字段，汇总方式是"平均值"。

操作步骤如下：

① 对需要分类汇总的数据按关键字进行排序（升序或降序都可以），在此例中，选择按"专业"为关键字进行升序排序。

② 单击数据清单中 A2:G12 中任意一个单元格。在功能区"数据"选项卡下"分级显示"组单击"分类汇总"按钮，出现如图 4-51 所示的"分类汇总"对话框。

图 4-51 "分类汇总"对话框

③ 在"分类字段"列表框中选择"专业"（这里的选择分类字段要和排序的字段相同），表示按"专业"分类汇总。

④ 在"汇总方式"列表框中，选择"平均值"。

⑤ 在"选定汇总项"列表框中，选择"期末成绩"，表示要对此字段进行平均值的汇总。

⑥ 要用新的分类汇总替换数据清单中已存在的所有分类汇总，选中"替换当前分类汇总"复选框。要在每组分类汇总数据之后自动插入分页符，选中"每组数据分页"复选框。要将汇总结果显示在每个分组的下方，选中"汇总结果显示在数据下方"复选框，否则会显示在分组的上方。在此例中选中"替换当前分类汇总"和"汇总结果显示在数据下方"。

⑦ 单击"确定"按钮，出现如图 4-52 所示的分类汇总后的结果。

注意：在建立的分类汇总表中，数据是分级显示的。左侧上方的 1、2、3 按钮表示对分类汇总后的分级数据。单击 1，只显示数据中的列标题和汇总结果；单击 2，显示各个分类汇总结果和总计结果；单击 3，显示全部详细数据。在图 4-52 所示的工作表数据表示的是第 3 级数据，即各个专业各门功课的汇总平均值的详细数据。如果要取消分级显示，可以在"数据"选项卡下"分级显示"组单击"取消组合"下拉列表中的"取消分级显示"按钮。

只显示列标题和总汇总结果，属于最高级数据。

显示分类汇总结果，属于二级数据。

显示所有的详细数据，属于三级数据。

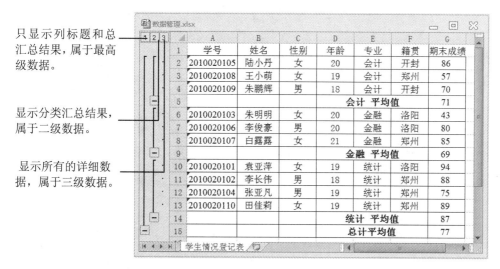

图 4-52　分类汇总的结果

2. 多重分类汇总

【例 4.14】在【例 4.13】求各专业学生各门功课的平均成绩的基础上再统计各专业的学生人数。

这需要分两次分类汇总，操作步骤如下：

① 先按【例 4.13】的方法分类汇总出各专业学生的各门功课的平均值。

② 单击功能区"数据"选项卡"分级显示"组的"分类汇总"按钮，出现"分类汇总"对话框。在"分类字段"中还是选择"专业"，汇总方式为"计数"，"选定汇总项"为"期末成绩"。统计人数"分类汇总"对话框的设置如图 4-53 所示。

图 4-53　多重"分类汇总"对话框

注意：多重分类汇总的分类字段必须和上次分类字段相同；而汇总方式或汇总项不同，而且第 2 次汇总运算是在第 1 次汇总的运算的结果上进行的，所以不能选中"替换当前分类汇总"复选框。第 2 次的分类汇总结果如图 4-54 所示。

③ 如要取消分类汇总，只要在"分类汇总"对话框中单击"全部删除"按钮即可。

	A	B	C	D	E	F	G
1	学号	姓名	性别	年龄	专业	籍贯	期末成绩
2	2010020105	陆小丹	女	20	会计	开封	86
3	2010020108	王小萌	女	19	会计	郑州	57
4	2010020109	朱鹏辉	男	18	会计	开封	70
5					会计 计数		3
6					会计 平均值		71
7	2010020103	朱明明	女	20	金融	洛阳	43
8	2010020106	李俊豪	男	20	金融	洛阳	80
9	2010020107	白露露	女	21	金融	郑州	85
10					金融 计数		3
11					金融 平均值		69
12	2010020101	袁亚萍	女	19	统计	洛阳	94
13	2010020102	李长伟	男	18	统计	郑州	88
14	2010020104	张亚凡	男	19	统计	郑州	75
15	2010020110	田佳莉	女	19	统计	郑州	89
16					统计 计数		4
17					统计 平均值		87
18					总计数		10
19					总计平均值		77

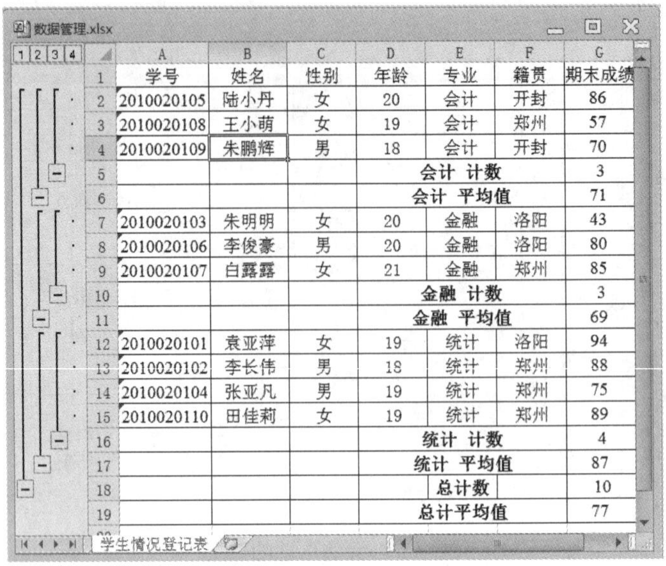

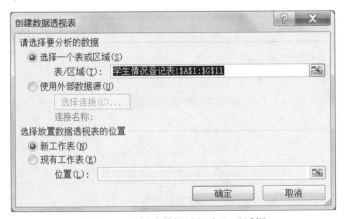

图 4-54　多重分类汇总结果

4.5.5　数据透视表

分类汇总适合按一个字段进行分类，对一个或多个字段进行汇总。如果要对多个字段进行分类并汇总，这就需要利用数据透视表来实现。

1. 创建数据透视表

【例 4.15】在图 4-37 的数据清单中，统计各专业中各籍贯学生的人数。

分析：本例既要按“专业”分类，又要按各“籍贯”分类。操作步骤如下：

① 单击数据清单中 A2:G11 中任意一个单元格。

② 单击功能区“插入”选项卡的“表格”选项组的“数据透视表”下拉按钮，在下拉列表中选择“数据透视表”命令，弹出如图 4-55 所示的“创建透视表”对话框。

图 4-55　“创建数据透视表”对话框

③ “创建透视表”对话框用于指定数据源和透视表存放的位置。本例，数据源我们选择“学生情况表”的$A$1:$G$11 单元格区域，透视表的位置我们选择“新工作表”。单击“确定”按钮，显示如图 4-56 所示的“数据透视表字段列表”对话框。

④ 在"数据透视表字段列表"对话框上半部分的列表框中，列出了数据源包含的所有字段。创建数据透视表时，要将"页字段"拖入"报表筛选"位置，称为透视表的页标题；将要分类的字段拖入"行标签"、"列标签"位置，称为透视表的行、列标题；将要汇总的字段拖入"数值"位置。

本例将"专业"拖入"行标签"位置，作为行字段；将"籍贯"字段拖入"列标签"位置，作为列字段；将"姓名"拖入到"数值"位置，作统计字段；本例不使用页字段。

⑤ 做好的数据透视表如图 4-57 所示。

图 4-56　"数据透视表字段列表"对话框

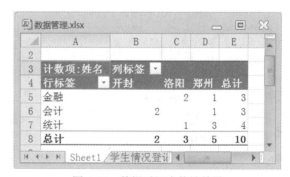

图 4-57　数据透视表统计结果

2. 修改数据透视表

数据透视表做好后，用户可以根据自己的需要进行修改。单击数据透视表，会弹出"数据透视表字段列表"对话框，同时在窗口功能区中增加"数据透视表"工具，用户可以利用他们来修改数据透视表。

① 更改数据透视表布局。要修改透视表结构中的行、列、页、数据字段，可通过"数据透视表字段列表"对话框来实现。将行、列、页、数据字段移出对话框，表示删除透视表结构对应的字段；从对话框的列表框中拖入到对应的位置，表示增加对应字段；在行、列、页、数据字段之间交换位置，表示将这些字段进行调整。

② 改变计算方式。默认情况下，计数项如果是非数字型字段则对其计数，否则为求和。要改变计算方式，单击"数据透视表字段列表"对话框"数值"区中对应字段右边的下拉箭头，在弹出的列表中选择"值字段设置"命令，打开如图 4-58 所示的"值字段设置"对话框，从中选择所需的计算类型即可。

③ 显示或隐藏字段项目。在数据透视表的行字段和列字段的右下方各有一个下拉按钮，单击下拉按钮，可以选择要显示或隐藏的字段项目，打"√"表示该项目会显示在数据透视表中，取消勾选表示该项目在数据透视表中隐藏起来。

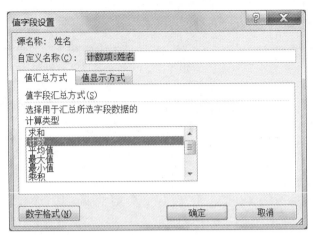

图 4-58　"值字段设置"对话框

4.5.6　合并计算

对 Excel 2010 数据表进行数据管理，可以使用"合并计算"将多张工作表的数据合并在一张工作表中。合并计算不仅可以进行求和汇总，还可以进行求平均值、计数统计和求标准差等运算。

要想合并计算数据，首先要为合并数据定义一个目标区域，用来显示合并后的信息，此目标区域可位于与源数据相同的工作表中，也可以在另一个工作表中；其次需要选择合并计算的数据源，此数据源可以来自单个、多个工作表或多个工作簿。

下面举例说明多张工作表合并计算的方法及操作步骤。

【例 4.16】如图 4-59 所示，在"合并计算"的工作簿中有四张工作表，分别是学生的高等数学、外语、计算机和总评成绩，总评成绩是每个学生三门功课的平均成绩。计算的操作步骤如下：

图 4-59　合并计算的四张工作表

① 选定需要合并计算的目标区域"总评"工作表的单元格区域 B3:B12。

② 单击功能区"数据"选项卡下"数据工具"组的"合并计算"按钮 ，出现如图 4-60 所示的"合并计算"对话框。

③ 单击"函数"列表框，选择合并计算中将要用到的汇总函数，在本例选择"平均值"。

④ 单击"引用位置"后面的折叠对话框按钮，在"高等数学"工作表中直接输入或用鼠标选择要合并计算的第一个单元格区域$B$3:$B$12，单击"添加"按钮，可以看到所选择（或输入）的单元格区域已经被加入到"所有引用位置"文本框中。用同样的方法继续添加其他工作表中要合并计算的单元格区域。

⑤ 单击"确定"按钮，完成合并计算功能。合并后的计算结果如图 4-61 所示。

图 4-60　"合并计算"对话框

图 4-61　合并计算结果

4.6　制作图表

Excel 2010 能将工作表的数据或统计的结果以各种图表的形式显示，从而更直观、更形象地揭示数据之间的关系，反映数据的变化规律和发展趋势。

我们可以制作一个独立的图表，也就是与源数据不在同一张工作表上，称为图表单；也可以将图表嵌入到源数据的工作表内，作为该工作表的一个对象，称为嵌入式图表。当工作表的数据发生变化时，图表中的数据值也会自动进行相应的更新。

Excel 2010 有二维图表和三维图表，常用的图表类型有柱形图、饼图、折线图、XY 散点图等 11 类，每一类又有若干种子类型。各种图表各有优点，适用于不同的场合。

- 柱形图：用柱形表示数据的图表，比较数据间的多少关系。柱形图可以绘制多组系列，同一数据系列中的数据点用同一颜色或图案绘制。
- 饼图：用于表示数据间的比例分配关系，但它只能处理一组数据系列，且无坐标轴和网格线。
- 折线图：使用点以及点与点之间连成的折线来表示数据，可以描述数据的变化趋势。在折线图上，同一数据系列中的数据绘制在同一条折线上。
- XY 散点图：散点图中的点一般不连续，每一点代表了两个变量的数值，适合用于绘制函数曲线。
- 面积图：显示在某一段时间内的累计变化。

4.6.1　创建图表

创建图表有两种方式：一是对选定的数据直接按下 F11 键快速建立图表，二是利用插入选项卡中"图表"选项组中的各个按钮建立个性化图表。下面举例说明利用插入选项卡建立图表的方法及操作步骤。

【例 4.17】利用图 4-62 所示的"学生成绩统计表"中的姓名和各科成绩建立簇状柱形图表。

学号	姓名	性别	专业	高等数学	外语	计算机	平均成绩
			学生成绩统计表				
2010020101	袁亚萍	女	统计	96	88	99	94
2010020102	李长伟	男	统计	90	87	86	88
2010020103	朱明明	女	金融	30	40	60	43
2010020104	张亚凡	男	统计	60	77	89	75
2010020105	陆小丹	女	会计	80	89	91	86
2010020106	李俊豪	男	金融	80	75	85	80
2010020107	白露露	女	金融	96	77	81	85
2010020108	王小萌	女	会计	70	50	50	57
2010020109	朱鹏辉	男	会计	57	73	81	70
2010020110	田佳莉	女	统计	90	89	88	89

图 4-62　选中创建图表的数据区域

① 在工作表中选定要创建图表的数据区域。在此例中，我们选定 B2:B12, E2:G12。

② 在功能区"插入"选项卡中，单击"图表"组的"柱形图"按钮 ，在弹出的下拉列表中选择"二维柱形图"中的子图表类型"簇状柱形图"，即在工作表中建立了如图 4-63 所示的一个簇状柱形图表。

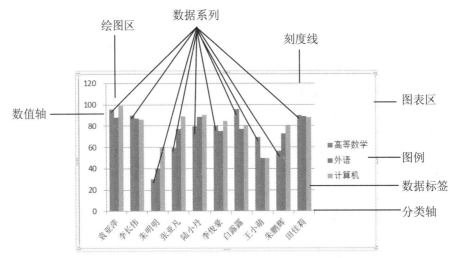

图 4-63　做好的图表及其组成元素

③ 刚建立好的图表，边框上有四个角及四边中部有 8 个尺寸句柄，将鼠标定位在尺寸句柄，拖动鼠标可以调整图标的大小；也可将鼠标定位在图表的空白处拖动到工作表中合适的位置。

在创建图表后，我们可以了解图表的基本组成：

- 图表区：指整个图表的背景区域。
- 绘图区：用于绘制数据的区域。在二维表中，绘图区是以两条坐标轴为界并包含刻度线以及全部数据系列的矩形区域；在三维表中，同样通过坐标轴来界定的区域，包括所有的数据系列、分类名、刻度线标志和坐标轴标题。
- 数据标签：一个数据标签对应于工作表中一个单元格的具体数值。

- 数据系列：绘制在图表中的一组相关数据标签，来源于工作表中的一行或一列数值数据。图表中的每一组数据系列都以相同的形状和图案、颜色表示。例如，图中标注的数据系列就是每个人的高等数学成绩。饼图只有一个数据系列。
- 图例：对应于工作表这组数据的行标题或最左边一列的数据，用于标志图表中的数据系列或分类指定的图案或颜色。
- 坐标轴：界定图表绘图区的线条，为图表中数据标记提供计量和比较的参照轴。对于大多数图表，数据值沿垂直轴（数值轴）绘制，而数据分类则沿水平轴（类别轴）绘制。饼图没有坐标轴。
- 刻度线：坐标轴上类似于直尺分隔线的短度量线。

4.6.2　编辑图表

在创建图表之后，可根据用户的需要，对图表进行修改，包括更改图表的位置、图表类型和对图表中各个对象进行编辑修改等。

1. 选中图表

要修改图表，应先选中图表。选择图表后，在 Excel 2010 窗口原来选项卡的位置右侧增加了"图表工具"选项卡，并提供了"设计"、"布局"和"格式"三个选项，以方便对图表进行更多的设置和编辑。

2. 修改放置图表的位置

选中图表后，单击"设计"选项卡下"位置"组的"移动图表"按钮 ，在出现的"移动图表"对话框中的"选择放置图表位置"下选择"新工作表"，将图表放置在重新创建的新工作表中；选择"对象位于"，将图表直接嵌入原工作表中。

3. 更改图表类型

选中图表后，单击"设计"选项卡下"类型"组的"更改图表类型"按钮 ，在弹出的"更改图表类型"对话框中重新选择一个图表类型。

对于已经选定的图表类型，在"图表样式"组中，可以重新选定所需的图表样式。

4. 添加或删除数据及系列调整

选中图表后，单击"设计"选项卡"数据"组的"选择数据"按钮 ，在弹出的"选择数据源"对话框中单击"切换行/列"按钮 ，可将水平（类别）轴与垂直数（值）轴的数据系列进行调换；通过"图例项（系列）"中的"添加"、"编辑"或"删除"按钮，可以添加、编辑或删除图表中的数据系列；通过"图例项（系列）"中的"上移"、"下移"按钮，可实现图表中数据系列次序的改变。

5. 修改图表项

选中图表后，单击"布局"选项卡的"标签"选项组的各下拉按钮，可修改图表标题、坐标轴标题、图例位置、数据标签等。

选中图表后，单击"布局"选项卡的"坐标轴"选项组的各下拉按钮，可修改图表的坐标轴、网格线等。

6. 添加趋势线

单击"布局"选项卡的"分析"选项组的各下拉按钮，可以为图表添加趋势线。添加趋势线是用图形的方式显示数据的预测趋势并可以用于预测分析。利用此分析，可以在图表中扩展趋势线，根据实际数据预测未来数据，突出某些特殊数据系列的发展和变化情况。

4.6.3　格式化图表

生成一个图表后，为了获得更理想的显示效果，可以对图表中的各个对象进行格式化。不同的图表对象有不同的格式设置，常用的格式设置包括边框、图案、字体、数字、对齐、刻度和数据系列格式等。

【例 4.18】把图 4-63 所示的簇状柱形图类型改变为"折线图"，并为每个成绩加上数据标签；图表上方增加标题"学生成绩表"，并设置为"华文彩云"、"深红"颜色、"加粗"、"20号"字；在横坐标轴下方增加标题"姓名"，在纵坐标轴左边增加竖排标题"成绩"；将图例位置移动到图表下方；改变绘图区的背景为"蓝色面巾纸"。将编辑好的图表移动到新工作表中。操作步骤如下：

① 改变图表类型：单击图表区，选择"图表工具"选项卡下的"设计"选项，在"类型"组中单击"更改图表类型"按钮，选定"折线图"下的"带数据标记的折线图"后按"确定"按钮。

② 设置图表标题：单击"布局"选项卡，在"标签"组的"图表标题"的下拉列表中选择"图表上方"命令，将出现的图表标题文本改为"学生成绩表"，再在标题上单击鼠标右键，在弹出的快捷菜单中选择"字体"命令，设置中文字体为"华文彩云"，字号为"20"，"加粗"，颜色为"深红"。

③ 设置坐标轴：单击"布局"选项卡，在"标签"组的"坐标轴标题"的下拉列表中选择"主要横坐标标题"，在出现列表中单击"坐标轴下方标题"命令，输入"姓名"；选择"坐标轴标题"下的"主要纵坐标标题"中的"竖排标题"命令，输入"成绩"。

④ 修改图例位置：单击"布局"选项卡，选择"标签"组的"图例"下的"在底部显示图例"命令。

⑤ 设置绘图区的背景填充：单击"布局"选项卡，选择"背景"组下的"绘图区"下拉按钮中的"其他绘图区选项"命令，在弹出的如图 4-64 所示"设置绘图区格式"对话框中选择"填充"项中的"图片或纹理填充"单选框，并单击"纹理"下拉按钮，在弹出的下拉列表中选择"蓝色面巾纸"，最后单击"关闭"按钮。

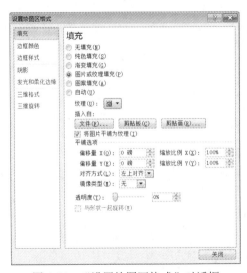

图 4-64　"设置绘图区格式"对话框

⑥ 移动图表到新工作表：单击"设计"选项卡，选择"位置"组下的"移动图表"命令，在出现的对话框中单击"新工作表"按钮。

修改编辑后的图表如图 4-65 所示。

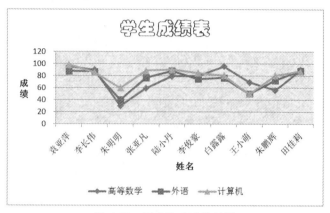

图 4-65　图表修改后的效果

4.6.4　快速突显数据的迷你图

Excel 2010 提供了全新的"迷你图"功能，利用它可以在一个单元格中绘制简洁、漂亮的小图表。下面举例说明建立迷你图的方法和步骤。

【例 4.19】利用图 4-62 所示的"学生成绩统计表"中的数据创建每个学生各科成绩迷你图。操作步骤如下：

① 在工作表最右边增加一列，在 I2 单元格中输入文字"迷你图"。

② 选定要创建第一个学生成绩迷你图的数据区域。在此例中，我们选定 E3:G3 单元格区域。

③ 单击功能区"插入"选项卡下的"迷你图"组中的"折线图"按钮 ，在弹出的如图 4-66 所示的"创建迷你图"对话框中，"数据范围"文本框显示的是我们选定的 E3:G3 单元格区域，也可以单击文本框后面的折叠对话框按钮，重新选定数据范围。单击"位置范围"文本框后面的折叠对话框按钮选定放置迷你图的单元格地址$I$3。

图 4-66　"创建迷你图"对话框

④ 单击"确定"按钮，第一位同学的学习成绩的折线迷你图就建成了。选择 I3 单元格，在"迷你图工具"选项卡中"设计"按钮下"样式"组中的"迷你图颜色"下拉列表中单击"红色"。

⑤ 单击做好的迷你图，将鼠标指针移向 I3 单元格的填充柄往下拖动到 I12，得出每个同

学的成绩的红色迷你折线图。

创建迷你图的工作表如图 4-67 所示。

图 4-67 在工作表创建迷你图

4.7 综合应用实例

【例 4.20】建立一个名为"电器销售统计表.xlsx"的工作簿，用于记录胜利商场全年的电器销售统计，并以此数据为依据建立图表，反映商场的销售情况。

"胜利商场电器销售情况表" 3 张表如图 4-68、4-69、4-70 所示。

图 4-68 上半年电器销售统计表

图 4-69 下半年电器销售统计表

具体操作步骤如下：

1. 建立工作簿，输入数据

① 建立工作簿"电器销售情况表.xlsx"，并将 3 张工作表分别重命名为"上半年"、"下半年"和"全年"。

② 在 3 张表中输入数据：选中任意一个工作表标签，单击鼠标右键，在出现的快捷菜单中选择"选定全部工作表"，使 3 张表全部选中，成为一个工作组，这时可以同时向 3 张工作表输入图 4-68、图 4-69 和 4-70 中相同的数据。然后再分别向三张工作表输入不相同的数据。

图 4-70　全年电器销售统计表

2. 计算分析值

① 计算上半年、下半年的销售金额、税额和税后利润（同时选中"上半年"和"下半年"工作表，使其成为工作组）。

销售金额=销售价*数量：单击 F3 单元格，输入公式"=D3*E3"，得出运算结果后，拖动 F3 单元格的填充柄到 F8 单元格。

税额=销售金额*税率：单击 G3 单元格，输入公式"=F3*$B$9"，得出运算结果后，拖动 G3 单元格的填充柄到 G8 单元格。

税后利润=销售金额-税额-进货价*数量：单击 H3 单元格，输入公式"=F3-G3-C3*E3"，得出运算结果后，拖动 H3 单元格的填充柄到 G8 单元格。

计算好的"上半年"和"下半年"工作表如图 4-71 和图 4-72 所示。

综合练习.xlsx							
	A	B	C	D	E	F	G	H
1	胜利商场电器销售统计表							
2	序号	商品类别	进货价	销售价	数量	销售金额	税额	税后利润
3	101	电视机	6100	6300	3500	22050000	661500	38500
4	102	电脑	5100	5300	4800	25440000	763200	196800
5	103	电冰箱	5900	6100	2800	17080000	512400	47600
6	104	洗衣机	3700	3900	5400	21060000	631800	448200
7	105	微波炉	650	680	1000	680000	20400	9600
8	106	空调	2800	3000	2000	6000000	180000	220000
9	税率		0.03					

图 4-71　计算好的上半年工作表

综合练习.xlsx							
	A	B	C	D	E	F	G	H
1	胜利商场电器销售统计表							
2	序号	商品类别	进货价	销售价	数量	销售金额	税额	税后利润
3	101	电视机	5900	6100	4500	27450000	823500	76500
4	102	电脑	5000	5200	3800	19760000	592800	167200
5	103	电冰箱	6000	6200	4000	24800000	744000	56000
6	104	洗衣机	3900	4100	3600	14760000	442800	277200
7	105	微波炉	450	480	2400	1152000	34560	37440
8	106	空调	3000	3200	4000	12800000	384000	416000
9	税率		0.03					

图 4-72　计算好的下半年工作表

② 计算全年销售数量和总利润（以下操作都是在"全年"工作表中进行）。

全年数量为上半年数量与下半年数量的总和：选中 C3:C8 单元格区域，单击功能区"数据"选项卡"数据工具"组中的"合并计算"命令，在对话框中选择"函数"列表框为"求和"；

单击"引用位置"后面的折叠对话框按钮，在"上半年"工作表中用鼠标选择 E3:E8 单元格区域，单击"添加"按钮，在"下半年"工作表中用鼠标选择 E3:E8 单元格区域，单击"添加"按钮；单击"确定"后，完成合并计算全年销售数量。

全年总利润为上半年税后利润与下半年税后利润的总和：选中 D3:D8 单元格区域，进行同计算全年数量一样方法的合并计算操作，完成合并计算全年总利润。

注意：上、下半年的税后利润的单元格区域是 $H$3:$H$8

③ 计算奖励。

如果每个商品全年销售数量大于等于 4000，就奖励税后利润的 8%。

单击 E3 单元格，在编辑栏输入函数"=IF(C3>=4000,D3*0.08, 0)"，得出运算结果后，拖动 E3 单元格的填充柄到 E8 单元格。

④ 计算销售数量的排名名次。

单击 F3 单元格，在编辑栏输入函数"=RANK(C3,$C$3:$C$8,0)"，得出运算结果，拖动 F3 单元格的填充柄到 F8 单元格，得出全部电器的销售数量排名名次。

⑤ 计算全年总计：选中"全年"工作表标签，计算"数量"、"税后利润"、"奖励"总计。

单击 C9 单元格，在编辑栏输入函数"=SUM(C3:C8)"，得出运算结果后，拖动 C9 单元格的填充柄到 E9 单元格。

⑥ 将"全年"工作表的数据按"排名"升序排序。

选定 F3 单元格，单击"数据"选项卡"排序和筛选"组的"升序"按钮 ↑。

3. 格式化"全年"工作表

① 在"全年"工作表中，将标题 A1:F1"合并后居中"，将行高设为"27"，并加上"12.5 灰色"的图案底纹。

选定 A1:F1 单元格区域，在功能区"开始"选项卡"对齐方式"组下单击"合并后居中"按钮 。在功能区"开始"选项卡"单元格"组单击"格式"的下拉按钮，在弹出的下拉列表中选择"行高"设置为"27"。

单击功能区"开始"选项卡下的"字体"组在右下角的对话框启动器，在出现的"设置单元格格式"对话框中选择"填充"选项卡，在"图案样式"列表框中选择"12.5%灰色"。

② 将表中数据全部设置合适列宽、居中对齐：选定 A2:F9 单元格区域，在功能区"开始"选项卡"单元格"组下的"格式"下拉列表选择"自动调整列宽"；单击"开始"选项"对齐方式"组中的"居中对齐"按钮 。

③ 将表中的总利润和奖励的金额数值前面加上人民币符号"￥"：选定 D3:E9 单元格区域，单击功能区"开始"选项卡下的"数字"组右边的向下箭头，在出现的"设置单元格格式"对话框中选择"数字"选项卡，在"分类"列表框中选择"货币"，在"货币符号"下拉列表框中选择"￥"，在"小数位数"框中输入"0"，单击"确定"按钮。

④ 将表中的总利润低于 20 万的商品数值加上"绿色填充深绿色文本"：选定 D3:D8 单元格区域，单击功能区"开始"选项卡"样式"组的"条件格式"命令，在出现的列表框中选择"突出显示单元格规则"下的"小于"按钮，在条件值框中输入"200000"，在"设置为"框中选择"绿色填充深绿色文本"，单击"确定"按钮。

⑤ 给表格加上边框：选中 A1:F9 单元格区域，单击功能区"开始"选项卡下的"字体"组在右下角的对话框启动器，在出现的"设置单元格格式"对话框中选择"边框"选项卡，分别在"线条样式"、"颜色"、"预设"栏中设置外边框为"深蓝"单实线，内边框为"深红色"

点划线，在 A9 和 F9 单元格加上“浅蓝色”交叉实线。效果如图 4-73 所示。

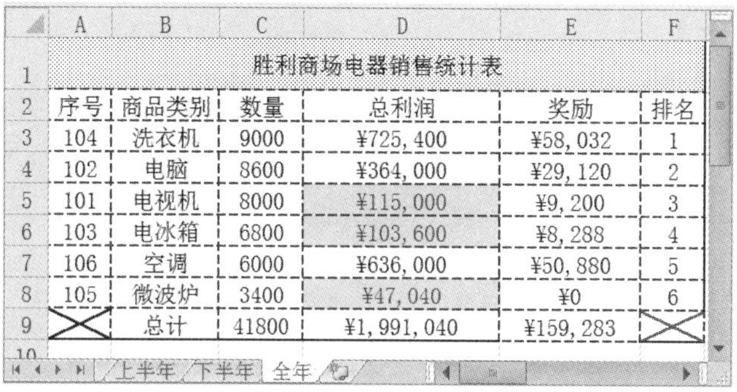

	A	B	C	D	E	F
1	胜利商场电器销售统计表					
2	序号	商品类别	数量	总利润	奖励	排名
3	104	洗衣机	9000	¥725,400	¥58,032	1
4	102	电脑	8600	¥364,000	¥29,120	2
5	101	电视机	8000	¥115,000	¥9,200	3
6	103	电冰箱	6800	¥103,600	¥8,288	4
7	106	空调	6000	¥636,000	¥50,880	5
8	105	微波炉	3400	¥47,040	¥0	6
9		总计	41800	¥1,991,040	¥159,283	

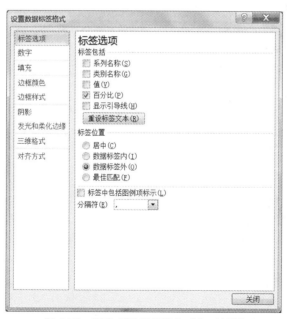

图 4-73　格式化后的“全年”工作表

4. 建立图表

按“全年”工作表的“商品类别”和“数量”建立一个“分离型三维饼图”。将图表标题设为“商品数量”，将图例放在图表区下方，数据标志用百分比显示。

① 选定全年工作表的 B2:C8 单元格，单击功能区“插入”选项卡下的“图表”组的“饼图”按钮，在“图表类型”列表中选择“分离型三维饼图”。

② 修改图表标题为“商品数量”。

③ 在“布局”选项卡“标签”组下单击“图例”按钮，在弹出的列表框选择“在底部显示图例”命令。

④ 在“布局”选项卡“标签”组下单击“数据标签”按钮，在列表中单击“其他数据标签选项”命令，在弹出如图 4-74 所示的“设置标签格式”对话框中选择“百分比”复选框；将“标签位置”选中在“数据标签外”。

图 4-74　图表“设置标签格式”对话框

⑤ 单击“关闭”按钮，做好的图表如图 4-75。

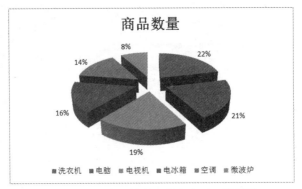

图 4-75 "商品数量"的分离型三维饼图

本章小结

Excel 2010 是一个电子表格应用程序。在使用电子表格进行工作时，其基本的工作流程是：创建一个新的工作簿文件或打开一个已有的工作簿文件，在一张工作表中建立或修改表格的内容，为表格数据进行各种运算、格式编排、建立图表、最后保存或打印工作簿。

通过本章的学习，能够熟练地利用该软件编制学习或工作中需要的各种电子表格，为我们的学习和工作服务。

思考与练习

一、简答题

1. 在 Excel 2010 中的某个单元格中输入文字，用什么方法能让文字能自动换行？

2. Excel 2010 对单元格引用时默认采用的是相对引用还是绝对引用？两者有何差别？

3. 在 Excel 2010 中，当某单元格的数据被显示为充满单元格的一串"#"时，说明什么？有什么解决的方法？

4. 函数"=IF(D2="男",IF(E2>=50,"定点投篮","短跑"),IF(E2>=50,"跳远","健美操"))"的含义是什么？

5. 怎样才能一次设置多张工作表的页面？

二、选择题

1. 工作表 A1:A5 单元格的内容依次是 5、10、15、20、25，B2 单元格的公式为"=A1*3^2"，若将 B2 单元格的公式复制到 B3，则 B3 单元格的结果是（　　）。

    A. 60　　　　　　B. 90　　　　　　C. 8000　　　　　　D. 以上都不对

2. 工作表 A1:A5 单元格的内容依次是 10、7、9、27、2，则（　　）。

    A. SUM(A1:A5)等于 10　　　　　　　B. SUM(A1:A3)等于 26

    C. AVERAGE(A1&A5) 等于 11　　　　D. AVERAGE(A1:A3) 等于 7

3. 在 Excel 中，假设在 D4 单元格内输入公式"=C3+$A$5"，在将此公式复制到 E7 单元格中，则在 E7 单元格内公式是（　　）。

    A. =C3+$A$5　　　B. =C3+B8$　　　C. =D6+$A$5　　　D. =D6+D8

4．若在工作簿 1 的工作表 Sheet2 中的单元格 E3 内输入公式时，需要引用工作簿 2 的 Sheet1 中的 A2 单元格的数据，那么正确的引用为(　　)。

　　A．Sheet1!A2　　　　B．工作簿 2!Sheet1　C．工作簿 2!Sheet1A2　D．[工作簿 2] Sheet1!A2

5．要计算 A1:C8 单元格区域中值大于等于 60 的单元格个数，应使用的公式为(　　)。

　　A．=COUNTIF(A1:C8,>=60)　　　　　　B．=COUNT (A1:C8,>=60)

　　C．=COUNTIF(A1:C8, ">=60")　　　　　D．=COUNT (A1:C8, ">=60")

三、填空题

1．如果单元格 A1 上的数据是 1，A2 单元格上的数据是-1，选取 A1：A2 后向下填充，，A3、A4 单元格的值是_____和_____。

2．选定整个工作表，单击边框左上角_____按钮即可。

3．要清除活动单元格中的内容，按_____键。

4．使用分类汇总命令时，首先要_____。

5．若在单元格的右上角出现一个红色的小三角，说明该单元格加了_____。

四、操作题

1．创建如图 4-72 的"职工工资表"工作簿，并利用公式和函数对表中数据进行计算。（应发工资＝基本工资＋奖金；实发工资＝应发工资－水电费）。

2．表格所有数据均设置字体为"楷体"、"12 号"字、"绿色"，并居中对齐。将"应发工资"和"实发工资"的数据前面都加上货币符号"￥"，并加上千位分隔符显示，"水电费"、"应发工资"、"实发工资"三列数据保留两位小数。并然后按照"应发工资"对职工工资表升序排序

3．在表格的最上面插入一行，填写标题"职工工资表"，设置字体为"黑体"、"加粗"、"16 号"字、"深红"颜色，将标题单元格"合并后居中"显示。

4．为制作的表格添加边框，外框为"深蓝"双实线、内框为"浅蓝"细实线。

5．将 Sheet2 工作表标签改名为"分类汇总"，将 Sheet1 的数据复制到"分类汇总"工作表中，用"分类汇总"的方法，求出各部门的"基本工资"、"奖金"、"水电费"、"应发工资"、"实发工资"的合计。

6．在 Sheet1 的数据中，以"姓名"和"实发工资"数据生成"三维饼图"图表，将图表中的"实发工资"加上数据标签。

部门	姓名	基本工资	奖金	水电费	应发工资	实发工资	奖金名次
外语组	金优优	3800	1570	150.96			
语文组	王莉莉	3000	550	178.39			
语文组	王伟杰	3400	570	158.65			
语文组	林虹	2300	330	350.36			
外语组	张静	3800	1150	260.23			
数学组	马海丽	2700	870	440.32			
合计							
基本工资大于 3000 的人数							

图 4-76　职工工资表

第5章 演示文稿制作软件 PowerPoint 2010

PowerPoint 2010 是 Microsoft 公司推出的 Office 2010 软件包中的一个重要组成部分,是专门用来制作演示文稿的应用软件。无论是介绍一个工作计划或一种新产品,只要用 PowerPoint 2010 制作一个演示文稿,就会使阐述过程变得形象而直观、简明而清晰、生动而活泼,从而更有效地与他人沟通。

- PowerPoint 2010 的基础知识
- 创建演示文稿
- 演示文稿的编辑和外观设置
- 设置幻灯片的放映效果
- 演示文稿的放映方式设置与打印

5.1 PowerPoint 2010 的基础知识

5.1.1 PowerPoint 2010 的窗口介绍

启动 PowerPoint 2010 应用程序后,读者将看到如图 5-1 所示的工作界面,该界面主要由快速访问工具栏、标题栏、功能区、大纲/幻灯片浏览窗格、幻灯片编辑窗口、备注窗格和状态栏等部分组成。

PowerPoint 2010 工作界面中,除了包含与其他 Office 软件相同界面元素外,还有许多特有的元素,如幻灯片/大纲窗格、幻灯片编辑窗格和备注窗格等。

PowerPoint 2010 窗口各部分的作用如下:

1. 标题栏

位于窗口的顶部,显示程序名称 Microsoft PowerPoint 和当前所编辑的演示文稿名。

2. 快速访问工具栏

位于窗口的左上角,显示有保存按钮、撤销按钮、恢复按钮等图标,可以快速进行演示文稿的打开、保存、打印等操作。

3. 功能区

PowerPoint 2010 将大部分命令分类放在功能区的各选项卡上。每个选项卡上,命令又被分成若干个组,要执行某个命令,可先单击命令所在选项卡的标签,切换到该选项卡,然后再单击需要的命令按钮即可。

图 5-1 PowerPoint 2010 工作界面

4. 幻灯片/大纲窗格

这个窗格里有"幻灯片"和"大纲"两个标签，单击标签可以实现"幻灯片"和"大纲"窗格的切换。"幻灯片"窗格显示了幻灯片的缩略图，单击某张幻灯片的缩略图可选中该幻灯片，此时即可在右边的幻灯片编辑窗格编辑该幻灯片的内容；"大纲"窗格显示了幻灯片的文本大纲。

5. 幻灯片编辑窗格

它是编辑幻灯片内容的区域，是演示文稿的核心部分。在该区域中可对幻灯片内容进行编辑、查看和添加对象等操作。

6. 备注窗格

位于幻灯片编辑窗格下方，用于输入备注内容。可以为幻灯片添加说明，以使放映者能够更详细地讲解幻灯片中展示的内容。

7. 状态栏

位于 PowerPoint 2010 窗口的底部，用于显示当前演示文稿的编辑状态，包括视图模式、幻灯片的总页数和当前所在的页、缩放级别、显示比例等。

5.1.2 PowerPoint 2010 的视图模式

PowerPoint 2010 提供了普通视图、幻灯片浏览视图、备注页视图、幻灯片放映视图和阅读视图 5 种视图模式。用户可以利用状态栏右边的视图切换按钮切换不同的视图模式，也可以单击功能区"视图"选项卡下"演示文稿视图"组的相应视图按钮来选择视图模式。

1. 普通视图

普通视图是 PowerPoint 2010 默认的工作模式，也是最常用的工作模式。在此视图模式下可以编写或设计演示文稿，也可以同时显示幻灯片、大纲和备注内容，如图 5-2 所示。单击状态栏上的"普通视图"按钮，即可进入普通视图。普通视图由 3 个工作区域组成，即幻灯片/大纲编辑窗格、幻灯片编辑窗格和备注窗格。可以通过拖动窗格的边框来调整不同窗格的大小。

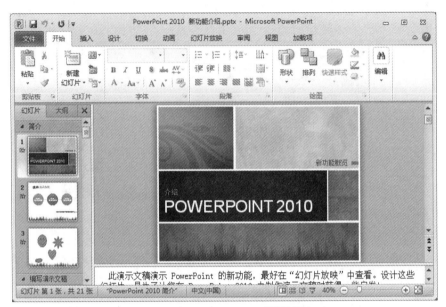

图 5-2　PowerPoint 2010 普通视图

2．幻灯片浏览视图

使用幻灯片浏览视图，可以在屏幕上看到演示文稿中的所有幻灯片。这些幻灯片以缩略图方式显示在同一窗口中。在幻灯片浏览视图中，可以查看设计幻灯片的背景、主题等演示文稿整体情况，也可以检查各个幻灯片是否前后协调、图标的位置是否合适等问题。单击状态栏上的"幻灯片浏览"按钮，即可进入幻灯片浏览视图。在该视图下可方便调整幻灯片的顺序、添加或删除幻灯片、复制幻灯片等。

3．备注页视图

单击功能区"视图"选项卡"演示文稿视图"组的"备注页"按钮，就可以进入备注页视图。在备注页视图下，可以为幻灯片加入一些备注信息。这些备注信息可以在放映演示文稿时进行参考，也可以打印出来分发给观众。

4．幻灯片放映视图

单击状态栏上的"幻灯片放映"按钮，即可进入幻灯片放映视图。幻灯片放映视图将占据整个计算机屏幕。在播放的过程中，单击鼠标、按回车键或空格键可以换页，按 Esc 键可以退出幻灯片放映视图。幻灯片放映视图用于放映演示文稿，可以看到图形、计时、电影、动画和切换在实际演示中的具体效果。

5．阅读视图

单击状态栏上的"阅读视图"按钮，即可进入幻灯片阅读视图。阅读视图以窗口的形式查看演示文稿的放映效果。如果我们希望在一个设有简单控件的审阅窗口中查看演示文稿，而不想使用全屏的幻灯片放映视图，则可以使用阅读视图。要更改演示文稿，可随时从阅读视图切换至其他的视图模式。

5.1.3　演示文稿的组成、设计原则与制作流程

1．演示文稿的组成

演示文稿由一张或若干张幻灯片组成，如果由多张幻灯片组成，第一张为标题幻灯片，其余为内容幻灯片。每张幻灯片一般包括两部分内容：幻灯片标题（用来表明主题）和若干文本条目（用来描述主题）。另外还可以包括图片、图形、图表、表格、声音、视频等用来论述主题的内容。

2．演示文稿的设计原则

制作演示文稿一般遵循以下原则：

- 主题明确，重点突出。
- 简捷明了，一目了然。
- 形象直观，富有感染力。

在演示文稿中应尽量减少大量文字的使用，因为大量文字说明往往使观众感到乏味。应尽可能多地使用图片、图形和图表等。还可以加入声音、动画和视频等，来加强演示文稿的表达效果。

3．演示文稿的制作流程

要制作一份好的演示文稿，首先要做好策划、收集素材等准备工作，然后才能开始制作。制作流程具体步骤如下：

（1）确定内容。确定演示文稿的主题是什么，由哪些内容组成，需要用哪些元素来表达，如何表达。

（2）收集素材。素材包括文字、图片、声音和动画等，可以利用网络搜索下载。

（3）制作。素材收集等准备工作完毕，就可以制作演示文稿了。制作演示文稿包括创建演示文稿，插入幻灯片，在幻灯片中插入文本、图片等。创建好演示文稿后，可以设置幻灯片的外观、动画效果和放映方式。

5.2　创建演示文稿

在 PowerPoint 2010 中，演示文稿的扩展名为".pptx"。可以使用多种方法来创建演示文稿，如使用模板、向导或根据现有文档等方法。下面介绍几种常用的创建演示文稿的方法。

5.2.1　创建新演示文稿

1．创建空白演示文稿

空白演示文稿是一种形式最简单的演示文稿，没有应用主题、背景、动画和切换方案，可以根据自己的需求自由设计。创建空白演示文稿的方法主要有以下两种：

（1）启动 PowerPoint 2010 后，系统会自动新建一个空白演示文稿，我们可以直接在此空白演示文稿上进行编辑。

（2）使用功能区"文件"选项卡下的"新建"命令创建空演示文稿。单击"文件"选项卡下的"新建"命令，如图 5-3 所示。在"可用的模板和主题"列表框中选择"空白演示文稿"选项，然后单击"创建"命令按钮，即可创建一个空白演示文稿。

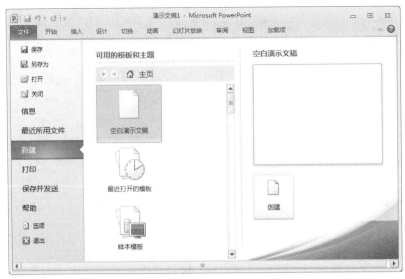

图 5-3　PowerPoint 2010 空演示文稿

2. 使用模板创建演示文稿

PowerPoint 2010 提供了许多美观的样本模板，这些样本模板预置了多种演示文稿的样式、风格，包括幻灯片的背景、装饰图案、文字布局及颜色、大小等。

【例 5.1】使用样本模板"PowerPoint 2010 简介"，创建一个简单的演示文稿。

具体操作步骤如下：

① 选择功能区"文件"选项卡下的"新建"命令，在图 5-3 中的"可用的模板和主题"列表框中选择"样本模板"选项。打开"样本模板"列表框，在其中选择"PowerPoint 2010 简介"模板选项。

② 在右侧的预览窗格中可以预览到幻灯片应用此模板设计后的大概效果，单击"创建"按钮，即可新建一个名为"演示文稿 2"的演示文稿，效果如图 5-4 所示。

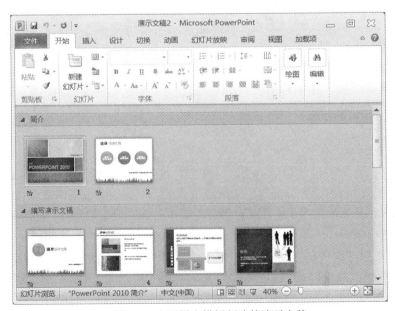

图 5-4　应用样本模板创建的演示文稿

③ 单击"文件"选项卡下的"保存"命令，以文件名"PowerPoint 2010 新功能介绍"保存该文档。

3. 根据现有内容新建演示文稿

如果想在以前编辑的演示文稿的基础上创建新的演示文稿，可以在 PowerPoint 2010 中单击功能区"文件"选项卡下的"新建"命令。在窗口中间的"可用的模板和主题"列表框中选择"根据现有内容新建"选项，打开"根据现有演示文稿新建"对话框。在其中选择以前编辑的演示文稿，单击"新建"按钮即可建立一个根据现有内容建立的演示文稿。

5.2.2　编辑幻灯片

一个演示文稿中会包含多张幻灯片，演示文稿的布局很关键。在制作演示文稿的过程中，可以对幻灯片进行选择、复制、移动、插入、删除等操作。

1. 选择幻灯片

在 PowerPoint 2010 中，可以一次选中一张幻灯片，也可以同时选中多张幻灯片，然后对选中的幻灯片进行编辑操作。

（1）选择单张幻灯片：无论是在普通视图下的"大纲"或"幻灯片"选项卡中，还是在幻灯片浏览视图模式中，只需单击某张幻灯片，即可选中该张幻灯片。

（2）选择连续的多张幻灯片：单击起始编号的幻灯片，然后按住 Shift 键，再单击结束编号的幻灯片，此时将有多张幻灯片被同时选中。

（3）选择不连续的多张幻灯片：在按住 Ctrl 键的同时，依次单击需要选择的每张幻灯片，此时被单击的多张幻灯片同时被选中。

2. 复制和移动幻灯片

在演示文稿中，若要移动或复制幻灯片，可以使用鼠标拖动的方法，也可以使用菜单命令来操作。

（1）复制幻灯片：在幻灯片浏览视图中，或普通视图的"幻灯片/大纲"窗格中，选定要复制的幻灯片。按住 Ctrl 键，然后按住鼠标左键拖动选定的幻灯片至新位置。释放鼠标左键，再释放 Ctrl 键，选定的幻灯片被复制到目的位置。

（2）移动幻灯片：在幻灯片浏览视图中，或普通视图的"幻灯片/大纲"窗格中，选择一个或多个需要移动的幻灯片，按住鼠标左键拖至合适的位置即可。

使用功能区"开始"选项卡"剪贴板"组的"复制"、"剪切"按钮，或在右击幻灯片后弹出的快捷菜单里选择"复制"、"剪切"命令。然后再执行"粘贴"命令，也可以完成幻灯片的复制或移动操作。

3. 插入幻灯片

在幻灯片浏览视图中，或普通视图的"幻灯片/大纲"窗格中，单击两个幻灯片的间隔区，会出现一条闪烁的横线或竖线。然后单击功能区"开始"选项卡"幻灯片"组的"新建幻灯片"按钮，即可插入一张新的幻灯片。也可以通过鼠标右击，在弹出的快捷菜单里选择"新建幻灯片"命令来插入一张新幻灯片。

4. 删除幻灯片

在幻灯片浏览视图中，或普通视图的"幻灯片/大纲"窗格中，选择一个或多个需要删除的幻灯片，按 Delete 键进行删除。也可以用鼠标右击任意一个选中的幻灯片，选择弹出的快捷菜单里的"删除幻灯片"命令删除选中的幻灯片。

5.2.3 在幻灯片中插入各种对象

在幻灯片中可以插入文字，为了不让观众感觉单调、沉闷，PowerPoint 2010 还提供了大量实用的剪贴画，使用它们可以丰富幻灯片的版面效果。除此之外，我们还可以从磁盘或从网络下载需要的图片插入到幻灯片中，制作图文并茂的幻灯片。同样，表格、图表、SmartArt 图形、艺术字、相册和多媒体对象的插入，也可用来突显演示文稿的特定主题。下面介绍如何在幻灯片中插入文字、图片、表格、图表、SmartArt 图形、艺术字、声音、视频等元素。

1. 插入文字

（1）利用占位符添加文本。

在空白幻灯片上，一般会有两个虚框，这两个虚框称为占位符，我们可以利用占位符添加文本。用占位符添加文本时，可以直接单击占位符中的示意文字，此时示意文字消失，输入所需文字，然后单击占位符外的区域退出编辑状态即可。

（2）利用文本框添加文本。

使用文本框可以灵活地在幻灯片任何位置输入文本。单击功能区"插入"选项卡下"文本"组的"文本框"按钮，可以插入横排文本框和垂直文本框。

也可以单击功能区"插入"选项卡下"插图"组的"形状"按钮，在展开的列表中选择"基本形状"组的"文本框"和"垂直文本框"按钮，绘制横排文本框和竖排文本框。

文本的设置方法与 Word 类似。

2. 在幻灯片中插入图片

（1）剪贴画的插入。

PowerPoint 2010 剪辑库自带了大量的剪贴画，其中包括人物、植物、动物、建筑物、背景、标志、保健、科学、工具、旅游、农业及形状等图形类别。插入剪贴画的步骤如下：

① 打开演示文稿，选择要插入剪贴画的幻灯片。

② 单击功能区"插入"选项卡"图像"组的"剪贴画"按钮，打开剪贴画窗格。

③ 在"搜索文字"文本框输入要插入的剪贴画类别，如"建筑"（如不输入的话，默认所有类别），然后单击"搜索"按钮，相关类别的剪贴画就会出现在下边的列表中。

④ 单击要插入的剪贴画，也可以单击剪贴画右边的向下箭头按钮，在弹出的菜单里选择"插入"命令进行插入。

对剪贴画的操作方法与 Word 类似。

（2）插入来自文件的图片。

除了插入 PowerPoint 2010 自带的剪贴画之外，还可以插入来自磁盘的图片文件。图片文件可以是其他应用程序创建的图片，也可以是从因特网上下载的或通过扫描仪及数码相机输入的图片。支持的文件格式有 bmp、jpg、gif、png、emf、wmf、cdr、tif 等。

【例 5.2】编辑演示文稿"PowerPoint 2010 新功能介绍"，插入来自文件的图片。

操作步骤如下：

① 打开演示文稿"PowerPoint 2010 新功能介绍"，在普通视图中，选择要插入图片的幻灯片，如第 2 张幻灯片。

② 单击功能区"插入"选项卡"图像"组的"图片"按钮，弹出"插入图片"对话框。如图 5-5 所示。

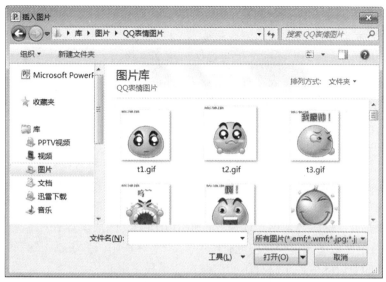

图 5-5　插入来自文件的图片

③ 选择插入图片的位置、类型、名字，单击"打开"命令按钮，就可把选择的图片插入到当前幻灯片中。

3. 在幻灯片中插入表格

与页面文字相比较，表格采用行列化的形式，更能体现内容的对应性及内在的联系。表格的结构适合表现比较性、逻辑性、抽象性强的内容。插入的表格可以是自己设定行列数的表格，也可以是自己绘制的表格，还可以是嵌入的 Excel 表格。

在幻灯片中，单击功能区"插入"选项卡"表格"组的"表格"按钮▦，会弹出"插入表格"下拉框。其中有一个示意网格，可以用鼠标拖动选择要插入表格的行列数，如图 5-6 所示。也可以选择其中的"插入表格"命令，在弹出如图 5-7 所示的"插入表格"对话框中输入或选择表格的行列数，单击"确定"按钮来创建表格。

图 5-6　鼠标拖动选择行列数

图 5-7　输入行列数创建表格

对表格的操作方法与 Word 类似。

4. 在幻灯片中插入图表

利用 PowerPoint 2010 可以制作出常用的所有图表形式，包括二维图表和三维图表。

在幻灯片中插入图表的操作步骤如下：

（1）打开需要插入图表的幻灯片。

（2）单击功能区"插入"选项卡下"插图"组的"图表"按钮，在幻灯片中插入一个示例图表，同时显示含有示例图表数据的数据表窗口。

（3）若要替换示例数据，则单击数据表上的单元格，然后输入数据或从其他表格复制数据到示例窗口。

5. 插入 SmartArt 图形

PowerPoint 2010 提供的 SmartArt 图形库主要包括列表图、流程图、循环图、层次结构图、关系图、矩阵图和棱锥图。下面以插入组织结构图为例来介绍插入 SmartArt 图形的方法。

（1）选中需要插入 SmartArt 图形的幻灯片，单击功能区"插入"选项卡下"插图"组的"SmartArt"按钮，这时会弹出"选择 SmartArt 图形"对话框。

（2）在对话框左边的图形类别中选择"层次结构"，在中间列表框中选择"组织结构图"，这时会在对话框的右边区域显示这种结构的预览图形和文字介绍。

（3）单击"确定"按钮，就会在当前幻灯片上插入一个组织结构图，如图 5-8 所示。

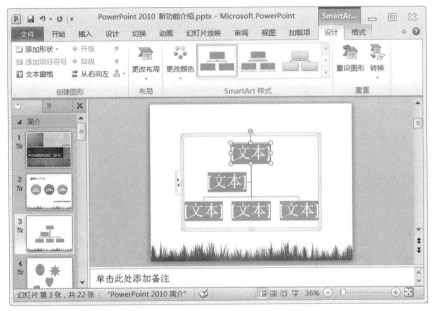

图 5-8　插入 SmartArt 的组织结构图

（4）插入组织结构图后，功能区会出现 SmartArt 工具的"设计"和"格式"选项卡。

利用它提供的工具，可以对插入的 SmartArt 图形进行设置，如添加和删除形状、更改布局、设置 SmartArt 样式等。也可以右击组织结构图，在弹出的快捷菜单中选择相应命令完成编辑和修改。

对 SmartArt 图形的操作方法与 Word 类似。

6. 在幻灯片中插入艺术字

艺术字也是一种图形对象。单击功能区"插入"选项卡下"文本"组的"艺术字"按钮，打开艺术字样式列表。单击需要的样式，即可在幻灯片中插入艺术字。

对艺术字的操作方法与 Word 类似。

7. 向幻灯片中添加声音

PowerPoint 2010 为我们提供了一个功能强大的剪辑库管理器，除了各种图形对象外，还可以在幻灯片中插入声音。

（1）插入剪辑管理器中的声音。

单击功能区"插入"选项卡下"媒体"组的"音频"下拉按钮，在展开的下拉列表中选择"剪贴画音频"选项，此时系统将自动打开"剪贴画"任务窗格，该窗格显示了剪辑中所有的声音，单击某个声音文件，即可将该声音文件插入到幻灯片中。

（2）插入文件中的声音。

要插入文件中的声音，单击功能区"插入"选项卡下"媒体"组的"音频"下拉按钮，在展开的下拉列表中选择"文件中的音频"选项，打开"插入音频"对话框，如图 5-9 所示。从该对话框中选择需要插入的声音文件，然后单击"插入"按钮，即可插入来自音频文件中的音频。

图 5-9　插入文件中的音频

（3）录制音频。

我们还可以根据需要自己录制声音，为幻灯片添加声音效果。单击功能区"插入"选项卡下"媒体"组的"音频"下拉按钮，在展开的下拉列表中选择"录制音频"选项，打开"录音"对话框，如图 5-10 所示。单击"录音" ● 按钮，开始录制声音。录制完毕后，单击"停止" ■ 按钮，录制结束。然后单击"播放" ▶ 按钮，即可播放该声音。播放完毕后，单击"确定"按钮，即可在幻灯片中插入录制的声音文件。

图 5-10　录制音频

8. 插入视频

我们可以根据需要插入 PowerPoint 2010 自带的视频和存放在计算机中的视频文件，用于丰富幻灯片的内容，增强演示文稿的吸引力。

（1）插入剪辑管理器中的视频。

单击功能区"插入"选项卡下"媒体"组的"视频"下拉按钮，在展开的下拉列表中选择"剪贴画视频"选项，此时 PowerPoint 2010 将自动打开"剪贴画"任务窗格，该窗格显示了剪辑中所有的视频或动画，单击某个文件，即可将该剪辑文件插入到幻灯片中。

（2）插入文件中的视频。

有时需要把自己保存在磁盘上的视频文件插入到演示文稿中，这时可以选择插入来自文件中的视频。单击"视频"下拉按钮，在展开的下拉列表中选择"文件中的视频"选项，打开"插入视频文件"对话框。选择需要的视频文件，单击"插入"按钮即可。

（3）设置视频属性。

对于插入到幻灯片中的视频，不仅可以调整它们的位置、大小、亮度、对比度、旋转等属性，还可以进行剪裁、设置透明度、重新着色和设置边框线条等操作，这些操作都与图片的操作方法相同。对于插入到幻灯片中的 Gif 动画，不能对其进行剪裁。当 PowerPoint 2010 放映到含有 Gif 动画的幻灯片时，该动画会自动循环播放。

5.2.4　演示文稿的保存、关闭与打开

在编辑过程中，为了防止数据的丢失，要注意及时保存演示文稿。下面介绍演示文稿的保存、关闭与打开的方法。

1. 保存演示文稿

创建一个新的演示文稿时，在 PowerPoint 2010 窗口的标题栏上显示"演示文稿 1"的字样，说明演示文稿还没有存盘。单击功能区"文件"选项卡下的"保存"命令，或单击快速访问工具栏上的"保存"按钮。在弹出"另存为"对话框中，选择保存文件的位置，输入文件名，单击"保存"按钮即可完成文件的保存。

打开一个旧的演示文稿，标题栏上会显示演示文稿的名称，如果以原文件名保存在原位置，单击快速访问工具栏上的"保存"按钮即可；如果要改变其存放位置或文档名，单击功能区"文件"选项卡下的"另存为"命令，重新指定文档存放的位置和文档名。

2. 关闭演示文稿

保存演示文稿之后，单击 PowerPoint 2010 窗口右上角的"关闭"按钮，即可关闭当前正在编辑的演示文稿。也可以选择"文件"选项卡下的"退出"命令关闭 PowerPoint 2010。

3. 打开已有的演示文稿

打开已有的演示文稿的方法有很多，常用的有：

（1）在 Windows 资源管理器中，找到要打开的演示文稿文件，双击即可。

（2）在 PowerPoint 2010 窗口中，单击功能区"文件"选项卡下的"打开"命令，在弹出的"打开"对话框中选择要打开文档的位置和文件名，然后单击"打开"按钮即可。

（3）在 PowerPoint 2010 窗口中，单击"文件"选项卡下的"最近所用文件"命令，在弹出的"最近使用的演示文稿"文件列表中选择要打开的文件，双击即可。

5.3　演示文稿的外观设置

在设计幻灯片时，使用 PowerPoint 2010 提供的预设格式，例如幻灯片版式、母版、主题、背景等，可以轻松地制作出具有专业效果的演示文稿。

5.3.1　应用幻灯片版式

"幻灯片版式"是指幻灯片内容在幻灯片上的排列方式。版式由占位符组成，占位符可放置文字（如标题和项目符号列表）和幻灯片内容（如表格、图表、图片、形状和剪贴画）等。PowerPoint 2010 有 11 种内置幻灯片版式，也可以自己创建满足特定需求的版式。灵活多变的版式，会使整个演示文稿丰富多彩。

对于新建的幻灯片，单击功能区"开始"选项卡下"幻灯片"组的"版式"按钮 。在如图 5-11 所示的下拉列表框中选择一种版式，然后在占位符中将文字或图形等对象添加到幻灯片上。

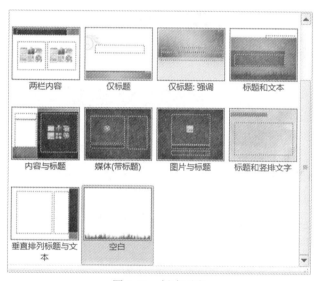

图 5-11　版式列表

5.3.2　应用幻灯片主题

在 PowerPoint 中，主题是演示文稿颜色、字体和效果等格式的集合。当我们为演示文稿应用了某个主题后，演示文稿中的幻灯片将自动应用该主题规定的背景，而且在这些幻灯片中插入的图形、表格、图表、艺术字或文字等对象都将自动应用该主题规定的格式，从而使演示文稿中的幻灯片具有一致而专业的外观。

我们可以使用功能区"设计"选项卡下的"主题"组的按钮来完成对主题颜色、主题字体和主题效果的设计。

1. 选择应用主题

单击功能区"设计"选项卡会显示"主题"组，如图 5-12 所示。将鼠标移动到某一个主题上，就可以预览该主题的效果。单击某一个主题，就可应用该主题。单击主题组的上下按钮

可以浏览主题库中更多的主题。也可以单击功能区"设计"选项卡"主题"组的"其他"按钮打开所有主题，如图 5-13 所示。

图 5-12　主题功能组

图 5-13　所有主题

还可以保存自己选择的主题，以供以后使用。选择图 5-13 的"保存当前主题"命令，在随即打开的"保存当前主题"对话框中选择保存位置，输入相应的文件名，单击"保存"按钮。

2. 设置主题颜色

单击图 5-12 所示"主题"组的"颜色"按钮🖳，在展开的列表框中选择"内置"区域中的一种主题颜色，对主题颜色所做的更改会立即影响整个演示文稿。如果只想把所选主题颜色应用到某张幻灯片，可以先选定幻灯片，然后用鼠标右击某种主题颜色，在弹出的快捷菜单中选择"应用于所选幻灯片"命令，该主题颜色只会应用到当前选定的幻灯片。

也可以自定义主题颜色。单击"主题"组的"颜色"按钮，在展开的列表框中选择"新建主题颜色"，弹出如图 5-14 所示"新建主题颜色"对话框。选择要使用的主题颜色，每选一次颜色，示例就会自动更新一次。键入新颜色主题的名称后，单击"保存"按钮可以保存自己定义的主题颜色。

3. 设置主题字体

每个主题均定义了两种字体，分别用于标题文本和正文文本。单击图 5-12 所示"主题"组的"字体"按钮🖹，在展开的列表框的"内置"区域选择合适的字体，即可为该主题的演示文稿重新设置标题文本和正文文本的字体。也可以自己新建主题字体。

图 5-14　自定义主题颜色

4. 设置主题效果

主题效果主要是设置幻灯片中的线条和填充效果。单击图 5-12 所示"主题"组的 "效果"按钮 ，在展开的列表框中选择效果库中的一种效果，以快速更改图形的外观，将演示文稿中所有图形制作成统一风格。

5.3.3　使用母版

母版是演示文稿中所有幻灯片或页面格式的底板，或者说是样式，它包括了所有幻灯片具有的公共属性和布局信息。我们可以在打开的母版中进行设置或修改，从而快速地影响基于这个母版的所有幻灯片，以提高工作效率。

1. 母版的类型

PowerPoint 2010 中的母版分为幻灯片母版、讲义母版和备注母版 3 种类型，不同母版的作用和视图都是不同的。单击功能区"视图"选项卡下的"母版视图"组中的相应按钮，即可切换至对应的母版视图，如图 5-15 所示。

图 5-15　"母版视图"功能组

（1）幻灯片母版。

是一张包含格式占位符的幻灯片。包括幻灯片的标题字体、字号、位置、主题、背景等。我们通过更改这些信息，可以实现更改整个演示文稿中幻灯片的外观的目的。在幻灯片母版视图下，我们也可以设置每张幻灯片都要出现的文字或图案，如公司的名称、徽标等。

（2）讲义母版。

是为制作讲义而准备的。通常讲义需要打印输出，因此讲义母版的设置大多和打印页面有关。它允许设置一页讲义中幻灯片的张数，设置页眉、页脚、页码等基本信息。

（3）备注母版。

备注母版主要控制备注页的格式。备注页是用户输入的幻灯片的注释内容。利用备注母版，可以控制备注页中备注内容的外观。另外，备注页母版还可以调整幻灯片的大小和位置。

注意：无论在幻灯片母版视图、讲义母版视图还是备注母版视图中，如果要返回到普通视图模式，只需要在功能区单击"关闭母版视图"按钮X即可。

2. 设置和应用母版

幻灯片母版决定着幻灯片的外观，可以在幻灯片母版视图中设置幻灯片的标题、正文文字样式，包括字体、字号、字体颜色、阴影等效果。由于讲义母版和备注母版的操作方法比较简单，且不常用，因此这里只对幻灯片母版的设计方法进行介绍。

【例5.3】打开"PowerPoint 2010 新功能介绍"演示文稿，对幻灯片母版的标题字体进行设置。

具体操作如下：

① 启动 PowerPoint 2010 应用程序，打开"PowerPoint 2010 新功能介绍"演示文稿。

② 单击功能区"视图"选项卡下"母版视图"组的"幻灯片母版"按钮，将当前演示文稿切换到幻灯片母版视图。

③ 在幻灯片母版缩略图中选择第1张幻灯片缩略图，选中"单击此处编辑母版标题样式"占位符，在"编辑主题"组中，选择"字体"按钮，在弹出的列表里选择"行云流水 华文行楷"主题。关闭母版视图后，母版的设置应用到了所有的幻灯片上。图5-16显示的是应用修改的幻灯片母版后，第4张幻灯片的结果。

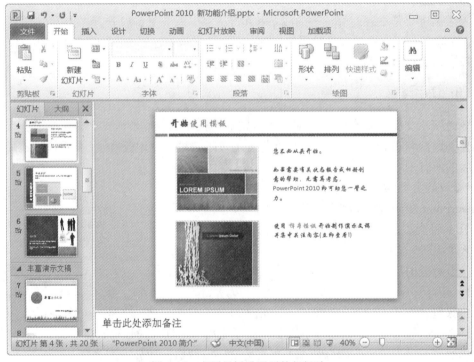

图5-16　应用母板设置后的幻灯片

5.3.4　设置幻灯片背景

PowerPoint 2010 中除了可以用主题来更改幻灯片的外观和背景以外，还可以通过幻灯片的背景设置来完成。通过背景设置，可以根据需要任意更改幻灯片的背景颜色、底纹、纹理和其他填充效果。

1．更改背景样式

首先打开要修改背景的演示文稿，单击功能区"设计"选项卡下"背景"组的"背景样式"按钮，在展开的下拉列表中选择一种背景样式，或在展开的下拉列表中选择"设置背景格式"命令，打开"设置背景格式"对话框，如图 5-17 所示。在该对话框的"填充"框内显示了当前幻灯片所使用的背景颜色和填充效果，可以进行"纯色填充"、"渐变填充"、"图片或纹理填充"，也可以"隐藏背景图形"等。

【例 5.4】改变"PowerPoint 2010 新功能介绍"演示文稿的背景。

操作步骤如下：

① 打开"PowerPoint 2010 新功能介绍"演示文稿。

② 选中第 3 张幻灯片，单击功能区"设计"选项卡下"背景"组的"背景样式"按钮，在展开的下拉列表中选择"设置背景格式"命令，进入图 5-17 所示的"设置背景格式"对话框。

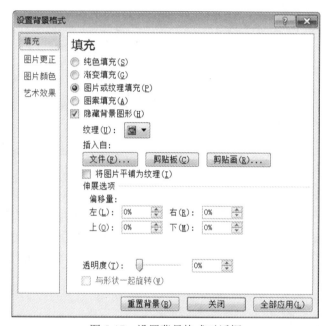

图 5-17　设置背景格式对话框

③ 打开"填充"选项卡，选择"纯色填充"按钮；在"填充颜色"区域，单击"颜色"右边的填充颜色下拉按钮，选择第 1 行的第 6 种颜色"绿色，强调文字颜色 2"。

④ 单击"关闭"按钮，当前选中的第 3 张幻灯片被应用上了这种背景。如选择"全部应用"按钮，所有幻灯片都将应用上设置的背景。

2．自定义背景

当 PowerPoint 2010 自带的背景样式不能满足需要时，可以选择图片来进行背景的设置。其操作步骤如下：

（1）打开演示文稿，单击功能区"设计"选项卡"背景"组的"背景样式"按钮，在弹出的下拉列表中选择"设置背景格式"命令，进入"设置背景格式"对话框。

（2）选择"图片或纹理填充"单选按钮。

（3）单击"插入自："区域的"文件"、"剪贴板"或"剪贴画"命令按钮，确定图片的来源。

（4）最后单击"关闭"按钮，将图片作为当前幻灯片的背景。单击"全部应用"按钮，将图片作为全部幻灯片的背景。

5.3.5 设置页眉和页脚

页眉和页脚是每张幻灯片出现的一些固定的信息，如幻灯片编号、日期与时间、企业名称等。

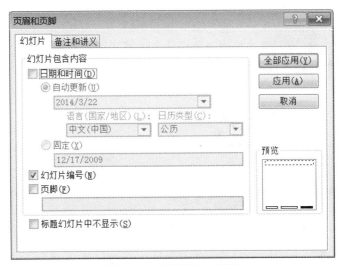

图 5-18 页眉页脚对话框

1. 添加页眉页脚

要为幻灯片添加页眉和页脚，可以单击功能区"插入"选项卡下"文本"组的"页眉和页脚"按钮 来实现。可以给所有幻灯片添加，也可以给单张幻灯片添加页眉页脚。

【例 5.5】打开"PowerPoint 2010 新功能介绍"演示文稿，页脚处添加日期和时间、幻灯片编号、"新功能介绍"等信息，标题幻灯片不显示。

操作步骤如下：

① 打开演示文稿"PowerPoint 2010 新功能介绍"，单击功能区"插入"选项卡下"文本"组的"页眉和页脚"按钮，打开"页眉和页脚"对话框，如图 5-18 所示。

② 选中"日期和时间"复选框，并选中"自动更新"单选按钮，在下拉列表框中选择需要的时间格式。若要添加固定的日期和时间，则选中"固定"单选按钮，并在其下方的文本框中输入日期和时间。

③ 选中"幻灯片编号"复选框可添加编号，同时选中"标题幻灯片中不显示"复选框。

④ 选中"页脚"复选框，在其下方的文本框中输入页脚文字"新功能介绍"。单击"全部应用"按钮将设置应用于演示文稿中的所有幻灯片。图 5-19 是第 4 张幻灯片应用了"页眉和页脚设置"后幻灯片显示的结果。

2. 设置页眉和页脚格式

添加了页眉页脚后，还可以设置页眉页脚的文字属性，如字体、字号等。步骤如下：

（1）打开演示文稿后，单击功能区"视图"选项卡下"母版视图"组的"幻灯片母版"按钮，进入"幻灯片母版"视图。这时可以看到"日期和时间"、"页脚"、"幻灯片编号"占位符。

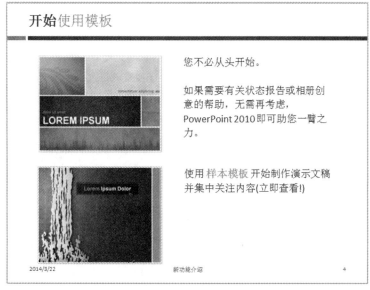

图 5-19　应用页眉和页脚设置后的幻灯片

（2）选中各个占位符，分别对文字字体、字号、对齐方式等进行设置。

（3）也可以用鼠标拖动来改变"日期和时间"、"页脚"、"幻灯片编号"占位符的位置。

3. 删除页眉和页脚

首先进入图 5-18 所示的"页眉和页脚"对话框，去掉相应复选框里面的对勾，单击"全部应用"按钮，将会删除所有幻灯片的页眉和页脚；单击"应用"按钮，仅删除当前幻灯片的页眉和页脚。如果想删除部分幻灯片的页眉和页脚，先选中这些幻灯片，去掉相应复选框里面的对勾，单击"应用"按钮即可。

5.4　设置幻灯片的放映效果

设置动画可以改变幻灯片放映效果，增加演示文稿的趣味性，突出演示文稿的重点。在 PowerPoint 2010 中有两种方式来设置动画，一种是为幻灯片中的对象添加动画；另一种是为幻灯片设置切换效果添加动画。此外，还可以使用超链接创建交互式演示文稿。

5.4.1　在幻灯片中设置动画效果

我们可以为幻灯片中的文本、图片、图形等各种对象添加动画效果。对象的动画效果主要有"进入"、"强调"、"退出"、"动作路径"四类方案。

1. 动画的四类方案介绍

（1）进入动画：进入动画是原来放映页面上没有的文本或其他对象，以设置的动画效果进入放映页面，是一个从无到有的过程。

（2）强调动画：强调动画是原来放映页面上已经存在的文本或其他对象，以设置的动画效果继续显示在放映页面，是一个从有到播放动画后继续存在的过程。

（3）退出动画：退出动画是原来放映页面上存在的文本或其他对象，以设置的动画效果播放后，退出放映页面，是一个从有到无的过程。

（4）动作路径动画：又称为路径动画。是指页面上已经存在的文本或其他对象，按照设置的移动路径来播放的过程。设置动作路径的对象，播放后显示在路径的终点，仍然存在于放映页面。

2. 动画的添加

我们可以通过选择功能区"动画"选项卡下"动画"组中系统内置的动画方案为对象设置动画效果，如图 5-20 所示。也可以通过功能区"动画"选项卡下"高级动画"组的"添加动画"按钮★为对象设置动画效果。无论采用哪种方法为对象添加动画效果，都需要先选中所要设置的对象。

图 5-20　"动画"组中的动画方案

【例 5.6】为演示文稿"PowerPoint 2010 新功能介绍"中的对象添加动画效果。

操作步骤如下：

① 打开"PowerPoint 2010 新功能介绍"演示文稿，在第二张幻灯片后添加一张新的幻灯片。单击"插入"选项卡下"插图"组的"形状"按钮，插入如图 5-21 所示的图形。

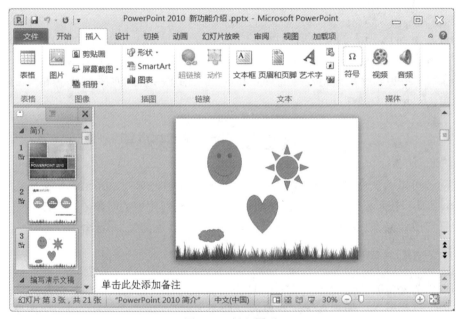

图 5-21　插入图形

② 选中笑脸图形，单击功能区"动画"选项卡下"高级动画"组的"添加动画"按钮，在展开的列表框中，选择"进入"方案的"飞入"动画效果。

③ 选中心形图形，用同样的方法为该对象添加动画为"强调"方案的"放大/缩小"。

④ 选中太阳形图形，用同样的方法为该对象添加动画为"退出"方案的"浮出"。

⑤ 选中云形图形，用同样的方法为该对象添加动画为"动作路径"方案的"弧形"。单击功能区"动画"选项卡下"高级动画"组的"动画窗格"按钮，打开动画窗格，可以看到设置动画后的效果如图 5-22 所示。

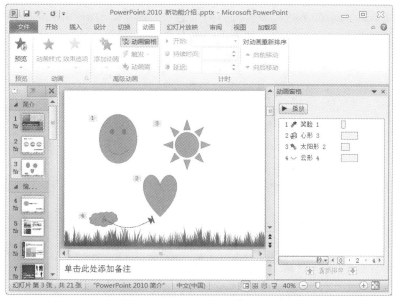

图 5-22　设置动画后的幻灯片

3．设置动画效果选项

上面为各种图形对象设置的动画效果，应用的是系统默认的动画样式。这些动画样式包括动画的类别、运行方式、变化方向、运行速度、延时方案、重复次数等。如果这些效果，不能满足用户需要，可以通过功能区"动画"选项卡下"动画"组的"效果选项"按钮，来改变默认的动画效果；也可以在图 5-22 所示的动画窗格中对各个选项进行调整。

【例 5.7】在"例 5.6"的基础上调整相应的动画选项，更改动画的效果。

① 选中已设置动画的笑脸图形，单击该动画右边的下拉列表按钮，展开如图 5-23 所示的下拉列表。选择"单击开始"、"从上一项开始"、"从上一项之后"选项，可以设置动画呈现的时机；选择"删除"选项可以删除该对象所设置的动画。

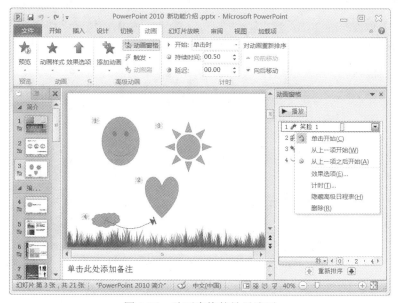

图 5-23　动画窗格的效果选项

②　选择图 5-23 所示的下拉列表里的"效果选项"命令，打开如图 5-24 所示的效果选项对话框。在该对话框中可以调整动画的方向、声音方案、计时方案、正文文本动画的方案等。

图 5-24　动画的效果选项对话框

③　选择动画窗格下方的 ⬆⬇ 按钮，可以调整每个对象动画出现的先后顺序。

5.4.2　设置幻灯片的切换效果

幻灯片的切换效果是指放映幻灯片时从一张幻灯片过渡到下一张幻灯片时的动画效果。默认情况下，各幻灯片是没有效果的。我们可以通过设置，为每张幻灯片添加具有动感的切换效果以丰富其放映过程，还可以控制每张幻灯片切换的速度，以及添加切换声音等，从而增加演示文稿的趣味性。

【例 5.8】为演示文稿"PowerPoint 2010 新功能介绍"设置幻灯片的切换方式。

操作步骤如下：

①　打开"PowerPoint 2010 新功能介绍"演示文稿，单击功能区"切换"选项卡，出现如图 5-25 所示的界面。

图 5-25　幻灯片"切换"选项卡

②　单击"切换到此幻灯片"组的"推进"按钮；再单击"效果选项"按钮，在展开的下拉列表中选择"自左侧"选项。

③　单击"计时"组的"声音"列表按钮，在展开的下拉列表中选择"风铃"。

④　在换片方式区域选中"单击鼠标时"复选框，将单击鼠标换片；如果让系统自动换片，可以选中"设置自动换片时间"复选框，并在后面的文本框输入或选择自动换片时间。

⑤　单击"预览"组的"预览"按钮，可以查看设置的切换效果。

注意：默认情况下，设置的切换效果只对当前选中的幻灯片有效。如果单击"全部应用"按钮，所有幻灯片都将应用这种切换效果。

5.4.3　创建交互式演示文稿

在 PowerPoint 2010 中，可以为文本、图片、图形、形状等对象添加超链接或者动作。通过为幻灯片中的对象设置超链接和动作可以制作交互式演示文稿。例如，单击设置了超链接或动作的对象，便跳转到该超链接或动作指向的幻灯片、文件或网页。

1. 为对象设置超链接

（1）创建超链接。

【例 5.9】在"PowerPoint 2010 新功能介绍"演示文稿中建立超链接，单击第 1 张幻灯片中的文字"新功能概览"，链接到第 11 张幻灯片。

操作步骤如下：

①打开"PowerPoint 2010 新功能介绍"演示文稿，选中第一张幻灯中的文字"新功能概览"。

②单击功能区"插入"选项卡下"链接"组的"超链接"按钮🔗，将出现"插入超链接"对话框，在该对话框中选择"本文档中的位置"。

③在"请选择文档中的位置"下拉列表中选择第 11 张幻灯片，会在"幻灯片预览"框中看到链接到的幻灯片的情况，如图 5-26 所示。

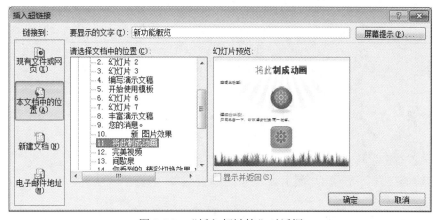

图 5-26　"插入超链接"对话框

④单击"确定"按钮完成设置。

在放映演示文稿时，如果将鼠标指针移到超链接上，鼠标指针变成手形，单击鼠标就可以跳转到相应的链接位置。

（2）编辑超链接。

编辑超链接的步骤如下：

①选定包含超链接的文本或图形等对象。

②单击功能区"插入"选项卡下"链接"组的"超链接"按钮，将会打开"编辑超链接"对话框。该对话框的外观和功能与前面介绍的"插入超链接"对话框完全相似，根据需要重新编辑超链接即可。

③编辑完毕，单击"确定"按钮。

（3）删除超链接。

如果仅删除超链接的关联，先选中包含超链接的对象，单击"插入"选项卡"链接"组的"超链接"按钮，出现"编辑超链接"对话框，单击"删除链接"即可。

如果要删除整个超链接，先选定包含超链接的对象，然后按 Delete 键，即可删除超链接以及对象本身。

2．动作设置

使用动作设置也可以实现超链接的功能，动作设置方法如下：

（1）打开需要添加动作按钮的幻灯片，选中一个需要设置动作的对象。单击功能区"插入"选项卡下"链接"组的"动作"按钮，弹出"动作设置"对话框，如图 5-27 所示。

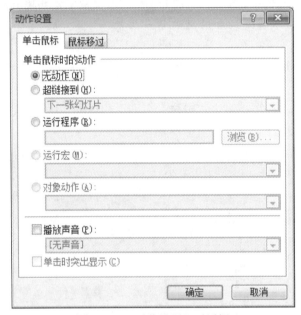

图 5-27　"动作设置"对话框

（2）设置单击鼠标或鼠标移过此对象时执行的动作：

- "超链接到"选项可以设置此对象的超级链接。
- "运行程序"可以在 PowerPoint 2010 运行其他的应用程序。
- "播放声音"复选框可以设置动作执行时播放的声音。

（3）如果要设置鼠标移过时的运行动作或播放声音，则可在"鼠标移过"选项卡中进行设置。

（4）完成设置之后，单击"确定"按钮即可。

5.5　演示文稿的放映与打印

演示文稿创建后，可以根据创作的用途、放映环境或观众需求，设计演示文稿的放映方式。一个制作精美的演示文稿，不仅要考虑幻灯片的内容，还要设计它的表现手法。一个演示文稿的制作效果好坏取决于最后的放映，要求放映时既能突出重点、又要具有较强的吸引力，所以放映的设置尤为重要。

5.5.1　设置放映方式

1.　设置放映方式

通过"设置放映方式"对话框，可以设置幻灯片的放映类型、换片方式、放映选项、放映幻灯片页数等参数。设置放映方式的方法如下：

（1）打开演示文稿。

（2）单击功能区"幻灯片放映"选项卡下"设置"组的"设置幻灯片放映"按钮，出现如图 5-28 所示的"设置放映方式"对话框。

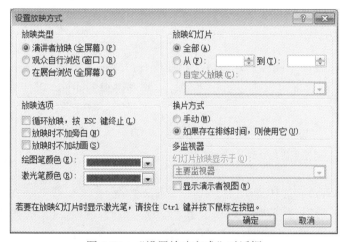

图 5-28　"设置放映方式"对话框

（3）在"放映类型"区域中，可以按照在不同场合放映演示文稿的需要，在 3 种方式中选择一种：

● 演讲者放映（全屏幕）

将以全屏幕方式显示演示文稿，这是最常用的演示方式。这种方式下，演讲者可以控制演示的节奏，具有放映的完全控制权。在放映中可以暂停下来进行讨论，也可以在放映过程中录制旁白。适合于教学和大型会议等多种情况。

● 观众自行浏览（窗口）

将在 Windows 窗口内播放幻灯片，并提供操作命令，允许移动、编辑、复制和打印幻灯片。这种方式类似于网页效果，便于读者自己浏览，适合于局域网或互联网中浏览演示文稿。

● 在展台浏览（全屏幕）

不需人为控制就可以自动放映演示文稿，此时超链接等控制方式都失效。适用于展览会的展示台或需要自动演示的场合来播放幻灯片。这种方式采用循环播放，按 Esc 才能停止。不能对放映过程进行干预，必须设置每张幻灯片的放映时间或设置排练计时，不然会长时间停留在某一张幻灯片上。

（4）根据需要在"放映幻灯片"、"放映选项"、"换片方式"选区进行选择，所有设置完成之后，单击"确定"按钮。

2.　隐藏或显示幻灯片

在放映演示文稿时，如果不希望播放某张幻灯片，则可以将其隐藏起来。隐藏幻灯片并不是将其从演示文稿中删除，只是在放映演示文稿时不被显示出来。隐藏或显示幻灯片的操作方法如下：

（1）在普通视图的"幻灯片"选项卡中，或在幻灯片浏览视图中，单击选中要隐藏的幻灯片缩略图。

（2）单击"幻灯片放映"选项卡"设置"组的"隐藏幻灯片"按钮，或者在幻灯片缩略图上单击鼠标右键，在弹出的快捷菜单中选择"隐藏幻灯片"命令，将选中的幻灯片设置为隐藏状态。

（3）如果要重新显示被隐藏的幻灯片，则再次单击"幻灯片放映菜单"选项卡"设置"组中的"隐藏幻灯片"按钮，或者在幻灯片缩略图上单击鼠标右键，在弹出的快捷菜单中选择"隐藏幻灯片"命令即可。

5.5.2 使用排练计时

当演示文稿全部设计完成以后，可以运用排练计时功能来排练整个演示文稿的放映时间。在排练计时过程中，演讲者可以确定每一张幻灯片需要讲解的时间，以便掌握整个演示文稿所需的放映时间。

【例 5.10】对"PowerPoint 2010 新功能介绍"演示文稿使用排练计时，设置每张幻灯片和整个演示文稿所需的放映时间。

操作步骤如下：

① 打开"PowerPoint 2010 新功能介绍"演示文稿。

② 单击功能区"幻灯片放映"选项卡下"设置"组的"排练计时"按钮，自动切换到放映状态，并在放映页面左上角显示"录制"对话框，如图 5-29 示。

③ 排练好本张幻灯片和余下的所有幻灯片的演讲时间，会出现一个是否保留排练时间的对话框，如图 5-30 所示。单击"是"按钮，保留排练时间。

图 5-29　排练计时的"录制"对话框

图 5-30　"排练计时"的保留排练时间对话框

注意：如果需要使用"排练计时"来自动放映幻灯片，可以在图 5-28 所示的"设置放映方式"对话框的"换片方式"中，选中"如果存在排练计时，则使用它"选项。

5.5.3 放映幻灯片

1. 启动幻灯片放映

启动幻灯片放映的方法有多种，常用的有：

（1）单击功能区"幻灯片放映"选项卡下"开始放映幻灯片"组中的四种放映命令按钮：

- 从头开始：从第一张幻灯片开始放映。
- 从当前幻灯片开始：从当前选定的幻灯片开始放映。
- 广播幻灯片：向可以在 WEB 浏览器中观看的远程观众广播幻灯片放映。
- 自定义幻灯片放映：将演示文稿中的某些幻灯片组成一个放映集，放映时只播放这些幻灯片。

（2）单击状态栏上的"幻灯片放映"视图按钮，从当前幻灯片开始放映。

（3）按 F5 键从头放映，或按 Shift+F5 键从当前幻灯片开始放映。

2．控制幻灯片放映

在幻灯片放映时，可以用鼠标和键盘来控制翻页、定位等操作。可以用 Space、Enter、PageDown、→、↓键将幻灯片切换到下一页。也可以使用 Backspace、PageUp、↑、←键将幻灯片切换到上一页。还可以单击鼠标右键，在弹出的如图 5-31 所示的快捷菜单中选择相应选项播映下一张幻灯片。

3．添加墨迹注释

在放映幻灯片过程中，可以用鼠标在幻灯片上画图或写字，从而对幻灯片中的一些内容进行标注。还可以将播放演示文稿时所使用的墨迹保存在幻灯片中。

放映幻灯片时，单击图 5-31 中"指针选项"命令，在图 5-32 所示的级联菜单中选择绘图笔和墨迹颜色，可以用选择的笔和墨迹颜色在幻灯片中进行标注。

图 5-31 幻灯片放映快捷菜单

图 5-32 绘图笔和墨迹颜色

5.5.4 打印演示文稿

演示文稿中的幻灯片可以打印输出到纸张上供用户浏览查看，打印之前首先进行页面设置。单击功能区"设计"选项卡下"页面设置"组的"页面设置"按钮，弹出如图 5-33 所示的"页面设置"对话框。单击"幻灯片大小"右边的列表按钮，可以选择纸张类型；如果选择的是"自定义"纸张，需要设置纸张的宽度、高度；还要设置幻灯片编号的起始值；在右侧的"方向"选项组中，可以设置是"横向"还是"纵向"打印幻灯片以及备注、讲义和大纲。单击"确定"按钮完成设置。

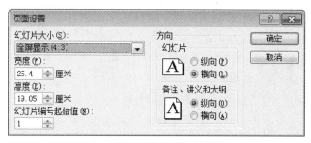

图 5-33 页面设置对话框

页面设置完成后，就可以打印演示文稿。单击功能区"文件"选项卡下的"打印"命令，打开如图 5-34 所示的"打印"对话框。我们可以进行以下设置：

（1）在"打印份数"编辑框中输入或选择打印份数。

（2）在"打印机"列表框中选择用来打印的打印机。

（3）单击"打印全部幻灯片"下拉列表按钮，可以选择打印全部幻灯片，也可选择打印当前幻灯片、所选幻灯片和指定打印范围。也可在"幻灯片"文本框直接输入要打印幻灯片的页码。

（4）单击"整页幻灯片"下拉列表按钮，在展开的列表的"打印版式"区域选择要打印的是整页幻灯片、备注页还是大纲。在"讲义"区域选择一页纸打印一张或多张幻灯片。

（5）设置完成后在右边的预览框可以看到打印的预览效果，单击"打印"按钮🖶开始打印。

图 5-34　打印对话框

5.6　综合应用实例

【例 5.11】制作一个演示文稿，包含四张幻灯片。第一张幻灯片上有文本"课程介绍"、"学习计划"和"学习成绩"，为文本建立超链接。单击"课程介绍"链接到第二张幻灯片，单击"学习计划"链接第三张幻灯片，单击"学习成绩"链接第四张幻灯片。

操作步骤如下：

● 　制作第一张幻灯片

① 启动 PowerPoint 2010 应用程序，新建一个空白演示文稿。

② 单击功能区"设计"选项卡下"主题"组的"暗香扑面"主题。

③ 在标题文本占位符处输入"演示文稿制作软件 PowerPoint 2010"，设置字体为"黑体"、字号为"36"，并移动其至图 5-35 所示位置。

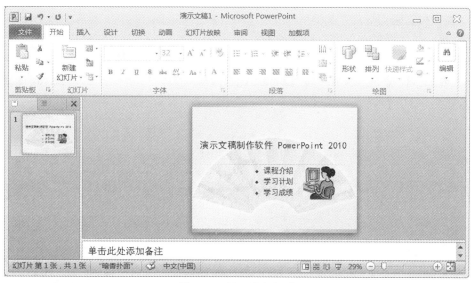

图 5-35 第一张幻灯片

④ 在副标题占位符处分三行输入文字"课程介绍"、"学习计划"、"学习成绩"。单击"开始"选项卡下"段落"组的项目符号按钮，选择"◆"项目符号。设置这三行文字的颜色为"深红"。

⑤ 单击功能区"插入"选项卡下"图像"组的"剪贴画"按钮，在幻灯片的右下方插入一个剪贴画，调整大小，移动其至图 5-35 所示位置。

● 制作第二张幻灯片

① 单击功能区"插入"选项卡下"幻灯片"组的"新建幻灯片"按钮，选择"标题和内容"版式，新建一张幻灯片。

② 在标题文本占位符处输入"课程介绍"，在内容占位符处输入内容，设置字体、项目符号等，如图 5-36 所示。

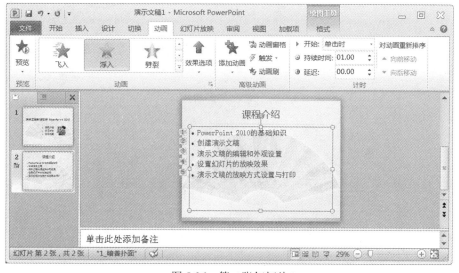

图 5-36 第二张幻灯片

③ 设置内容文本的动画为"浮入"。

- 制作第三张幻灯片

① 新建一张"标题和内容"版式的幻灯片。

② 在标题文本占位符处输入"PowerPoint 2010 学习计划"，设置其字体、字体颜色等。

③ 在内容占位符处，单击"插入 SmartArt 图形"图标。打开"插入 SmartArt 图形"对话框，插入如图 5-37 所示的组织结构图。

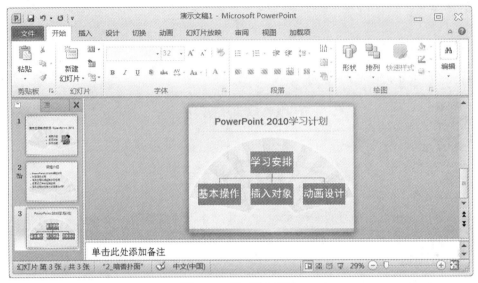

图 5-37　第三张幻灯片

- 制作第四张幻灯片

① 新建一张"标题和内容"版式的幻灯片。

② 在标题文本占位符处输入"插入图表"，设置字体、颜色等。

③ 在内容占位符处，单击"插入图表"图标，选择图表类型为"柱形图"的"簇状柱形图"。在弹出的 Excel 窗口输入数据，关闭 Excel 窗口，编辑并修饰图表，如图 5-38 示。

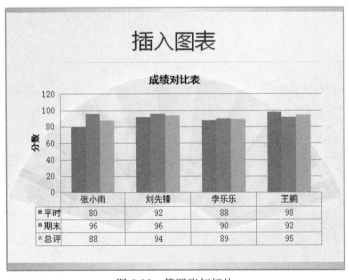

图 5-38　第四张幻灯片

● 创建超链接

① 打开第一张幻灯片，选中文字"课程介绍"。

② 单击功能区"插入"选项卡下"链接"组的"超链接"按钮，设置超链接为"第二张幻灯片"。

③ 同样的方法，分别选中文字"学习计划"和"学习成绩"，设置"超链接"为第三张和第四张幻灯片。

最后，以"PowerPoint 2010 学习计划"为文件名保存该演示文稿。

本章小结

本章介绍了 PowerPoint 2010 的基本知识、演示文稿的创建、演示文稿外观的设置、设置幻灯片的放映效果、演示文稿的放映与打印等。通过本章的学习，大家掌握了 PowerPoint 2010 的基本操作、演示文稿的各种设置，能够使用 PowerPoint 2010 制作出包含文字、图形、图像、声音以及视频等多媒体元素于一体的演示文稿。

思考与练习

一、简答题

1. PowerPoint 2010 有几种视图模式？各种模式适用哪种场合？

2. 如何在幻灯片中插入声音？如何插入视频？

3. 在放映演示文稿时，如何隐藏某张幻灯片？

4. 如何在幻灯片中插入"组织结构图"？如何在组织结构图中添加图形？

5. PowerPoint 2010 的动画有哪几类方案？每种方案有什么特点？

二、选择题

1. 设置页眉和页脚时，打开"页眉和页脚"对话框，若要添加幻灯片编号，应选中（　　）。

　A."日期和时间"复选框　　　　　　B."幻灯片编号"复选框

　C."页脚"复选框　　　　　　　　　D."标题幻灯片中不显示"复选框

2. 若要给幻灯片添加纹理，应单击"设计"选项卡下功能区的哪个按钮（　　）。

　A. 颜色　　　　　B. 字体　　　　　C. 背景样式　　　　　D. 效果

3. 在什么视图下可以使用绘图笔（　）。

　A. 普通视图　　　　　　　　　　　B. 幻灯片浏览视图

　C. 阅读视图　　　　　　　　　　　D. 放映视图

4. 演示文稿的每一张幻灯片都是基于（　　）创建的，它规定新建幻灯片的各种占位符的布局情况。

　A. 母版　　　　　B. 模板　　　　　C. 版式　　　　　D. 视图

5. 幻灯片的放映视图按钮是（　　）。

　A. 🔲　　　　　B. 🔲　　　　　C. 📖　　　　　D. 🖥

三、填空题

1．要使 PowerPoint 2010 演示文稿进行自动播放，需要为其设置_____。

2．要设置幻灯片的翻页效果，需要选择功能区_____选项卡。

3．PowerPoint 2010 中常见的有 4 类动画：进入动画、退出动画、动作路径动画、_____。

4．PowerPoint 2010 建立的演示文稿，默认的文件扩展名是_____。

5．幻灯片放映过程中，可以按_____键结束放映。

四、操作题

1．请将本章例题操作一遍。

2．建立不少于四张幻灯片的演示文稿"个人简介"，输入相应文字，应用幻灯片主题，插入声音、图片，设置动画、切换方式，建立超链接等。基本要求如下：

（1）第一张幻灯片为标题幻灯片，输入个人简介，个人信息（学号、姓名、邮箱)。

（2）其他幻灯片的内容主要包括个人爱好、个人专业、优缺点、个人梦想等。要求内容简明扼要、层次清晰，每一项内容至少要有一张幻灯片。

（3）幻灯片采用一个主题，每张幻灯片有不同的切换方式，幻灯片内的文字对象和图片对象应有自定义动画。

（4）通过母版，在每张幻灯片的右上角加上自己的照片。

（5）在第一张幻灯片插入一个声音文件，从第一张播放到最后一张。

（6）设置幻灯片的放映方式为"演讲者放映"，并循环播放。

第6章　计算机网络基础与 Internet 应用

本章介绍计算机网络的基本概念，网络系统构成及设备；着重讲述 Internet 工作原理，浏览器和搜索引擎的使用，以及电子邮件的收发，文件的上传和下载等；最后介绍网络信息安全概念及其防范技术。

- 计算机网络基础
- Internet 基础
- Internet 应用
- 网络安全知识

6.1　计算机网络基础

计算机网络是这个时代最令人兴奋和重要的技术领域。作为计算机技术与通信技术相结合的产物，它把人类带入了以"信息化"和"全球化"为特征的因特网（Internet）时代。当前，人们可以便捷得将个人电脑、PDA、手机等设备接入因特网，以跨越地域阻隔的形式自由享受 Web 浏览、文档上传下载、电子邮件接发、实时通讯、网络休闲等多种服务。然而，这仅仅是个开端，快速发展的计算机网络技术，如电子商务、社会网络、云计算、物联网和大数据等，正在酝酿新的技术革命。因此，掌握计算机网络的基础知识和应用技术，已经成为未来生活和工作所必备的基本素质。

6.1.1　计算机网络的定义

所谓计算机网络就是利用通信线路，将地理位置分散的、可独立自主工作的多台计算机连接起来，按照某种协议进行数据通信，实现资源共享的信息系统。需要说明的是，可独立自主工作的计算机，是指装有操作系统的完整的计算机系统。如果一台计算机脱离了网络或其他计算机就不能工作，则不能认为它是独立自主的。

6.1.2　计算机网络的发展

计算机网络发展过程可归结为以下 4 个主要阶段。

1. 以单计算机为中心的终端联机系统

在 1946 年世界上第一台电子计算机问世后的十多年时间里，计算机数量极少且价格昂贵，而通信线路和通信设备的价格相对便宜。最早的计算机网络主要是为了解决这对矛盾而产生的，其形式是将一台计算机经过通信线路与若干台终端直接连接，形成以单计算机为中心的联机网络系统，这类网络被称为第一代网络，主要用于共享主机资源（CPU 处理能力）和进行信息采集及综合处理。

2. 计算机-计算机网络

从 20 世纪 60 年代中期到 70 年代中期，随着计算机数量不断增加，应用领域逐渐扩展，新的需求也随之出现。由于计算机用途不同，一些计算机配置了高性能处理器和许多重要的外部设备，如海量存储装置、大型绘图仪，一些计算机配置了大型计算软件或大型数据库，而这些计算机资源的有效利用和共享是不可能依靠简单终端联机系统来完成的。这时候就出现了多计算机互连的网络。这种网络利用通信线路将多个计算机连接起来，为用户提供各种计算机资源的共享和服务，这是第二代网络。

3. 体系结构标准化网络

计算机在一开始进行互连的时候，诸多厂家发现同一厂家生产的不同系列计算机产品也不能互相连接和进行数据通信。因此，一场计算机产品的网络标准化工作展开了。这项工作分两个部分，一是计算机厂家网络标准，二是计算机网络的国际标准。

IBM 公司在 1974 年在世界上首先提出了完整的计算机网络体系标准化的概念，宣布了系统网络体系结构（System Network Architecture，SNA）标准。随后，DEC 公司公布了数字网络体系结构（Digital Network Architecture，DNA），Univac 公司公布了数据通信体系结构（Digital Communication Architecture，DCA）等。这些网络技术标准只是在一个公司产品范围内有效，遵从某种标准的、能够互连的网络通信产品，只是同一公司生产的同构型设备。

网络通信标准各自为政的状况使得用户在投资购买网络产品时无所适从，也不利于各厂商之间的公平竞争，因此制定统一的技术标准势在必行。1977 年国际标准化组织（International Standard Organization, ISO）在研究和吸收各计算机制造厂家的网络体系结构标准化经验的基础上，开始着手制定开放系统互连的一系列标准，旨在将异种计算机方便互连，构成网络。该委员会制定了开放系统互连参考模型（Open System Interconnection, OSI），缩写为 ISO/OSI。作为国标标准，OSI 参考模型规定了互连的计算机系统之间的通信协议，遵从 OSI 参考模型的网络通信产品都是开放系统。今天，几乎所有网络产品厂商都声称自己的产品是开放系统，不遵循国际标准的产品逐渐失去了市场。这使得统一的、标准化产品在市场上互相竞争，同时也给网络技术的发展带来了更大的推动力。这种根据网络体结构标准建成的网络称为第三代网络。

4. 因特网时代

因特网是人类文明发展中的一个伟大的里程碑，人类通过它正进入一个前所未有的信息化社会。目前因特网已经成为世界上覆盖面最广、规模最大、信息资源最丰富的计算机信息网络。这种根据因特网标准建成的网络称为第四代网络。

6.1.3 计算机网络的功能和分类

1. 计算机网络的功能

当前计算机网络的功能主要有以下 4 个方面。

（1）数据通信。

计算机网络中的计算机之间或计算机与终端之间，可以快速地相互传递数据、程序或文件。例如电子邮件（E-mail）可以使相隔万里的异地用户快速准确地相互通信；电子数据交换（EDI）可以实现在商业部门或公司之间进行订单、发票、单据等商业文件安全准确的交换；

文件传输服务（FTP）可以实现文件的实时传递，为用户复制和查找文件提供了强有力的工具。

（2）资源共享。

充分利用计算机资源是建立计算机网络的最初目的，也是主要目的之一。利用计算机网络，既可以共享大型主机设备又可以共享计算机硬件设备，例如进行复杂运算的巨型计算机、海量存储器、高速激光打印机、大型绘图仪等，从而避免重复购置，并且能够提高硬件设备的利用率。此外，利用计算机网络还可以共享软件资源，例如大型数据库和大型软件等，这样可以避免软件的重复开发和大型软件的重复购置，最大限度地降低成本，提高了效率。

（3）提高系统的可靠性。

在一些用于计算机实时控制和要求高可靠性的场合，通过计算机网络实现的备份技术可以提高计算机系统的可靠性。当一台计算机出现故障时，可以立即由计算机网络中的另一台计算机来代替其完成所承担的任务。例如工业自动化生产、军事防御系统、电力供应系统等都可以通过计算机网络设置备用或替换计算机系统，以保证实时性管理和不间断运行系统的安全性和可靠性。

（4）促进分布式系统的发展。

利用现有的计算机网络环境，把数据处理的功能分散到不同的计算机上，这样既可以使得一台计算机负担不会太重，又扩大了单机的功能，从而起到了分布式处理和均衡负荷的作用。

2.　计算机网络的分类

由于计算机网络自身的特点，可以从不同的角度对计算机网络进行分类，不同的分类方法反映的是不同的网络特性。下面介绍一下常见的分类方法。

（1）根据网络的覆盖范围划分。

根据网络覆盖范围的差异可以把计算机网络分为 3 类。

1）局域网（LAN）。

局域网的分布范围一般在几千米之内，最大距离不超过 10km，如一栋建筑物内、一个校园内。它是在小型计算机和微型计算机被大量推广使用之后才逐渐发展起来的，如图 6-1 所示。通常它的数据传输速率比较高，一般在 10Mb/s 以上，而且延迟小，再加上成本低，应用广，组网方便，使用灵活等特点，深受用户欢迎。

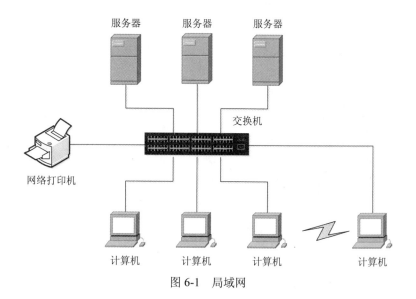

图 6-1　局域网

2）广域网（WAN）。

广域网也称远程网，它的范围可达几千公里，足以覆盖一个国家或一个州，如图 6-2 所示。此类网络出于军事、国防和科学研究的需要，发展较早，例如美国国防部的 ARPANET，1971年在全美被推广使用并已延伸到世界各地。由于广域网分布距离太远，其数据传输速率要比局域网低。另外，在广域网中，网络之间连接用的通信线路大多租用专线，当然也有专门铺设的线路。

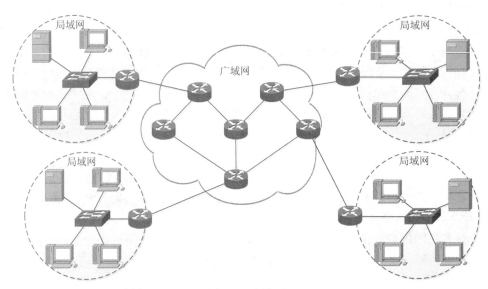

图 6-2　广域网

3）城域网（MAN）。

城域网是介于局域网和广域网之间的一种大范围的高速网络。随着局域网使用带来的好处，人们逐渐要求扩大局域网的范围，或者要求将已经使用的局域网互相连接起来，使其成为一个规模较大的城市范围内的网络。因此，城域网涉及的目标是满足几万米范围内的大量企业、机关、公司与社会服务部门的计算机联网需求，实现大量用户、多种信息传输的综合信息网络。

（2）根据网络的使用范围划分。

根据网络的使用范围的差异，可以把计算机网络分为公用网和专用网。

1）公用网。

公用网由电信部门组建，一般由政府电信部门管理和控制，网络内的传输和交换装置可提供（如租用）给任何部门和单位使用。公用网分为公共电话交换网（PSTN）、数字数据网（DDN）、综合业务数字网（ISDN）等。

2）专用网。

专用网是由某个单位或部门组建的，不允许其他部门或单位使用，例如金融、铁路等行业都有自己的专用网。专用网可以是租用电信部门的传输线路，也可以是自己铺设的线路，但后者的成本非常高。

（3）根据传输介质划分。

根据网络所使用的不同的传输介质，可以把计算机网络分为有线网和无线网。

1）有线网。

有线网是指采用双绞线、同轴电缆以及光纤作为传输介质的计算机网络。

2）无线网。

无线网是指使用空间电磁波作为传输介质的计算机网络，它可以传送无线电波和卫星信号。无线网包括无线电话网、语音广播网、无线电视网、微波通信网、卫星通信网等。

（4）根据网络拓扑结构划分。

网络的互联模式称为网络的拓扑结构,常用的拓扑结构有：总线型结构、环型结构、星型和树型结构。

1）总线型拓扑结构。

如果网络上的所有计算机都通过一条电缆相互连接起来，这种拓扑结构就称为总线型拓扑结构，如图 6-3 所示。

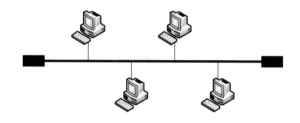

图 6-3　总线型拓扑结构

总线型拓扑结构是最简单的局域网结构，因为其中不需要插入任何其他的连接设备。网络中任何一台计算机发送的信号都沿一条共同的总线传播，而且能被其他所有计算机接收。有时又称这种网络结构为点对点拓扑结构。

总线型结构的网络的优点是：连接简单、易于维护、成本费用低。

在总线型结构的网络中，所有计算机共享同一条电缆，所以同时只能有一台计算机发送信号，其他计算机这时处于接收状态。如果有两台以上的计算机同时要求发送信号，优先权高的一台先发送，另外的计算机只能等这台计算机发送完信号后，才发送信号。总线型网络传送数据的速度缓慢，这是由于所有计算机连接在一条总线上，所以只要有一台计算机出故障，就会影响网络上的其他计算机工作，所有可靠性较差。随着以双绞线和光纤为主的标准化布线的应用推广，总线型网络处于淘汰状态。

2）环型拓扑结构。

如图 6-4 所示，环型拓扑结构形成一个简单的闭合环路，任何两个用户之间都要通过环路互相通信。单条环路只支持单向通信，所以任何两个相邻节点的通信信息都要绕行环路一周才能实现互相通信，这种拓扑结构的控制比较简单。

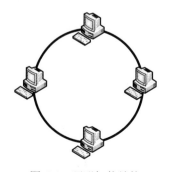

图 6-4　环形拓扑结构

环型网络的特点是分布式控制，即每个节点在环路中的作用是相同的，控制传送过程可以从一个节点转移到另一个节点，而不是集中于一个节点。如果环路中断，整个系统不能工作，因而可靠性较差。

3）星型拓扑结构。

星型拓扑结构如图 6-5 所示。在星型拓扑结构中，每个节点都由一个单独的通信线路连接到中心节点上。中心节点控制全网的通信，任何两个节点的相互通信都必须经过中心节点。因为中心节点是网络的瓶颈，这种拓扑结构又称为集中控制式网络结构。

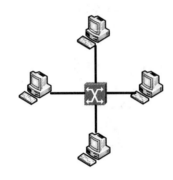

图 6-5　星型拓扑结构

4）树型结构。

如图 6-6 所示，树型结构将多个集线器或交换机通过级联进行组网，可以连接数百台计算机，也是目前局域网常用的拓扑结构。

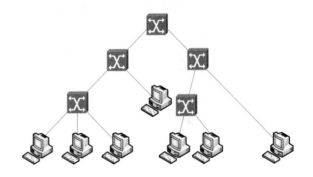

图 6-6　树型拓扑结构

5）网状结构。

如图 6-7 所示，网状结构将控制功能分散在网络的各个节点上，网上的每一个节点都有多条路径与其他节点相连，但两点之间的通信必须进行路由选择，Internet 就是这种拓扑结构。

图 6-7　网状拓扑结构

6.1.4　计算机网络的系统组成

一个完整的计算机网络系统由网络硬件和网络软件两部分组成。

1．计算机网络硬件

计算机网络硬件通常包括服务器、客户机、网络连接设备和通信介质。

（1）服务器（Server）。

网络服务器是提供服务的计算机，人们通常会以服务器提供的服务来命名服务器，如提供文件共享服务的服务器称为文件服务器，提供打印服务的服务器称为打印服务器等；另一方面，服务器是软件和硬件的统一体，特定的服务程序需要运行在特定的硬件基础上，如大容量内存、高速大容量硬盘等。由于整个网络的用户均依靠不同的服务器提供不同的网络服务，因此网络服务器是网络资源管理和共享的核心。网络服务器的性能对整个网络的资源共享起着决定性的影响。

（2）客户机（Client）。

客户机是使用网络资源的计算机，客户机一般不参与网络管理，它向服务器提出各种请求，获得服务器所提供的服务。例如，运行浏览器的计算机就是一台客户机，它向 Web 服务器请求网页资源。

（3）网络连接设备。

网络的结构不同，联网的设备就不一样，每一个联网设备所提供的功能也不尽相同。常见的网络连接设备包括网络适配器、调制解调器、中继器、集线器、网桥、路由器和网关等。

1）网络适配器。

网络适配器也称作接口卡或网卡，是将计算机连接到通信介质上的接口设备，如图 6-8 所示。它负责实现底层数据的发送和接收，局域网中联网的每台计算机都装有网卡。

2）调制解调器。

由于电话网是模拟信道，因此通过电话网入网的计算机要利用模拟信道传输数据，就必须将计算机输出的数字信号转换成模拟信号，在接收端再将模拟信号复原成数字信号，完成这个任务的设备就是调制解调器（Modem）。如果用拨号接入网络，就必须配置调制解调器。图 6-9 描述了调制解调器的工作方式。

图 6-8　网卡和双绞线

图 6-9　调制解调器

3）中继器。

当网络中的信号沿着传输介质传输时，信号强度会逐渐衰减，如果要想将信号传得更远，需要安装一个称作"中继器"的设备。数据经过中继器，不进行数据包的转换，即可放大信号。中继器连接的两个网络在逻辑上是同一个网络。

4）集线器与交换机。

集线器（HUB）是局域网上广为使用的星型网络互连设备。如图 6-10 所示，服务器或计算机通过双绞线连接到集线器，从而构成一个局域网。此外，也可以通过级联的方式扩展局域网的物理作用范围。

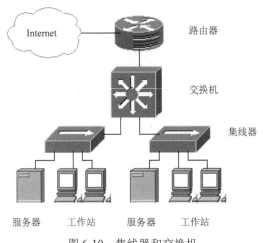

图 6-10　集线器和交换机

交换机（Switch）和集线器一样主要用于连接客户机、服务器以及其他网络互连设备。但是，交换机比集线器更加先进，允许连接在交换机上的设备并发通讯，并解决了集线器级联带来的广播风暴问题。

5）网桥。

网桥（Bridge）是一种工作在数据链路层的物理设备，用于延伸局域网。如图 6-11 所示，2 个网桥将 3 个子网连接起来形成一个局域网。网桥可以实现隔离子网的目的，这是因为子网内部的通信不会被网桥转发，仅子网之间的通信经由网桥转发。

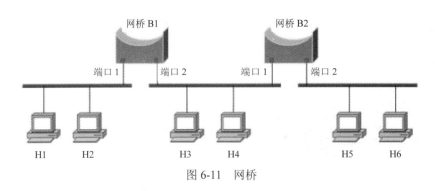

图 6-11　网桥

6）路由器。

路由器（Router）在 Internet 中起着枢纽作用，是 Internet 的核心设备。路由器适合于连接复杂的大型网络，它的互连能力强，可以执行复杂的路由选择算法。如图 6-12 所示，当数据在两个网络之间传输时，要通过路由器来完成路径选择和转发工作。

路由器可以连接采用不同网络层、数据层、物理层协议的网络，协议的转换由路由器完成，从而消除了网络层协议之间的差别。此外，大部分路由器还具有网络管理功能。

图 6-12　路由器

7）网关。

网关（Gateway）又称网间连接器、协议转换器，是在不同网络之间实现协议转换并进行路由选择的专用网络通信设备。网关在网络层以上实现网络互连，是最复杂的网络互连设备，仅用于两个高层协议不同的网络互连。

（4）通信介质。

传输介质是网络中信息传输的媒体，是网络通信的物质基础。传输介质的性能特点对数据传输速率、通信距离、可连接的网络结点数目和数据传输的可靠性等均有很大影响，必须根据不同的通信要求，合理地选择传输介质。按信息传递方式的不同，通信介质一般分为有线介质和无线介质两类。有线介质涵盖双绞线、同轴电缆和光缆等；无线介质包括红外线、微波等。

1）双绞线。

如图 6-14 所示，双绞线由两条扭合在一起的绝缘铜线组成，如同一条 DNA 分子链。双绞线即能用于传输模拟信号，也能用于传输数字信号。

电话线就是一种传输模拟信号的双绞线，采用 RJ11 接口，图 6-13 给出了电话线的示意图。目前多数家庭中的 PC 机都是通过电话线和调制解调器接入因特网的。当前，电话线支持 ISDN、ADSL 或 VDSL 等因特网接入方式。

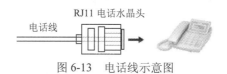

图 6-13　电话线示意图

计算机网络使用传输数字信号的双绞线，其通信距离为几百米。如图 6-14 所示，该线多为八芯（四对双绞线），并用不同的颜色把它们两两区分开来。根据不同的传输速率，双绞线又分为三类线、五类线和六类线，分别用于 10M、100M 和 1000M 以太网，也被称为 10Base-T 技术、100Base-T 技术和 1000Base-T。与双绞线连接的物理接口被称作 RJ-45。

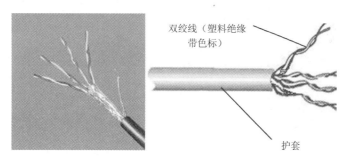

图 6-14　双绞线示意图

2）同轴电缆。

同轴电缆分为基带同轴电缆（阻抗为 50 欧姆）和宽带同轴电缆（阻抗为 75 欧姆），如图

6-15 所示。有线电视采用的就是宽带同轴电缆，而基带同轴电缆被广泛地应用在一般的计算机局域网中。基带同轴电缆又分为粗缆和细缆。前者频带宽，传输距离较长，但价格较贵；后者传输距离较短，速度较慢，价格便宜。基带方式传送速度达到 10MB/S，距离可达几公里。

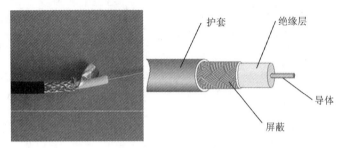

图 6-15　同轴电缆示意图

3）光纤。

光纤是一种新型的传输介质，通信容量比普通电缆要大 100 倍左右，且传输速率高，抗干扰能力强，保密性好，通信距离远，数据可以传送几百公里，因此应用前景好，如图 6-16 所示。目前光纤被广泛用于建设高速计算机网络的主干网和大范围广域网或局域网的主干道。

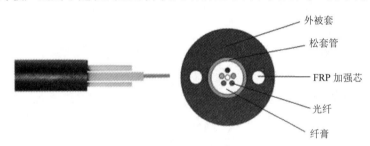

图 6-16　光纤示意图

4）红外线。

红外传输是以红外线作为传输载体的一种通信方式。它以红外二极管或红外激光管作为发射源，以光电二极管作为接收设备。红外线传输主要用于短距离通信，如电视遥控、室内两台计算机之间的通信。红外线有直线传播的特性，不能绕过不透明的物体，但可以通过红外线射到墙壁再反射的方法加以解决。红外网络对小型的便携计算机尤为方便，因为红外技术提供了无线连接。这样，使用红外技术的便携计算机可以将所有的通信硬件放在机内，但它在传输距离方面还有待提高。

5）微波。

微波是工作在兆赫兹频段的无线电波，地面系统通常为 4～6GHz 或 21～23GHz，星载系统通常为 11～14GHz。微波通信是一种无线电通信，不需要架设明线或铺设电缆，借助频率很高的无线电波，可同时传送大量信息。它的优点是频带很宽，通信容量很大，受外界干扰影响小，传输质量较高。缺点是保密性能差，沿着直线传播，通信双方之间不能有建筑物等物体的阻挡。

微波通信相对比较便宜，目前已经被广泛地应用于长途电话、蜂窝电话、电视传播等。微波通讯距离在五十公里左右，由于微波是沿着直线传播，所以长距离的微波通信需要每隔几十千米建一个微波中继站，如图 6-17 所示。中继站的微波塔越高，传输的距离就越远，中继站之间的距离大致与塔高的平方成正比。

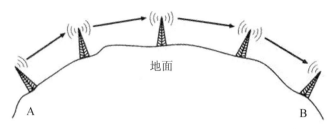

图 6-17　地面微波通信

在星载微波系统中，发射站和接收站设置于地面，卫星上放置转发器。地面站首先向卫星发送微波信号，卫星在接收到该信号后，由转发器将其向地面转发，供地面各站接收。一颗同步地球卫星可以覆盖地球三分之一以上的表面，三颗这样的卫星就可以覆盖地球的全部表面，如图 6-18 所示。卫星通信的优点是容量大，距离远，可靠性高；缺点是通信延迟时间长，易受气候影响。

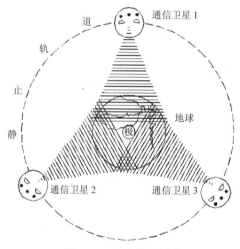

图 6-18　星载微波通信

2. 联网所需的软件系统

在网络系统中，除了包括各种网络硬件设备外，还应该具备网络软件系统，网络软件系统是计算机网络中不可或缺的资源。网络软件系统所涉及的和需要解决的问题要比单机系统中的各类软件都复杂得多。由于网络体系的多样化，网络硬件的多样化，以及组合而产生的功能复化造成了软件系统类型的多样性，难于统一标准。根据网络软件系统在网络系统中所起的作用不同，可以将其大致分为 3 类，即网络操作系统、网络通信协议和网络应用软件。

（1）网络操作系统。

就像一台计算机的运行必须拥有独立的操作系统支持一样，计算机网络也必须拥有相应的网络操作系统。网络操作系统是在网络环境下实现对网络资源的管理和控制的操作系统，是用户与网络资源之间的接口。网络操作系统是建立在独立的操作系统之上，为网络用户提供使用网络系统资源的桥梁。在多个用户争用系统资源时，网络操作系统进行资源调剂管理，它依靠各个独立的计算机操作系统对所属资源进行管理，协调和管理网络用户进程或程序与联机操作系统进行交互。

网络操作系统的基本任务就是要屏蔽本地资源与网络资源的差异性，为用户提供各种基本网络服务功能，完成网络资源的管理，并提供网络系统的安全性服务。网络操作系统承担着整个网络范围内的资源管理、任务管理与任务分配等工作，典型的操作系统有：UNIX、Linux、Windows Server 和 Netware 等。

（2）网络通信协议。

在网络中，计算机之间交流什么，怎样交流及何时交流，都必须遵循某种互相都能接受的规程。网络协议就是为进行计算机网络中的数据交流而建立的规则、标准或约定的集合。

不同的计算机之间必须使用相同的网络协议才能进行通信。协议软件的种类非常多，例如，TCP/IP 协议（Internet 的通信协议）、NetBEUI 协议（用于 Microsoft Windows 组成的对等网络协议）等。不同体系结构的网络系统都有支持自身系统的协议软件，在体系结构中不同层次上又有不同的协议软件。对某一协议软件来说，到底把它划分到网络体系结构中的哪一层是由协议软件的功能能来决定的，所以同一协议软件，它在不同的体系结构中所隶属的层次不一定相同。

1）ISO/OSI 开放系统互连参考模型。

网络发展的早期，各个计算机网络厂家都分别有自己的网络体系结构，如 IBM 的 SNA 网络体系、DEC 的 DNA 网络体系和 UNIVAC 的 DCA 分布式网络体系等。不同的网络体系结构有自己的网络层次结构和协议，给网络标准化和互联造成了很大的困难。为了解决不同体系结构的网络的互联问题，国际标准化组织 ISO 于 1981 年制定了开放系统互连参考模型（Open System Interconnection Reference Model，OSI/RM）。这个模型把网络通信的工作分为 7 层，它们由低到高分别是物理层（Physical Layer），数据链路层（Data Link Layer），网络层（Network Layer），传输层（Transport Layer），会话层（Session Layer），表示层（Presentation Layer）和应用层（Application Layer）。这是一个七层模型，简称 OSI 参考模型，其结构如图 6-19 所示。

①物理层：提供通讯介质和连接到机械、电器、功能的规程。保证在通讯介质之间进行可靠的比特发送和接收。

②数据链路层：确定传输信息帧的格式，检测物理层发生的差错，构成一条无差错操作的链路。在数据链路层，数据传输的基本单位是帧，所以数据链路层也称为帧层。

③网络层：提供网络的连接建立、保持和终止。在网络层的两个节点之间传送数据包或报文分组。

④传输层：对通信的双方提供服务，使得数据传输更加可靠。

⑤会话层：在两个用户进程之间建立连接并管理双方通信。

⑥表示层：主要功能是有关字符集、数据编码的转换，以及信息的压缩、加密、解密等功能。

⑦应用层：它是最高层次，直接为用户提供服务，服务内容取决于网络具体的用途。

第一层到第三层属于 OSI 参考模型的低三层，负责创建网络通信连接的链路；第四层到第七层为 OSI 参考模型的高四层，具体负责端到端的数据通信。每层完成一定的功能，每层都直接为其上层提供服务，并且所有层次都互相支持，而网络通信则可以自上而下（在发送端）或者自下而上（在接收端）双向进行。当然并不是每一种通信都需要经过 OSI 的全部七层，有的甚至只需要双方对应的某一层即可。例如物理接口之间的转接，以及中继器与中继器之间的连接就只需在物理层中进行即可；而路由器与路由器之间的连接则只需经过网络层以下的三层即可。总的来说，双方的通信是在对等层次上进行的，不能在不对称层次上进行通信。

OSI 标准制定过程中采用的方法是将整个庞大而复杂的问题划分为若干个容易处理的小问题，这就是分层的体系结构办法。在 OSI 中，采用了三级抽象，即体系结构，服务定义，协议规格说明。

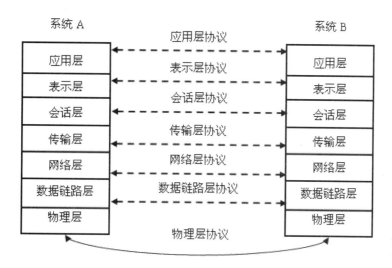

图 6-19　ISO/OSI 开放系统互连参考模型

2）TCP/IP 模型。

OSI 参考模型研究的初衷是希望为网络体系结构与协议的发展提供一种国际标准,但由于 Internet 在全世界的飞速发展，使得 TCP/IP 协议得到了广泛的应用，虽然 TCP/IP 不是 ISO 标准，但广泛地使用令 TCP/IP 成为一种"实际上的标准"，并形成了 TCP/IP 模型。不过，TCP/IP 模型在不断发展的过程中也吸收了 OSI 标准中的概念和特征。

TCP/IP 模型由 4 个层次组成，它们分别是网络接口层、网际层、传输层和应用层。TCP/IP 模型和 OSI 模型的对照关系如图 6-20 所示。

应用层	应用层	Telnet, FTP, SMTP, DNS, HTTP 以及其他应用协议
表示层		
会话层		
传输层	传输层	TCP, UDP
网络层	网际层	IP, ARP, RARP, ICMP
数据链路层	网络接口层	各种通信网络接口（以太网等）（物理网络）
物理层		

图 6-20　TCP/IP 和 OSI 模型的对照关系图

①网络接口层。

TCP/IP 模型的最低层是网络接口层,它包括了能使用 TCP/IP 与物理网络进行通信的协议,且对应着 OSI 的物理层和数据链路层。它的功能是接收 IP 数据报并通过特定的网络进行传输，或从网络上接收物理帧，抽取出 IP 数据报并转交给上一层。TCP/IP 标准并没有定义具体的网络接口协议，目的是能够适应各种类型的网络，如 LAN，MAN 和 WAN，这也说明了 TCP/IP

协议可以运行在任何网络之上。

②网际层。

网际层又称网络层、IP 层，负责相邻计算机之间的通信。它包括 3 方面的功能：第一，处理来自传输层的分组发送请求，收到请求后，将分组装入 IP 数据报，填充报头，选择去往目标网络的路径，然后将数据报发往适当的网络接口。第二，处理输入的数据报，首先检查其合法性，然后进行路由选择。假如该数据报已经到达目标节点，则去掉报头，将剩下部分（TCP 分组）交给适当的传输协议。假如该数据报尚未到达目标节点，即转发该数据报。第三，处理路径、流量控制、拥塞等问题。另外，网际层还提供差错报告功能。

③传输层。

TCP/IP 的传输层与 OSI 的传输层类似，它的根本任务是提供端到端的通信。传输层对信息流具有调节作用，提供可靠性传输，确保数据到达无误，也不错乱顺序。为此，在接收方安排了一种发回"确认"和要求重发丢失报文分组的机制。传输层软件把要发送的数据流分成若干报文分组，在每个报文分组上加一些辅助信息，包括用来标示是哪个应用程序发送的标识符、哪个应用程序应接收这个报文分组的标识符以及给每一个报文分组接收方便使用这个校验码验证收到的报文分组的正确性。在一台计算机中，同时可以有多个应用程序访问网络。传输层同时从几个用户接收数据，然后把数据发送给下一个较低的层。

④应用层。

在 TCP/IP 模型中，应用层处于模型的最高层次，它对应 OSI 参考模型的会话层、表示层和应用层。它向用户提供一组常用的应用程序，例如文件传送、电子邮件等。严格来说，应用程序不属于 TCP/IP，但就上面提到的几个常用应用程序而言，TCP/IP 制定了相应的协议标准，所以，把它们也作为 TCP/IP 的内容。当然用户完全可以根据自己的需要在传输层之上采用专用程序，这些专用程序要用到 TCP/IP，但却不属于 TCP/IP。在应用层，用户调用访问网络的应用程序，该应用程序与传输层协议相配合，发送或接收数据。每个应用程序都应选用自己的数据形式，它可以是一系列报文或字节流，不管采用哪种形式，都要将数据传给传输层以便交换信息。

应用层的协议很多，依赖关系相当复杂，这种现象与具体应用的种类繁多现象密切相关。应当指出，在应用层中，有些协议不能直接为一般用户所使用。那些能直接被用户所使用的应用层协议，往往是一些通用的、容易标准化的东西，例如，FTP、Telnet 等。在应用层中，还包含很多用户的应用程序，它们是建立在 TCP/IP 协议族基础上的专用程序，无法标准化。

在 TCP/IP 的层次结构中包括了 4 个层次，但实际上只有 3 个层次包含了协议。TCP 中各层的协议如图 6-20 所示。

（3）网络应用软件。

网络应用软件是指网络能够为用户提供各种服务的软件。如浏览查询软件,传输软件,远程登录软件，电子邮件等。

6.2　Internet 基础

因特网（Internet，也称互联网）是全球最大的、开放的、由众多网络相互连接而成的、资源丰富的信息网络。从广义上讲，Internet 是遍布全球的、联络各个计算机平台的总网络，是成千上万信息资源的总称；从本质上讲，Internet 是一个使世界上不同类型的计算机能交换各类数据的通信媒介。因特网就像计算机与计算机之间架起的一条高速公路，使各种信息在上面无国界地自由传递。随着因特网的迅速发展，它所包含的信息也愈来愈广泛。

6.2.1　Internet 的产生与发展

Internet 的由来可以追溯到 1962 年，美国国防部当时为了保证美国本土防卫力量和海外防御武装在受到苏联第一次核打击以后仍然具有一定的生存和反击能力，认为有必要设计出一种分散的指挥系统：它由一个个分散的指挥点组成，当部分指挥点被摧毁后，其他点仍能正常工作，并且这些点之间能够绕过那些已被摧毁的指挥点而继续保持联系。为了对这一构思进行验证，1969 年，美国国防部国防高级研究计划署资助建立了一个名为 ARPANET（阿帕网）的网络，这个网络把位于洛杉矶的加利福尼亚大学分校、位于圣芭芭拉的加利福尼亚大学分校、位于斯坦福的斯坦福大学、以及位于盐湖城的犹他州州立大学的计算机主机连接起来，各个结点的大型计算机采用分组交换技术，通过专门的通信交换机和专门的通信线路相互连接。这个阿帕网就是 Internet 最早的雏形。

到 1972 年时，ARPANET 网上的网点数已经达到 40 个，这 40 个网点彼此之间可以发送小文本文件（即现在的 E-mail）和利用文件传输协议发送大文本文件和数据文件（即现在的 FTP）。同时也发现了通过把一台计算机模拟成另一台远程计算机的一个终端而使用远程计算机上的资源的方法（即 Telnet）。E-mail、FTP 和 Telnet 是 Internet 上较早出现的重要应用，特别是 E-mail 仍然是目前 Internet 上最主要的应用之一。

1974 年，TCP/IP 协议问世。这个协议族定义了一种在计算机网络间传送报文（文件或命令）的方法。随后，美国国防部决定向全世界无条件地免费提供 TCP/IP，即向全世界公布解决计算机网络之间通信的核心技术。TCP/IP 协议核心技术的公开最终导致了 Internet 的大发展。TCP/IP 协议以其独具的跨平台特性为全球信息化时代的到来架起了桥梁。

1980 年，世界上既有使用 TCP/IP 协议的美国军方的 ARPANET，也有很多使用其他通信协议的各种网络。为了将这些网络连接起来，TCP/IP 协议和互联网架构的联合设计者之一的文顿.瑟夫提出一个想法：在每个网络内部各自使用自己的通信协议，在和其他网络通信时使用 TCP/IP 协议。这个设想最终导致了 Internet 的诞生，并确立了 TCP/IP 协议在网络互联方面不可动摇的地位。

1993 年以后，通过互联网所看到的不再仅仅是文字，互联网开始有了图片、声音和动画，网络内容日益丰富起来，从而形成了目前使用的 Internet。

6.2.2　Internet 技术

近几年来，基于 TCP/IP 协议的 Internet 成为为当今世界上规模最大、拥有用户和资源最多的一个超大型计算机网络，TCP/IP 也因此成为事实上的工业标准。以下我们简单了解在 Internet 中经常应用和接触到的技术和协议标准。

1. IP 地址

（1）IP 地址的作用。

人们为了通信的方便给每一台计算机都事先分配一个类似我们日常生活中的电话号码一样的标识地址，该标识地址就是 IP 地址。

在以 TCP/IP 网络协议为主的网络中，机器之间的访问是通过 IP 地址来进行的。所谓 IP 地址就是给每个连接在 Internet 上的主机分配的一个 32 位的地址。按照 IP 协议规定，IP 地址用二进制来表示，每个 IP 地址长 32 位，即 4 个字节。例如一个采用二进制形式的 IP 地址是：00001010000000000000000000000001。

这么长的地址，用户处理起来比较麻烦。为了便于使用，IP 地址经常被写成十进制的形式，4 个字节分别用十进制数字表示，每个字节的数字范围是 0～255，使用符号"."分开。于是上面的 IP 地址可以表示为"10.0.0.1"。IP 地址的这种表示法叫做"点分十进制表示法"，这显然比 1 和 0 容易记忆得多。

在一个 TCP/IP 网络中，每个主机都有唯一的 IP 地址。在建立网络连接时，这个 32 位 IP 地址不但可以用来识别某一台主机，而且还隐含着网际间的路径信息。IP 地址的结构为：

网络类型	网络 ID	主机 ID

按照 IP 地址的结构和其分配原则，可以在 Internet 上很方便地寻址：先按 IP 地址中的网络标识号找到相应的网络，再在这个网络上利用主机 ID 找到相应的主机。由此可看出，IP 地址并不只是一个计算机的代号，而是指出了某个网络上的某个计算机。当组建一个网络时，为了避免该网络所分配的 IP 地址与其他网络上的 IP 地址发生冲突，就必须为该网络向 InterNIC（Internet 网络信息中心）组织申请一个网络标识号，也就是这整个网络使用一个网络标识号，然后再给该网络上的每个主机设置一个唯一的主机号码，这样网络上的每个主机都拥有一个唯一的 IP 地址。另外，国内用户可以通过中国互联网络信息中心（CNNIC）来申请 IP 地址和域名。当然，如果网络不想与外界通信，就不必申请网络标识号，而自行选择一个网络标识号即可，只是网络内的主机的 IP 地址不可相同。

需要强调指出的是，这里的主机是指网络上的一个结点，而不能简单地理解为一台计算机。实际上，IP 地址是分配给计算机的网络适配器（即网卡）的。一台计算机可以有多个网络适配器，就可以有多个 IP 地址，一个网络适配器就是一个结点。

（2）IP 地址的分类。

为了充分利用 IP 地址空间，Internet 委员会定义了 5 种 IP 地址类型以适用不同容量的网络，即 A 类～E 类，如图 6-21 所示。其中 A、B、C 三类如表 6-1 所示，由 InterNIC（Internet 网络信息中心）在全球范围内统一分配，D、E 类为特殊地址。

表 6-1 A、B、C 3 类 IP 地址

网络类别	最大网络数	第一个可用的网络号	最后一个可用的网络号	每个网络中的最大主机数
A	126	1	126	16777214
B	16382	128.1	191.254	65534
C	2097150	192.0.1	223.225.254	254

1）A 类 IP 地址。

一个 A 类 IP 地址是指在 IP 地址的四段号码中，第一段号码为网络号码，剩下的三段号码为本地计算机的号码。如果用二进制表示 IP 地址的话，A 类 IP 地址就由 1 字节的网络地址和 3 字节主机地址组成，网络地址的最高位必须是"0"。A 类地址中网络的标识长度为 7 位，主机标识的长度为 24 位，A 类网络地址数量较少，可以用于主机数达 1600 多万台的大型网络。

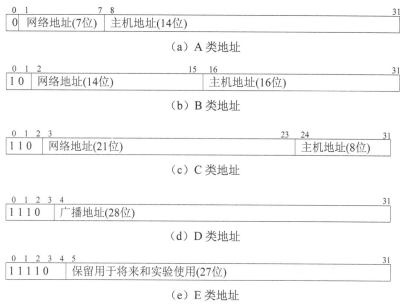

图 6-21　IP 地址的分类

2）B 类 IP 地址。

一个 B 类 IP 地址是指在 IP 地址的四段号码中，前两段号码为网络号码，B 类 IP 地址就由 2 字节的网络地址和 2 字节主机地址组成，网络地址的最高位必须是"10"。B 类 IP 地址中网络的标识长度为 14 位，主机标识的长度为 16 位，B 类网络地址适用于中等规模的网络，每个网络所能容纳的计算机数为 6 万多台。

3）C 类 IP 地址。

一个 C 类 IP 地址是指在 IP 地址的四段号码中，前三段号码为网络号码，剩下的一段号码为本地计算机的号码。如果用二进制表示 IP 地址的话，C 类 IP 地址就由 3 字节的网络地址和 1 字节主机地址组成，网络地址的最高位必须是"110"。C 类 IP 地址网络的标识长度为 21 位，主机标识的长度为 8 位，C 类网络地址数量较多，适用于小规模的局域网，每个网络最多只能包含 254 台计算机。

除了上面三种类型的 IP 地址外，还有几种特殊类型的 IP 地址。TCP/IP 地址中的第一个字节以"1110"开始的地址都叫多点广播地址。因此，任何第一个字节大于 223 小于 240 的 IP 地址都是多点广播地址；IP 地址中的每一字节都为 0 的地址（"0.0.0.0"）对应于当前主机；IP 地址中的每一个字节都为 1 的 IP 地址（"255.255.255.255"）是当前子网的广播地址；IP 地址中凡是以"1111"开始的地址被将作为特殊预留用途使用；IP 地址中不能以十进制"127"作为开头，127.1.1.1 用于回路测试，同时网络 ID 的第一个 6 位组也不能全置为"0"，全部为"0"表示本地网络。

（2）子网及子网掩码。

子网是指在一个 IP 地址上生成的逻辑网络，它使用源于单个 IP 地址的 IP 寻址方案。把一个网络分成多个子网，要求每个子网使用不同的网络 ID。通过把主机号(主机 ID)分成两个部分，就为每个子网生成唯一的网络 ID。一部分用于标识作为唯一网络的子网，另一部分用于标识子网中的主机，这样原来的 IP 地址变成以下三层结构：

网络地址部分	子网地址部分	主机地址部分

这样做的好处是可以节省 IP 地址。例如，某公司想把其网络分成四个部分，每个部分大约有 20 台左右的计算机。如果为每部分网络申请一个 C 类网络地址，这显然非常浪费（因为 C 类网络可支持 254 个主机地址），而且还会增加路由器的负担，这时就可借助子网掩码，将网络进一步划分成若干个子网。由于其 IP 地址的网络地址部分相同，则单位内部的路由器应能区分不同的子网，而外部的路由器则将这些子网看成同一个网络。这有助于本单位的主机管理，因为各子网之间用路由器来相连。

子网掩码是一个 32 位地址，它用于屏蔽 IP 地址的一部分以区别网络 ID 和主机 ID，以将网络分割为多个子网；判断目的主机的 IP 地址是在本局域网还是在远程网。在 TCP/IP 网络上的每一个主机都要求有子网掩码。这样当 TCP/IP 网络上的主机相互通讯时，就可用子网掩码来判断这些主机是否在相同的网络段内。

如表 6-2 所示的为各类 IP 地址所默认的子网掩码，其中值为 1 的位用来定出网络的 ID 号，值为 0 的位用来定出主机 ID。例如，如果某台主机的 IP 地址为 192.168.101.5，通过分析可以看出它属于 C 类网络，所以其子网掩码为 255.255.255.0，则将这两个数据作逻辑与(AND)运算后，结果为 192.168.101.0，所得出的值中非 0 位的字节即为该网络的 ID。默认子网掩码用于不分子网的 TCP/IP 网络。

表 6-2　A、B、C 3 类 IP 地址默认的子网掩码

类型	子网掩码	子网掩码的二进制表示
A	255.0.0.0	11111111 00000000 00000000 00000000
B	255.255.0.0	11111111 11111111 00000000 00000000
C	255.255.255.0	11111111 11111111 11111111 00000000

2. 域名

由于 IP 地址是数字标识，使用时难以记忆和书写，因此在 IP 地址的基础上又发展出一种符号化的地址表示方案，来代替数字型的 IP 地址。每一个符号化的地址都与特定的 IP 地址对应，这样网络上的资源访问起来就容易得多了。这个与网络上的数字型 IP 地址相对应的字符型地址，被称为域名（Domain Name）。它是由一串用点分隔的名字组成的某一台计算机或计算机组的名称，用于在数据传输时标识计算机的电子方位（有时也指地理位置），目前域名已经成为互联网的品牌、网上商标保护必备的要素之一。

一个公司如果希望在网络上建立自己的主页或者建立自己的邮件服务器，就必须取得一个域名，域名也是由若干部分组成，包括数字和字母。域名是上网单位和个人在网络上的重要标识，起着识别作用，便于他人识别和检索某一企业、组织或个人的信息资源，从而更好地实现网络上的资源共享。除了识别功能外，在虚拟环境下，域名还可以起到引导、宣传、代表等作用。通俗地说，域名就相当于一个家庭的门牌号码，别人通过这个号码可以很容易地找到特定的用户。

以一个常见的域名为例说明。如图 6-22 所示，北京大学的网址 www.pku.edu.cn 由几部分组成，pku 是这个域名的主体，是 Peking University 的缩写，而最后的标号"edu.cn"则是该域名的后缀，edu 代表这是一个教育类域名，cn 代表国际域名中的中国域名，是顶级域名。而

前面的 www 是主机名，表明这台机器上运行 Web 服务。

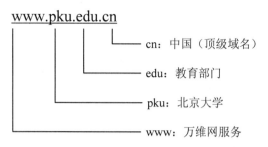

图 6-22　北京大学的域名

顶级域名一般分为两种类型，一类表示网络所隶属的国家和地区，另一类表示建立网络的部门和机构。常用地理性域名参见表 6-3 和 6-4，组织性域名参见表 6-5。域名由用户申请域名时指定。

表 6-3　地理性域名

最高层域名	代表的国家
au	澳大利亚
cn	中国
de	德国
fr	法国
it	意大利
jp	日本
uk	英国

表 6-4　中国行政区域域名

二级域名	表示含义	二级域名	表示含义	二级域名	表示含义
bj	北京市	sh	上海市	tj	天津市
cq	重庆市	he	河北省	sx	山西省
ln	辽宁省	jl	吉林省	hl	黑龙江
js	江苏省	zj	浙江省	ah	安徽省
fj	福建省	jx	江西省	sd	山东省
ha	河南省	hb	湖北省	hn	湖南省
gd	广东省	hi	海南省	sc	四川省
gz	贵州省	yn	云南省	sn	陕西省
gs	甘肃省	qh	青海省	nm	内蒙古
gx	广西省	xz	西藏	nx	宁夏
xj	新疆	tw	台湾	hk	香港
mo	澳门				

表6-5　组织性域名

最高层域名	机构类型	最高层域名	机构类型
com	商业系统	firm	商业公司
edu	教育系统	rec	消遣性娱乐实体
gov	政府机关	arts	文化性娱乐实体
mil	军队系统	info	提供信息服务的产业
net	网络管理	nom	用于个人或个体
org	其他组织	store	从事商业销售的实体
int	国际组织	web	与万维网有关的实体

域名系统由DNS服务器（Domain Name Server）来管理和解析。DNS规定，域名中的标号都由英文字母和数字组成，每一个标号不超过63个字符，也不区分大小写字母。标号中除连字符(-)外不能使用其他的标点符号。级别最低的域名写在最左边，而级别最高的域名写在最右边。由多个标号组成的完整域名总共不超过255个字符。

近年来，一些国家也纷纷开发使用由本民族语言构成的域名，如德语、法语等。中国也开始使用中文域名。但可以预计的是，在中国国内今后相当长的时期内，以英语为基础的域名（即英文域名）仍然是主流。

在IP地址与DNS域名之间的关系上，通常的概念是一个IP地址对应于一个DNS域名。但在实际应用中，一个IP地址可以对应多个域名，例如虚拟主机，在一台物理服务器上可建立多个DNS域名用以标识驻留在同一物理服务器上的不同的Web应用；反之，一个域名也可以对应多个IP地址，例如负载均衡设计时，可使用不同IP地址的多台机器与一个DNS域名对应，作为一个Web服务器使用。

5. WWW服务

万维网（World Wide Web，WWW或Web）是因特网所提供的重要服务项目，正是它把因特网带进了普通大众的视野，使得因特网真正成为继电话、电视之后影响人们生活和工作方式的最重要的信息工具之一。万维网是一个分布式超文本系统，这意味它的文件包含其他文件的链接（超文本链接），并且在网络中相距很远的不同计算机也可以相互链接文件。同时，万维网也是一种超媒体系统，它包含了声音、图像、视频信息以及其他类型媒体文件。

万维网的使用方法非常简单，当浏览网页时，通过单击鼠标或按键可以转到链接的其他网页，此时浏览器会从Web服务器载入新的网页供用户浏览。万维网上文件之间的链接几乎是不可穷尽的。通常在这个过程中，用户唯一的困难是确定主题的起始点，但万维网的寻址机制——统一资源定位器、索引、目录和搜索工具等可以帮助用户解决这个问题。

万维网是因特网的组成部分，用户可以用浏览器(Browser)查看，万维网的网页(Web page)可以包含文本、图片、动画、语音等元素，绝大部分是用HTML（Hypertext Markup Language）语言编写并驻留在世界各地的网站（Web Site）上。网站就是指放在服务器（Web Server）上的一系列网页文档。而Web服务器，就是在因特网上昼夜不停地运行某些特定程序（如服务器程序等）的计算机，使得世界各地的用户可随时对其进行访问或获取其中的网页。因此，确切地说，"Web服务器"是指计算机和运行在它上面的服务器软件的总和。用户在因特网浏览一个网页，实际上是发送需求信息到一台Web服务器（它可以在世界上任何地方）上，请求它将一些特定的文件（通常是超文本和图片）发送到用户计算机上，这些文件通过用户计算机上的浏览器显示出来。

6. HTTP 协议

HTTP（Hypertext Transfer Protocal，超文本传输协议）是 Web 服务器与浏览器之间传送文件的协议。超文本（Hypertext）是一种信息管理技术，它能根据需要将可能在地理上分散存储的电子文档信息相互链接，人们可以通过一个文档中的超链接打开另一个相关的文档。用户只要用鼠标单击文档中通常带下划线的超链接，便可获得相关的信息。网站或网页通常就是由一个或多个超文本组成的，用户进入网站首先看到的那一页称为主页或首页（Home page）。超文本文件的出色之处在于能够把超链接（Hyperlink）嵌入网页中，这使用户能够从一个网页站点方便地转移到另一个相关的网页站点。它可以指向其他网页、普通文件、图像文件，甚至多媒体文件。超链接是内嵌在文本或图像中的。超文本链接在浏览器中通常带下划线；而图像超链接有时不容易分辨，当用户的鼠标指针在其上悬停，鼠标的指针通常会变成手指状（文本超链接也是如此）。

HTTP 是一种应用层协议，基于标准的客户机/服务器模型。通过使用 HTTP 协议，客户机可以从服务器上下载几乎所有类型的文件，包括 HTML 文件、图像、视频、音频等多媒体文件甚至应用程序；客户机同样也可以向服务器上传几乎所有类型的信息和文件。通过使用 HTTP 协议，可以将用户在客户机输入的各种信息提交给 Web 服务器，从而实现基于 Web 的动态、交互式应用。

7. 统一资源定位符 URL

统一资源定位符 URL（Uniform Resource Locator）是用于完整地描述 Internet 上网页和其他信息资源地址的一种标识方法。URL 就是 Internet 上的每一个网页或信息资源都具有一个唯一的名称标识，通常称之为 URL 地址，或 Web 地址，俗称"网址"。统一资源定位符 URL 常见的基本格式为：

<访问协议>://<主机名>:<端口号>/<文件路径>

例如，http://cms.bit.edu.cn:8080/login.aspx，其中 http 表示访问协议，cms.bit.edu.cn 为主机名，该主机上运行用于辅助教学的网络教室，8080 是端口号，而 login.aspx 为服务器根目录下的文件名。

6.2.3　接入 Internet

Internet 接入方式通常有局域网接入、电话拨号接入、ISDN 接入、ADSL 接入、有线电视网接入、无线连接和光纤接入七种，其中，使用 ADSL 方式拨号连接对众多个人用户和小单位来说是最经济、最简单和使用最多的一种接入方式。ISP（Internet Service Provider）是 Internet 服务供应商，用户接入 Internet，需要先通过某种通信线路连接到 ISP 的主机，再通过 ISP 的连接通道接入 Internet。ISP 提供的功能主要有分配 IP 地址、网关和 DNS，提供联网软件，提供各种 Internet 服务和接入服务。

1. 局域网接入

用户计算机通过网卡，利用数据通信专线（如双绞线、光纤）连接到某个已与 Internet 相连的局域网（例如校园网等）上，通过配置 IP 地址即可接入 Internet。

配置 IP 地址的步骤如下：

① 选择 "开始菜单" | "控制面板" | "网络和 Internet" | "查看网络状态和任务" | "更改

适配器位置"，右击"本地连接"，在快捷菜单中选择"属性"，弹出如图 6-23 左图所示对话框。

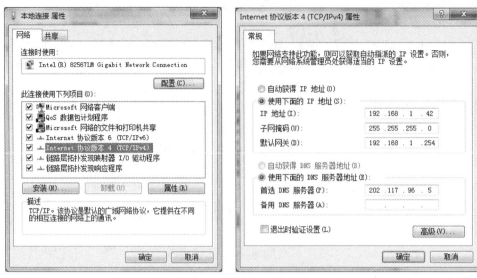

图 6-23 配置 TCP/IP 参数

② 在"本地连接属性"对话框中选择"Internet 协议（TCP/IP）"选项，并单击"属性"按钮，弹出如图 6-23 右图所示对话框。

③ 如果已从 ISP 那里获得了固定 IP 地址，选中"使用下面的 IP 地址"选项，输入 ISP 分配的 IP 地址（静态 IP 地址）、子网掩码、默认网关、域名服务器等参数，单击"确定"按钮完成配置。

④ 如果 ISP 分配的是活动的 IP 地址，选中"自动获得 IP 地址"选项，上网时就自动从 ISP 那里获得 IP 地址，也称"动态 IP 地址"。

⑤ 单击"确定"按钮，使配置生效。

2. 电话拨号接入

一般家庭使用的计算机可以通过电话线拨号入网。采用这种方式，用户计算机必需装上一个调制解调器（Modem），并通过电话线与 ISP 的主机连接。其传输率可达 33.6kb/s 和 56kb/s。

3. ISDN 接入

ISDN（综合业务数字网）使用普通的电话线作为通讯线路，但与普通电话线不同，该线路上采用数字方式传输信息。ISDN 能在电话线上提供语音、数据和图像等多种通讯业务服务。例如，用户可以通过一条电话线在上网的同时拨打电话。ISDN 方式入网需要安装 ISDN 卡，其上网速度可以达到 128kb/s。

4. ADSL 接入

电话拨号接入 Internet 的主流技术是非对称数字用户线（ADSL）。这种接入技术的非对称性体现在上、下行速率不同，高速下行信道向用户传送视频、音频信息，速率一般为 1.5～8Mbit/s，低速上行速率一般为 16～640kbit/s，使用 ADSL 技术接入 Internet 对使用宽带业务的用户是一种经济、快速的方法。

如图 6-24 所示，采用 ADSL 接入 Internet，除了需要一台带有网卡的计算机和一条直拨电话线外，还需向电信部门申请 ADSL 业务。由相关服务部门负责安装话音分离器和 ADSL 调制解调器以及拨号软件。安装完成后，就可以根据提供的用户名和口令拨号上网了。

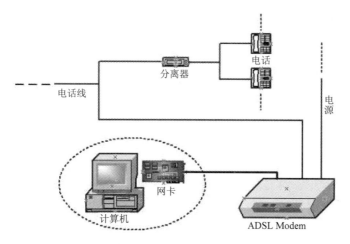

图 6-24　ADSL 接入示意图

5. 有线电视网接入

通过中国有线电视网（CATV）接入 Internet,速率可达 10Mb/s。采用 CATV 接入需要安装 Cable Modem（电缆调制解调器）。

6. 无线接入

无线接入是指从用户终端到网络交换结点采用或部分采用无线手段的接入技术。无线接入 Internet 的技术分成两类，一类是基于移动通信的无线接入，另一类是基于无线局域网的技术。

无线局域网的构建不需要布线，因此为组网提供了极大的便捷，省时省力，并且在网络环境发生变化需要更改的时候，也易于更改和维护。架设无线网络需要配备一个无线访问接入点 AP（Access Point）。AP 是无线局域网络中的桥梁，通过它装有无线网卡的计算机或支持 WiFi（Wireless Fidelity）功能的手机等设备就可以快速、轻易地与网络相连。普通的小型办公室、家庭有一个 AP 就已经足够了，甚至在几个邻居之间都可以共享一个 AP 链接 Internet。现在市面上已经有一些产品，如无线 ADSL 调制解调器，它相当于将无线局域网和 ADSL 的功能合二为一，只要将电话线接入无线 ADSL 调制解调器，即可享受无线网络和 Internet 的各种服务。

7. 光纤接入

光纤接入技术可分为光纤环路技术（FITL）和光纤同轴混合技术（HFC），光纤接入可用于各类高带宽、高质量的应用环境中，例如 DDN（数字数据网）专线、ATM（异步传输模式）等。

6.3　Internet 应用

6.3.1　浏览器

浏览器是指运行在用户的机器上用来展现和浏览来自 Web 服务器或者本地文件系统中的 HTML 页面，并让用户与这些页面交互的一种客户机软件。在接入网络之后，就可以启动浏览器来浏览因特网上的资源了。

浏览器的工作过程是根据用户输入的地址要求，向指定的服务器发出请求，接收到服务器发来的页面，再把页面呈现在用户面前。浏览器主要通过 HTTP 协议与 Web 服务器交互并获取网页，这些网页由 URL 指定，文件格式通常为 HTML。一个网页中可以包括多个文档，每个文档都是分别从服务器获取的。大部分的浏览器本身支持除了 HTML 之外的广泛的格式，例如 JPEG、PNG、GIF 等图像格式，并且能够扩展支持众多的插件。另外，许多浏览器还支持其他的 URL 类型及其相应的协议，如 FTP、Gopher、HTTPS。HTTP 内容类型和 URL 协议规范允许网页设计者在网页中嵌入图像、动画、视频、声音、流媒体等。

要想进入因特网世界，就要选择一个界面友好、功能强大、使用简便的浏览器。目前，常用的 PC 浏览器有：Mozilla 公司的 Firefox、苹果公司的 Safari、Google 的 Chrome、Opera、360 安全浏览器、搜狗浏览器、和 Internet Explorer（简称 IE）等。这些软件都是免费产品，除了 IE 是随着 Windows 发行的以外，其他软件都可以去相应的网站上下载。

随着智能手机的快速发展，手机浏览器也呈快速发展的趋势。手机浏览器是运行在手机上的浏览器，可以通过 GPRS 或 WiFi 进行上网浏览互联网内容。由于受限于手机的屏幕大小、电池容量以及手机处理器等，手机浏览器往往需要服务器进行 Web 页面的优化和数据的压缩处理。目前智能手机的浏览器主要有 Safari、QQ 浏览器、UC 浏览器、搜狗浏览器等。

微软公司的 Internet Explorer 浏览器（简称为 IE），是最常用的 Web 网页浏览器，下面以 IE 为例学习浏览器的基本操作。

在 Windows 7 桌面上双击 Internet Explorer 快捷方式图标，或者在任务栏的"快速启动栏"上，单击"启动 Internet Explorer 浏览器"按钮，就可以启动 Internet Explorer，并自动打开默认主页的窗口，如图 6-25 所示。

1. 在"地址"栏中直接输入 URL

用户可以在"我的电脑"|"资源管理器"或其他文件夹窗口的"地址栏"中输入网址，然后按 Enter 键即可启动 Internet Explorer。例如，输入 http://www.sina.com.cn 后，按 Enter 键，即可进入新浪网的主页，如图 6-26 所示。

图 6-25　Internet Explorer 窗口

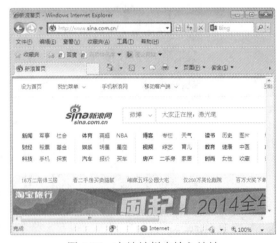

图 6-26　在地址栏中输入地址

启动 Internet Explorer 浏览 Internet 的方法很多，下面再介绍几种方法及技巧。

（1）使用"地址"栏的地址输入自动完成功能。

如果曾经在"地址"栏中输入某个网站地址，那么再次输入它的前一个或几个字符时，浏览器就会自动在"地址"栏的下面显示一个下拉列表，其中显示曾输入过的前面部分相同的所有网站地址，如图 6-25 所示。

（2）使用"地址"栏的历史记录功能。

"地址"栏是一个文本输入框，也是一个下拉列表框，单击"地址"栏右侧的下拉按钮，如图 6-26 所示，可以看到下拉列表中保存着 Internet Explorer 浏览器记录的曾输入过的网站地址。单击列表中的地址即可进入相应网页。

 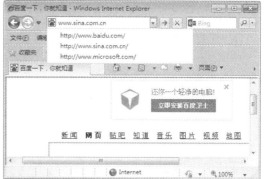

图 6-27　地址输入自动完成功能　　　　　图 6-28　使用"地址"栏的历史记录功能

2. 使用导航按钮浏览

Internet Explorer 浏览器的工具栏上最左侧的 5 个按钮就是导航按钮。在浏览过程中，会频繁地用到这 5 个导航按钮。

下面简单讲述一下这 5 个导航按钮的功能。

（1）"后退"按钮 。

刚打开浏览器时，这个按钮呈灰色不可用状态。当访问了不同网页或使用了网页上的超级链接后，按钮呈黑色可用状态，记录了曾经访问过的网页。单击此按钮可以返回到上一个网页；单击按钮右侧的下三角，在弹出的下拉列表中，可以选择在访问该网页之前曾访问过的网页。

（2）"前进"按钮 。

同样，刚打开浏览器时，这个按钮呈灰色不可用状态。当使用了后退功能后，按钮呈黑色可用状态。单击此按钮，可返回到单击"后退"按钮前的网页。单击按钮右侧的下三角按钮，在弹出的下拉列表中，可以选择在访问该网页之后曾访问过的网页。

（3）"停止"按钮 。

在浏览的过程中，有时会因通信线路太忙或出现了故障而导致一个网页过了很长时间还没有完全显示，这时可以单击此按钮来停止对当前网页的加载。当然没有出现问题的时候，也可以单击此按钮停止载入网页。

（4）"刷新"按钮 。

如果仍想浏览停止载入的网页，单击此按钮，有时可以重新进入这个网页。这个按钮的另一个用途是：有的网页内容更新频率很高，那么单击此按钮可以及时阅读新信息。

（5）"主页"按钮 。

在 IE 中，主页是打开浏览器时所看到的起始页面。在浏览过程中，单击此按钮可以返回起始页面。

（6）利用网页中的超链接浏览。

超链接就是存在于网页中的一段文字或图像，可以跳转到其他网页或网页中的另一个位置。超链接广泛地应用在网页中，提供了方便、快捷的访问手段。

光标停留在有超链接功能的文字或图像上时，会变为 👆 形状，单击就可进入链接目标。打开网页还有其他一些方法，例如使用"链接"栏等，这里不再详细介绍，用户可以在上网的过程中逐渐摸索，达到迅速快捷地打开网页的目的。

3. 收藏网页

浏览网页时，遇到喜欢的网页可以把它放到"收藏夹"里，以后再打开该网页时，只需单击"收藏夹"中的链接即可。添加网页到"收藏夹"的具体操作步骤如下：

①打开要收藏的网页，然后单击工具栏上的 收藏夹 按钮，在浏览区打开"收藏夹"窗格。

②单击"收藏夹"窗格中的 添加到收藏夹 按钮，弹出"添加到收藏夹"对话框，如 6-29 左图所示。

③选择一个收藏网页的文件夹，或是单击 新建文件夹(E) 按钮，新建一个文件夹，在弹出的"新建文件夹"对话框中输入新文件夹名称，然后单击"确定"按钮，即可创建该文件夹。

在 Internet Explorer 浏览器中，如果收藏了很多网页，就需要对"收藏夹"进行整理。例如，在收藏夹的根目录下建立几类文件夹，分别存放不同的网页，便于管理，也便于查阅；将不想要的文件夹或网页删除掉；移动某个收藏的网页从一个文件夹到另一个文件夹中等。

整理收藏夹的方法是：单击"收藏夹"|"整理收藏夹…"命令，会弹出"整理收藏夹"对话框，如 6-29 右图所示。在这个对话框里，可以对"收藏夹"进行多项管理，如创建文件夹、网页的删除和更名、网页的移动和脱机使用等。具体的使用方法很简单，这里就不再一一介绍。

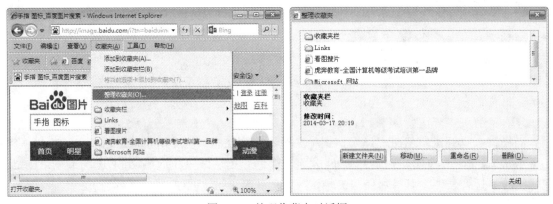

图 6-29　整理收藏夹对话框

4. 设置 Internet Explorer

在启动 IE 的同时，系统打开默认主页，在默认设置下，打开的主页是"微软(中国)首页"。为了使浏览时更加快捷、方便，可以将访问频繁的站点设置为主页。

单击"工具"|"Internet 选项"命令，打开如图 6-30 所示的"Internet 选项"对话框，切换到"常规"选项卡。"常规"选项卡中有 5 个选项组："主页"、"浏览历史记录"、"搜索"、"选显卡"和"外观"。

主页就是打开浏览器时所看到的第一个页面。可以在"主页"选项组中选择作为主页的网页。设置方法有以下几种：

单击"使用当前页"按钮，就可以将当前访问的主页设置为主页。

如图 6-30 所示，若要将"新浪网"设置为主页。可以在"地址"文本框中直接输入要设置为默认主页的 URL 地址，例如 http://www.sina.com.cn。

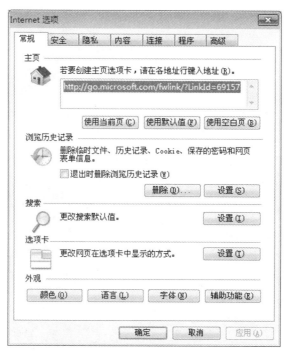

图 6-30　常规选项卡

若要将主页还原为默认的"微软(中国)首页"，则可以单击"使用默认页"按钮。

如果希望每次启动 Internet Explorer 时，都不打开任意主页，则可以单击"使用空白页"按钮。

设置完毕后，单击"确定"按钮完成主页的设置。以后每次启动 Internet Explorer 或单击"主页"按钮 ，都会打开设置的主页页面。

利用历史记录功能虽然可以方便地打开以前到过的网页，但是也会暴露以前我们所去过的地方，这不利于保密工作。如果我们不希望他人知道这些网页，那么就可以清除这些历史记录，具体操作步骤如下：

①单击"工具" | "Internet 选项"命令，打开"Internet 选项"对话框，默认为"常规"选项卡。

②在"常规"选项卡中，单击"删除"按钮打开"删除浏览历史记录"对话框。

③单击"删除"按钮。

5. 使用历史记录

在 IE 浏览器中，历史记录记载了用户在最近一段时间内浏览过的网页标题。通过查询这些历史记录，可以快速找到曾经访问过的信息。具体操作步骤如下：

①在工具栏上单击 按钮，在浏览区的左侧出现"历史记录"窗格，如图 6-31 所示。

②单击下拉列表按钮，可以选择历史记录的排序方式。

6. 在新窗口中打开网页

有的网站在打开一个新链接后，原来的窗口也随着消失，当用户想再次返回到原窗口时，虽然可以单击浏览器中的"后退"按钮来实现，但这样并不是很方便。此时可以用鼠标右击某个超链接，从弹出的快捷菜单中选择"在新窗口中打开"命令，这样就能够在不关闭当前窗口的同时打开多个网页。

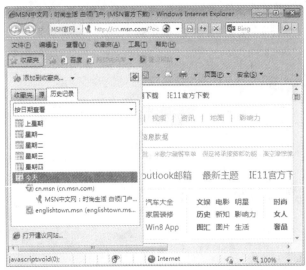

图 6-31　打开"历史记录"并选择历史记录的排序方式

6.3.2　搜索引擎

随着网络的普及，Internet 日益成为信息共享的平台。各种各样的信息充满整个网络，既有很多有用信息，也有很多垃圾信息。如何快速准确地在网上找到真正需要的信息已变得越来越重要。搜索引擎（Search Engine）是一种网上信息检索工具，在浩瀚的网络资源中，它能帮助用户迅速而全面地找到所需要的信息。

1．搜索引擎的概念和功能

搜索引擎是在 Internet 上对信息资源进行组织的一种主要方式。从广义上讲，是用于对网络信息资源管理和检索的一系列软件，是在 Internet 上查找信息的工具或系统。

搜索引擎的主要功能包括以下几方面。

信息搜集。各个搜索引擎都拥有蜘蛛（Spider）或机器人（Robots）这样的"页面搜索软件"，在各网页中爬行，访问网络中公开区域的每一个站点，并记录其网址，将它们带回到搜索引擎，从而创建出一个详尽的网络目录。由于网络文档的不断变化，机器人也不断把以前已经分类组织的目录进行更新。

信息处理。将"网页搜索软件"带回的信息进行分类整理，建立搜索引擎数据库，并定时更新数据库内容。在进行信息分类整理阶段，不同的搜索引擎会在搜索结果的数量和质量上产生明显的差异。有的搜索引擎把"网页搜索软件"发往每一个站点，记录下每一页的所有文本内容，并收入到数据库中，从而形成全文搜索引擎；而另一些搜索引擎只记录网页的地址、篇名、特点的段落和重要的词。因此，有的搜索引擎数据库很大，而有的则较小。当然，最重要的是数据库的内容必须经常更新、重建，以保持与信息世界的同步发展。

信息查询。每个搜索引擎都必须向用户提供一个良好的信息查询界面，一般包括分类目录及关键词两种信息查询途径。分类目录查询是以资源结构为线索，将网上的信息资源按内容进行层次分类，使用户能依线性结构逐层逐类检索信息。关键词查询是利用建立的网络资源索引数据库向网上用户提供查询"引擎"。用户只要把想要查找的关键词或短语输入查询框中，并单击"搜索"（Search）按钮，搜索引擎就会根据输入的提问，在索引数据库中查找相应的词语，并进行必要的逻辑运算，最后给出查询的命中结果（均为超文本链接形式）。用户只要通过搜索引擎提供的链接，就可以立刻访问到相关信息。

2. 常用搜索引擎

（1）谷歌（Google）搜索引擎。

Google 是目前互联网上最强大的搜索引擎，您可以通过 Google 轻松访问数十亿个网页，此外，Google 还提供许多特色功能，可以帮助您准确地找到想要的内容。

在浏览器地址栏输入http://www.google.com，显示图界面，如图 6-32 所示。在 Google 上进行搜索非常简便。只需在搜索框中键入一个或多个搜索字词（最能描述您要查找的信息的字词或词组，词与词之间用空格分开），然后按下回车键或点击"Google 搜索"按钮即可。之后，Google 就会生成结果页，即与您的搜索字词相关的网页列表。其中，相关性最高的网页显示在首位，稍低的放在第二位，依此类推。

图 6-32　谷歌搜索引擎界面

如果想更快速、更准确的得到搜索结果，可以通过以下方法最大程度地改善搜索效果。

1）选择搜索字词。

选择正确的搜索字词是找到所需信息的关键。首先，要选择最相关的检索词及从字词。例如，如果您查找有关夏威夷的一般信息，不妨试试"夏威夷"这个词。

但是我们通常建议使用多个搜索字词。如果您打算安排一次夏威夷度假，则搜索"度假 夏威夷"比单独搜索"度假"或"夏威夷"效果会更好。如果想去夏威夷打高尔夫球，那么，"度假 夏威夷 高尔夫"可能会生成更好的结果。

您可能还需要看一下自己的搜索字词是否足够具体。搜索"豪华 旅馆 毛伊岛"比搜索"热带 岛屿 旅馆"效果要好。但是，要仔细选择搜索字词。Google 会查找您所选择的搜索字词，因此，与"毛伊岛绝好的过夜处所"相比，"豪华 旅馆 毛伊岛"可能会带来更好的结果。选择涵义更加准确的词，才会检索到期望的内容。

2）大小写问题。

Google 搜索不区分大小写。不论您如何键入，所有字母都会视为是小写的。例如，搜索

"george Washington"、"George Washington"和"gEoRgE wAsHiNgToN"所返回的结果是一样的。

3）自动"and"查询。

默认情况下，Google只返回包含所有搜索字词的网页。在字词之间无需添加"and"。请记住，字词键入的顺序会影响搜索结果。要进一步限制搜索，只需加入更多字词。例如，要安排去夏威夷度假，只需键入"度假 夏威夷"。

4）自动排除常用字词。

Google会忽略常用字词和字符，如"where"和"how"以及其他会降低搜索速度，却不能改善结果的单个数字和单个字母。

如果必须要使用某一常见字词才能获得需要的结果，您可以在该字词前面放一个"+"号，从而将其包含在查询字词中。（请确保在"+"号前留一个空格。）

另一个方法是执行词组搜索，就是说用引号将两个或更多字词括住。词组搜索中的常用字词（例如，"where are you"）会包含在搜索中。

例如，要搜索"星球大战前传I"，请使用以下方法搜索：

"星球大战前传+I"或者"星球大战前传I"

5）词组搜索。

有时，您仅需要包含某个完整词组的结果。在这种情况下，只需用英文引号将您的搜索字词括住即可。例如，如果要搜索"长路漫漫"可以用英文的双引号把长路漫漫这个词括起来进行搜索：

""长路漫漫""

这种方法对于搜索专有名词（"克里斯迪亚诺·罗纳尔多"）、歌词（"长路漫漫"）或其他名言（"人无远虑必有近忧"）非常有效。

6）否定字词。

如果您的搜索字词具有多种含义（例如，"bass"可以指鱼或乐器），您可以进行集中搜索，方法是在与您希望排除的含义相关字词前添加一个减号（"-"）。

例如，如果您要查找大量鲈鱼的湖泊而不是偏重低音的音乐，可以采用以下方法：

"bass -music"

注意：在搜索中包含否定字词时，请务必在减号前添加一个空格。

7）手气不错。

"手气不错"是谷歌搜索引擎的一项功能，当用户点击"手气不错"按钮时，会直接打开第一个搜索结果而不是打开搜索结果页面。

（2）百度搜索引擎。

百度是国内最大的商业化全文搜索引擎，占国内80%的市场份额。百度的网址是：http://www.baidu.com,其搜索页面如图6-33所示。百度功能完备，搜索精度高，除数据库的规模及部分特殊搜索功能外，其他方面可与当前的搜索引擎业界领军人物Google相媲美，在中文搜索支持方面甚至超过了Google，是目前国内技术水平最高的搜索引擎。

百度目前主要提供中文（简/繁体）网页搜索服务。如无限定，默认以关键词精确匹配方式搜索。支持"-"、"｜"、"link:"、"《》"等特殊搜索命令。在搜索结果页面，百度还设置了关联搜索功能，方便访问者查询与输入关键词有关的其他方面的信息。其他搜索功能包括新闻搜索、音乐搜索、图片搜索、视频搜索、文库搜索等。

图 6-33　百度搜索引擎界面

　　百度可以输入多个词语搜索（不同字词之间用一个空格隔开），多词语搜索可以获得更精确的搜索结果。例如：想了解郑州碧沙岗公园的相关信息，在搜索框中输入"郑州　碧沙岗公园"获得的搜索效果会比输入"碧沙岗公园"得到的结果更精准。

　　（3）必应。

　　必应（Bing）是微软公司推出用以取代 Live Search 的全新搜索引擎服务。为符合中国用户使用习惯，Bing 中文品牌名为"必应"。当前，必应是北美地区第二大搜索引擎，并为雅虎提供搜索技术支持，已占据 29.3% 的市场份额。必应不仅仅是一个搜索引擎，更将深度融入微软几乎所有的服务与产品中。必应的搜索引擎的地址为：http://www.bing.com，界面如图 6-34 所示。

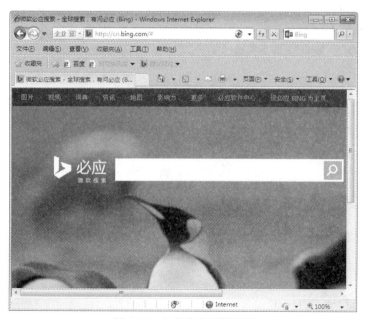

图 6-34　必应搜索引擎界面

6.3.3　电子邮件

电子邮件（Electronic mail，简称 E-mail）又称电子信箱，它是一种用电子手段提供信息交换的通信方式，也是 Internet 应用最广的服务。通过网络的电子邮件系统，用户可以用非常低廉的价格，以非常快速的方式，与世界上任何一个角落的网络用户联系，这些电子邮件可以是文字、图像、声音等各种方式。同时，用户可以得到大量免费的新闻、专题邮件，并实现轻松的信息搜索。这是任何传统的方式都无法相比的。正是由于电子邮件的使用简易、投递迅速、收费低廉、易于保存、全球畅通无阻，使得电子邮件被广泛地应用，它使人们的交流方式得到了极大的改变。另外，电子邮件还可以进行一对多的邮件传递，同一邮件可以一次发送给许多人。

1. 电子邮件基础知识

（1）电子邮件地址的格式。

在互联网中，电子邮件地址的格式是：用户名@域名。@是英文 at 的意思，所以电子邮件地址是表示在某部主机上的一个使用者的帐号（例：guest@hnufe.edu.cn）。

（2）电子邮件的工作过程。

电子邮件的工作过程遵循客户-服务器模式，如图 6-35 所示。每份电子邮件的发送都要涉及到发件人与收件人，发送方构成客户端，而接收方构成服务器，服务器含有众多用户的电子信箱。发件人通过邮件客户程序，将编辑好的电子邮件向邮局服务器（SMTP 服务器）发送。邮局服务器识别收件人的地址，并向管理该地址的邮件服务器（POP3 服务器）发送消息。邮件服务器将消息存放在收件人的电子信箱内，并告知收件人有新邮件到来。收件人通过邮件客户程序连接到服务器后，就会看到服务器的通知，进而打开自己的电子信箱来查收邮件。

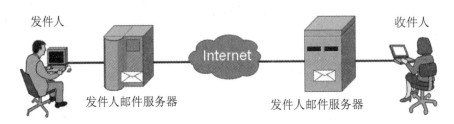

发件人　　发件人邮件服务器　　Internet　　发件人邮件服务器　　收件人

图 6-35　E-mail 收发示意图

通常 Internet 上的个人用户不能直接接收电子邮件，而是通过申请 ISP 主机的一个电子信箱，由 ISP 主机负责电子邮件的接收。一旦有用户的电子邮件到来，ISP 主机就将邮件移到用户的电子信箱内，并通知收件人有新邮件。因此，当发送一条电子邮件给另一个收件人时，电子邮件首先从发件人计算机发送到 ISP 主机，再到 Internet，再到收件人的 ISP 主机，最后到收件人的个人计算机。

ISP 主机起着"邮局"的作用，管理着众多用户的电子信箱。每个用户的电子信箱实际上就是用户所申请的帐号名。每个用户的电子邮件信箱都要占用 ISP 主机一定容量的硬盘空间，由于这一空间是有限的，因此用户要定期查收和阅读电子信箱中的邮件，以便腾出空间来接收新的邮件。

（3）电子邮件使用的协议。

常见的电子邮件协议有以下几种：SMTP（简单邮件传输协议）、POP3（邮局协议）、IMAP

（Internet 邮件访问协议）。这几种协议都是由 TCP/IP 协议族定义的。

SMTP（Simple Mail Transfer Protocol）：SMTP 主要负责底层的邮件系统如何将邮件从一台机器传至另外一台机器。

POP（Post Office Protocol）：目前的版本为 POP3，POP3 是把邮件从电子邮箱中传输到本地计算机的协议。

IMAP（Internet Message Access Protocol）：目前的版本为 IMAP4，是 POP3 的一种替代协议，提供了邮件检索和邮件处理的新功能，这样用户可以完全不必下载邮件正文就可以看到邮件的标题摘要，从邮件客户端软件就可以对服务器上的邮件和文件夹目录等进行操作。IMAP 协议增强了电子邮件的灵活性，同时也减少了垃圾邮件对本地系统的直接危害，同时相对节省了用户察看电子邮件的时间。除此之外，IMAP 协议可以记忆用户在脱机状态下对邮件的操作（例如移动邮件，删除邮件等），在下一次打开网络连接的时候会自动执行。

2. 电子邮件收发

电子邮件收发主要有两种方式：一是通过浏览器在线收发电子邮件；二是通过电子邮件客户端软件收发电子邮件。本节分别以 126 电子邮箱和 Outlook Express 为例对两者进行介绍。

（1）通过浏览器收发电子邮件。

1）从网上申请电子邮箱。

①运行 IE，登录提供免费或收费电子邮箱的网站（我们以登录 126 网站为例），进入电子邮件主页，如图 6-36 所示。

图 6-36　126 邮箱主页

②单击"注册"，开始申请工作。首先要求输入一个邮件地址，并对邮件地址是否可用进行检查，如图 6-37 所示，输入注册信息，单击"立即注册"即可。

③注册成功后，申请者就有了自己的邮箱地址，利用这一地址就可以在网上进行电子邮件的发送和接收了。

图 6-37　输入注册信息

2）在网站上使用免费电子邮箱。

①登录网站。

②输入用户名和密码，单击"进入"按钮。如果用户名和密码无误，就会成功进入邮箱界面，如图 6-38 所示。

图 6-38　电子邮箱界面

③单击"收件箱"按钮，会看到收件箱中的邮件列表，单击邮件列表中某封邮件的主题，就能阅读这封邮件，如图 6-39 所示。

④单击"写信"按钮，就可以书写并发送自己的电子邮件，如图 6-40 所示。

图 6-39　收件箱

图 6-40　写邮件

⑤在写信中，可以粘贴附件，单击附件会出现选择文件所在的位置，如图 6-41 所示，选好后单击"打开"，附件就会粘贴上去。现在的邮箱都支持超大附件，最多可上传 2GB 的附件。

图 6-41　选择文件所在位置

⑥在写信中，粘贴附件可以从"云附件"，"网盘"，"往来附件"，"有道笔记"中添加，如图 6-42 所示。

图 6-42　附件添加

⑦在邮箱中，有"网盘"的功能，我们可以将自己的重要文件，保存在网盘上，永不过期。单击"上传"，打开对话框，选择要上传的文件，点击打开即可上传。

⑧在邮箱中，还有"云附件"的功能，可以上传 2GB 云附件，上传后有效期为 15 天，到期后收件人无法下载。使用云附件的功能首先要安装网易邮箱助手。

3. 使用电子邮件客户端

1）创建邮件账户。

①打开 Outlook Express，单击"文件"|"信息"命令，打开"添加账号"对话框，如图 6-43 所示。

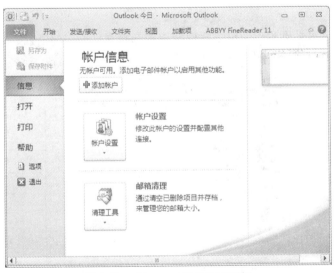

图 6-43　"Internet 账号"对话框

②进入"添加新账户"对话框，如图 6-44 所示。填写"姓名"，"电子邮件地址"，"密码"，单击"下一步"按钮。

图 6-44　"添加"菜单

③配置结束后，如图 6-45 所示，单击"完成"按钮。

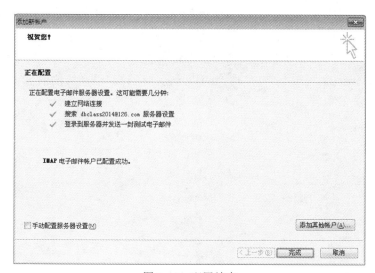

图 6-45　配置结束

2）发送和接收邮件。

①发送邮件的方法如图 6-46 所示，首先按单击"开始"选项卡下的"新建邮件"按钮，然后在弹出的"未命名-邮件"对话框中撰写邮件，最后单击"发送"按钮完成邮件发送。

②单击"开始"|"发送/接受所有文件夹"按钮。

3）账户设置。

①单击"文件"|"信息"|"账户设置"|"账户设置…"。

②在弹出的"账户设置"对话框中双击需要设置的邮箱账号。

③在"更改账户"对话框中，可以分别配置接受邮件服务器和发送邮件服务器。

图 6-46　新建、发送电子邮件

6.3.4　文件下载与上传

FTP 是 File Transfer Protocol 即文件传输协议的缩写，利用 FTP 可将本机上的文件传输到远程 FTP 服务器上，同时也可将远程服务器上的文件传输到本机上，并且能保证传输的可靠性。FTP 对于在不同的计算机系统之间传输文件特别有用，例如从一台运行 UNIX 的计算机向另一台运行 Windows 的计算机传输文件。FTP 屏蔽了各计算机系统的细节，因而适合于在异构网络/主机间传输文件。

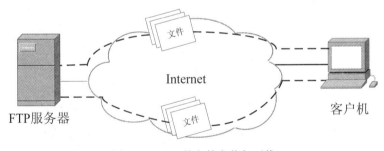

图 6-47　FTP 的文件上传与下载

1. FTP 分类

根据用户账户不同，可将 FTP 服务分为两类：普通 FTP 服务和匿名 FTP 服务。

（1）匿名 FTP。

匿名 FTP 服务是提供服务的机构在 FTP 服务器上建立了一个公开账号（一般为 anonymous)，并赋予该账号访问公共目录的权限，以便提供免费服务。如果用户要访问这些提供匿名服务的 FTP 服务器，一般不需要输入用户名与密码，大多数 FTP 服务都是匿名服务，为了保证 FTP 服务器的安全，几乎所有的匿名 FTP 服务器都只允许用户下载文件，而不允许用户上传文件。

（2）普通 FTP。

与匿名 FTP 不同的是，普通 FTP 为企事业单位内部的信息发布提供方便。使用实名 FTP，需要用户在远程主机上拥有实名账户、口令和相应的访问权限。例如，在 UNIX 系统中，如果给某个用户建立了一个实名账户，那么用户就可以使用该账户登录后，将文件上传到该用户在远程主机的个人主目录（Home Directory）下，如果该主机开放了个人网页的发布功能，那么在本地制作完成的网页就可以发布到个人网页的发布目录中。而且，使用同一套用户名和口令，可以同时使用 Telnet、SSH、FTP 进行远程登录，协同完成个人网页的上传（FTP）、发布测试（Web）、文件目录访问权限（Telnet/SSH）的设置。

2．FTP 的客户端

FTP 的客户端分成专用客户端和通用客户端。

（1）专用 FTP 客户。

专用客户端又可以分为字符界面和图形界面的客户端。最为简单的专用客户端往往是操作系统自带的 FTP 客户端应用程序（如微软 Windows 系统中的 ftp.exe），在了解了它的操作命令之后，在本地进行大型文件传输（如虚拟光盘文件），往往有很高的效率。专用的 FTP 客户端往往是图形界面的，著名的 FTP 客户端软件如 LeapFTP 和 CuteFTP。专用 FTP 客户端的最大特色不仅仅在于它的界面友好，而是在于它们一般具有"断点续传"的功能，对于传输大型文件的用户来说这是极为有用的。

（2）通用 FTP 客户端。

通用 FTP 客户端包含各种浏览器（如 IE、Firefox），浏览器除了可以直接下载嵌入在网页中的文件之外，也支持普通或匿名的 FTP，条件是在浏览器的 URL 地址拦直接输入 FTP 名、远程主机域名等。浏览器除了支持 FTP 服务器的匿名登录外，也支持普通 FTP 的实名登录。

3．FTP 应用举例

例如，从北京大学的 FTP 站点下载文件的步骤如下：

在地址栏中输入:ftp://ftp.pku.edu.cn。

选择需要下载的文件夹 Linux，如图 6-48 所示，右击该文件夹图标，从快捷菜单中选择"复制到文件夹…"命令。

图 6-48　文件下载

6.4　网络安全基础

计算机网络的广泛应用已经对经济、文化、科学与教育的发展产生了重要的影响，同时也不可避免地带来了一些新的社会、道德、政治与法律问题。随着 Internet 的应用日益深入，网上的信息资源也越来越丰富，所涉及的领域也越来越广泛，其中大到国家高级军事机密、经济情报、企业策划，小到证券投资、个人信用、生活隐私等。由于 Internet 的开放性及网络操作系统目前还无法杜绝各种隐患等原因，使一些企图非法窃取他人机密的不法分子有机可乘。利用计算机犯罪日益引起社会的普遍关注，而计算机网络则是被攻击的重点。

6.4.1　网络安全概念

从广义上说，网络安全包括网络硬件资源和信息资源的安全性。硬件资源包括通信线路、网络通信设备（集线器、交换机、路由器、防火墙）、服务器等，要实现信息快速、安全地交换，一个可靠、可行的物理网络是必不可少的。信息资源包括维持网络服务运行的系统软件和应用软件，以及在网络中存储和传输的用户信息等。

网络安全的定义：网络安全是指保护网络系统中的软件、硬件及数据信息资源，使之免受偶然或恶意的破坏、盗用、暴露和篡改，保证网络系统的正常运行、网络服务不受中断而采取的措施和行为。

6.4.2　网络安全威胁

网络系统的安全风险来自 4 个方面，即自然灾害威胁、系统故障、操作失误和人为蓄意破坏，前 3 种安全风险的防范可以通过加强管理、应急措施和技术手段解决，而对于人为蓄意破坏的防范，就要复杂得多。

网络信息系统不安全因素主要有以下几点。

1．系统的缺陷和漏洞

在系统设计、开发过程中会产生许多缺陷、错误，形成安全隐患：系统越大、越复杂，存在的安全隐患就越多。例如，协议本身有漏洞、弱口令等，这些漏洞给入侵者提供了可乘之机。当发现漏洞时，管理人员要采取补救措施，对系统进行维护，对软件进行更新和升级。

2．网络攻击和入侵

网络系统的攻击或入侵是指利用系统（主机或网络）安全漏洞潜入他人的系统，进行窃听、篡改、添加或删除信息的行为。因此，只有了解自己系统的漏洞及入侵者的攻击手段，才能更好地保护自己的系统。

3．恶意代码

计算机病毒：是一种特殊的程序，它能够附着在其他程序中不断地复制和传播，在特定条件满足时启动运行，能耗尽系统资源，造成系统死机或拒绝服务。

蠕虫程序：也称超级病毒，它是一段独立的程序，能够针对系统漏洞直接发起攻击，通过网络进行大量繁殖和传播，造成通信过载，最终使网络瘫痪。

特洛伊木马：通常利用系统漏洞或以提供某些特殊功能为诱饵，将一种称为特洛伊木马的程序植入目标系统，这样，当目标系统启动时，木马程序随之启动，在远程黑客的操纵下，执行一些非法操作，如删除文件、窃取口令、重新启动系统等。它与病毒程序不同的是它不自我复制。

6.4.3　网络信息安全技术

保障网络信息安全的方法很多，下面介绍几种常用的网络信息安全技术。

1. 访问控制技术

通过用户标识和口令限制用户访问网站。如何检验用户身份、限制非法用户对网络系统的访问，尤其是以远程登录方式的访问，是保证网络安全的首要问题。其解决方法是使用用户标识和口令。口令要有一定的秘密性，且难于破解。一般口令的位数应大于 6 位，最好是 8 位以上，大小写字母混合，并将数字混在字母中。切记不要使用用户名本身作为口令，也不要使用自己或者亲友的生日作为口令。

2. 设置用户访问资源的权限

用户权限设置是指限制用户对文件操作控制的权力。当用户申请一个计算机系统的账号时，系统管理员会根据该用户的实际需要和身份为其分配一定的权限，对指定的目录和文件设置访问权限，是网络信息系统的第二道安全防线。图 6-49 中限制 Power Users 账号对某资源（目录）的访问权限是"只读"操作。

图 6-49　分配"Power Users"账号的权限

3. 加密技术

数据在网络上传输可能会遇到被偷听、篡改、伪造等问题，通过给数据加密后再传输，即使这些数据被偷窃，非法用户得到的也只能是一堆无法看懂的数据，而合法用户通过解密处理，将这些数据还原为有用的数据。如图 6-50 所示，发送方通过加密算法将数据加密后发送出去，接收方在收到密文后，用解密的密钥将密文解密，恢复为明文。

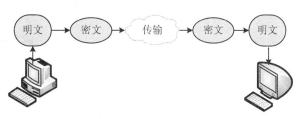

图 6-50　加密和解密

4. 防火墙技术

防火墙是在两个信任程度不同的网络之间设置的、用于加强访问控制的软硬件保护设施。如图 6-51 所示，从外部网络来的数据要经过防火墙的过滤，才能进入内部网络。目前常用的防火墙软件有：Windows 防火墙、天网防火墙、瑞星防火墙、Zone Labs 防火墙等。

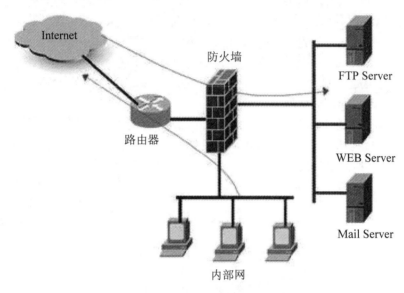

图 6-51　防火墙示意图

5. 补丁软件

网络系统软件由于安全功能欠缺或系统在设计时的疏忽和考虑不周而留下的安全漏洞，都会给攻击者以可乘之机，危害网络的安全性。许多软件存在着安全漏洞，一般生产商会针对已发现的漏洞发布"补丁"程序。所谓"补丁"就是修补有漏洞的软件，提高软件性能的程序。"补丁"本来是用来对软件漏洞进行补救的一种措施，但黑客也可以利用这些"补丁"大做文章。他们对这些"补丁"程序进行分析研究后，就可以非常容易地找到该软件的漏洞，从而对没有及时打"补丁"的软件系统进行攻击。

例如，Windows 2000 Service Pack 4 补丁可用来弥补 Windows 2000 系统的漏洞，版本号为 SP4。

本章小结

随着计算机应用的深入，互联网已经成为人们生活中密不可分的一部分，收发电子邮件、浏览网页、查询信息已经成为互联网提供的主要服务。本章从网络基础知识入手，深入浅出地介绍了互联网的知识、互联网提供的服务以及互联网使用的基本技能，最后简单介绍了网络信息安全的知识，使大家对网络信息安全有一个基本了解。

通过本章学习使大家的计算机网络知识上了一个新台阶，也为大家以后更好地使用网络奠定了基础。

思考与练习

一、简答题

1. 简述网络拓扑结构及其特点。

2. 简述 TCP/IP 模型中各层的功能。

3. 简述 DNS 的工作原理。

4. Internet 主要有哪些服务方式？

5. 简述如何使用 ADSL 接入 Internet。

二、选择题

1. 以下（　　）不是计算机网络常采用的基本拓扑结构。

    A．星型结构　　　　　B．分布式结构　　　　C．总线结构　　　　　D．环型结构

2. 建立一个计算机网络需要有网络硬件设备和（　　）。

    A．体系结构　　　　　B．资源子网　　　　　C．网络操作系统　　　D．传输介质

3. 双绞线和同轴电缆传输的是（　　）信号。

    A．光脉冲　　　　　　B．红外线　　　　　　C．电磁信号　　　　　D．微波

4. 为网络数据交换而制定的规则、约定和标准称为（　　）。

    A．体系结构　　　　　B．协议　　　　　　　C．网络拓扑　　　　　D．模型

5. 网络的不安全性因素有（　　）。

    A．非授权用户的非法存取和电子窃听

    B．计算机病毒的入侵

    C．网络黑客

    D．以上都是

三、填空题

1. 按计算机网络覆盖区域的大小，我们可以把网络分为_____、_____和_____。

2. 网络拓扑结构有_____、_____、_____和_____。

3. 有线网络传输介质有_____、_____和_____。

4. 开放系统互联参考模型简称_____。

5. Internet 上的计算机使用的是_____协议。

四、操作题

1. Internet 应用基础

（1）查看 Win7 是否已安装网卡、TCP/IP 通信协议，并查看本机的 IP 地址和 DNS 服务器地址。

（2）用 ping 命令测试网络的工作状态。

（3）浏览北京大学主页，并把它设置成默认主页。

（4）整理以前收藏过的文件。

第 7 章　数据库基础与 Access 2010 的使用

本章导读

　　本章介绍数据库的基础知识和基本概念，以 Access 2010 为例介绍了数据库的应用。详细介绍了如何在 Access 2010 中创建数据库和表的方法以及如何使用表等。另外介绍了查询、窗体、报表的创建方法。

本章要点

- 数据库的基础知识
- 创建 Access 数据库
- 创建表的方法
- 表的维护与操作
- 创建查询
- 创建窗体
- 创建报表

7.1　数据库概述

7.1.1　数据及数据处理

1. 数据

　　数据是人们用来反映客观世界事物而记录下来的可以鉴别的符号，如语言、文字、声音、图像等均可称为数据。在这里数据是广义的，它可以是数值型数据、也可以是非数值型数据。例如反映一个人的基本情况可用姓名、性别、年龄、文化程度、业务专长等数据来描述，它们都可以经过数字化后存入计算机。

2. 信息

　　信息在一般意义上被认为是有一定含义的、经过加工处理的、对决策有价值的数据。例如：某班学生在期末考试中，一共考了语文、数学、英语三门课，我们可以由每名同学的三科成绩相加求出其总分，进而再排出名次，从而得到了有用的信息。

　　可见，所有的信息都是数据，而只有经过提炼和抽象之后具有使用价值的数据才能成为信息。经过加工所得到的信息仍以数据的形式表现，此时的数据是信息的载体，是人们认识信息的一种媒体。

3. 数据处理

　　在计算机近六十年的发展史中，其应用的主要方面从最初的数值计算发展到数据处理。

数据处理是指对各种类型的数据进行收集、存储、分类、计算、加工、检索及传输的过程。数据处理的目的是得到信息。数据处理有时也称为信息处理。

7.1.2　数据管理的发展

数据处理的核心问题是数据管理。数据管理指的是对数据的分类、组织、编码、储存、检索和维护等。在计算机软、硬件发展的基础上，在应用需求的推动下，数据管理技术得到了很大的发展，它经历了人工管理、文件系统和数据库管理 3 个阶段。

1. 人工管理阶段（20 世纪 50 年代中期以前）

其特征是数据和程序一一对应，即一组数据对应一个程序，不同的应用程序之间不能共享数据。人工管理数据有两个缺点，一是应用程序与数据之间依赖性太强，不独立；二是数据组和数据组之间可能有许多重复数据，造成数据冗余，数据结构性差。

2. 文件系统阶段（20 世纪 50 年代后期至 60 年代中期）

在文件系统中，按一定的规则将数据组织成为一个文件，应用程序通过文件对文件中的数据进行存取加工，实现了程序和数据的分离。但文件管理方式只是对存放的数据进行简单的处理，应用程序与数据文件仍是一对一关系，不同应用程序很难共享一个数据文件。数据文件之间没有任何联系，因此数据通用性很差，数据冗余量大。

3. 数据库管理阶段（20 世纪 60 年代后期以来）

针对文件管理方式的弊端，20 世纪 60 年代后期出现了数据库技术。数据库管理方式采用整体观点组织数据，应用程序不再只与一个孤立的数据文件相对应，可以取整体数据集合中的一个子集作为逻辑文件与其对应，力求数据的独立性。另外数据文件可以建立关联关系，使得数据冗余大大减少，数据共享性显著增强，如图 7-1 所示。

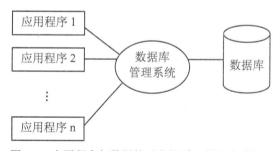

图 7-1　应用程序与数据的对应关系（数据库系统）

7.1.3　数据库系统的组成

数据库系统实际上是一个应用系统，它是在计算机硬件、软件系统支持下，由用户、数据库管理系统、存储设备上的数据库和数据库应用程序构成的数据处理系统。

1. 数据库

数据库是以一定的组织方式存储在一起的相关数据的集合，形象地说就是存储数据的"仓库"。数据库中的数据存放在计算机存储设备上，它面向多种应用，可以被多个用户或多个应用程序共享。

2. 数据库管理系统

数据库管理系统是对数据库中的数据资源进行统一管理和控制的软件系统，是用户与数据库之间的接口。用户对数据库进行的各种操作，如数据库的建立、使用和维护，都是在数据库管理系统的支持下进行的。

数据库管理系统在操作系统的支持下运行，通常具有数据定义、数据操作和数据控制和管理功能。

3. 应用程序

应用程序是指为满足用户需求而编写的数据库应用程序。

4. 用户

用户是指使用数据库的人员。数据库系统中的用户主要有终端用户、应用程序员和管理员 3 类。

终端用户是指非计算机专业的工程技术人员及管理人员，他们只能通过数据库系统所提供的命令语言、表格语言以及菜单等交互对话手段使用数据库中的数据。

应用程序员是指为终端用户编写应用程序的软件人员，他们设计的应用程序主要用途是使用和维护数据库。

数据库管理员是指全面负责数据库系统正常运转的高级人员，他们负责对数据库系统本身的深入研究。

7.1.4　常用数据库管理系统介绍

目前有许多数据库产品，如 Oracle、Sybase、SQL Server、Informix、Microsoft Access、Visual FoxPro 等产品各以自己特有的功能，在数据库市场上占有一席之地。下面简要介绍几种常用的数据库管理系统。

1. Oracle 数据库管理系统

Oracle 是 1983 年推出的世界上第一个开放式商品化关系型数据库管理系统。它采用标准的 SQL 结构化查询语言，支持多种数据类型，提供面向对象存储的数据支持，具有第四代语言开发工具，支持 Unix、Windows NT、OS/2、Novell 等多种平台，除此之外，它还具有很好的并行处理能力以及分布式优化查询功能。Oracle 产品主要由 Oracle 服务器产品、Oracle 开发工具、Oracle 应用软件组成，也有基于微机的数据库产品，主要满足银行、金融、保险等企业、事业开发大型数据库的要求。

2. SQL Server 数据库管理系统

SQL 即结构化查询语言（Structured Query Language，简称 SQL）。SQL Server 是微软公司开发的大型关系型数据库系统，它具有易用性、可靠性，功能全面，效率高，可以作为大中型企业或单位的数据库平台。SQL Server 可以借助浏览器实现数据库查询功能，并支持内容丰富的扩展标记语言（XML），提供了全面支持 Web 功能的数据库解决方案。对于在 Windows 平台上开发的各种企业级信息管理系统来说，不论是 C/S（客户机/服务器）架构还是 B/S（浏览器/服务器）架构，SQL Server 都是一个很好的选择。

3. DB2 数据库管理系统

DB2 是 IBM 公司的产品，是基于 SQL 的、支持多媒体、Web 关系型数据库管理系统，具有强大的备份和恢复能力，并支持面向对象的编程，支持复杂的数据结构，其功能足以满足大中公司的需要，并可灵活地服务于中小型电子商务解决方案。DB2 数据库系统采用多进程多线索体系结构，可以运行于多种操作系统之上，并分别根据相应平台环境作了调整和优化，以便能够达到较好的性能。

4. Sybase 数据库管理系统

Sybase 数据库管理系统是 Sybase 公司开发的数据库产品，能运行于 OS/2、Unix、Window NT 等多种平台，它支持标准的关系型数据库语言 SQL，使用客户机/服务器模式，采用开放体系结构，能实现网络环境下各节点上服务器的数据库互访操作。具有高性能、高可靠性，其多库、多设备、多用户、多线索等特点极大的丰富和增强了数据库的功能。

5. Visual FoxPro 数据库管理系统

Visual FoxPro 是微软公司开发的一个微机平台关系型数据库系统，支持网络功能，适合作为客户机/服务器和 Internet 环境下管理信息系统的开发工具。Visual FoxPro 不仅在图形用户界面的设计方面采用了一些新的技术，还提供了所见即所得的报表和屏幕格式设计工具。同时，增加了 Rushmore 技术，使系统性能有了本质的提高。Visual FoxPro 只能在 Windows 系统下运行。

6. Access 数据库管理系统

Access 是在 Windows 操作系统下工作的关系型数据库管理系统。它采用了 Windows 程序设计理念，以 Windows 特有的技术设计查询、用户界面、报表等数据对象，内嵌了 VBA（全称为 Visual Basic Application）程序设计语言，具有集成的开发环境。Access 提供图形化的查询工具和屏幕、报表生成器，用户建立复杂的报表、界面无需编程和了解 SQL 语言，它会自动生成 SQL 代码。　Access 被集成到 Office 中，具有 Office 系列软件的一般特点，与其他数据库管理系统软件相比，更加简单易学。

7.2　数据模型

7.2.1　数据模型介绍

数据模型是指数据库系统中表示数据之间逻辑关系的模型，常见的数据模型有层次模型、网状模型和关系模型。

1. 层次模型

层次模型是数据库系统中最早采用的数据模型，它用树形结构组织数据。在树形结构中，各个实体被表示为结点，结点之间具有层次关系。相邻两层结点称为父子结点，父结点和子结点之间构成了一对多的关系。在树形结构中，有且仅有一个根结点（无父结点），其余结点有且仅有一个父结点，但可以有零个或多个子结点。

它的优点是简单、直观且处理方便，适合表现具有比较规范的层次关系的结构。在现实世界中存在着大量可以用层次结构表示的实体，如单位的行政组织结构、家族关系、磁盘上的文件夹结构等都是典型的层次结构，图 7-2 描述了某个高校的行政结构。

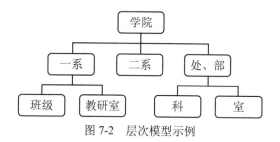

图 7-2　层次模型示例

2．网状模型

网状模型是层次模型的扩展，用图的方式表示数据之间的关系。网状模型可以方便地表示实体间多对多的联系，但结构比较复杂，数据处理比较困难，如公交线路中各个站点之间的关系、城市交通图等都可以用网状模型来描述。图 7-3 描述教学管理中各实体之间的联系。

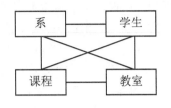

图 7-3　网状模型示例

3．关系模型

关系模型是用二维表表示实体与实体之间联系的模型，它的理论基础是关系代数。关系模型中的数据以表的形式出现，操作的对象和结果都是二维表，每一个二维表称为一个关系，它不仅描述实体本身，还能反应实体之间的联系。在二维表中，每一行称为一个元组，它存储一个具体实体的信息，每一列称为一个属性。表 7-1 描述了学生的基本信息，有学号、姓名、性别、出生日期、班籍贯 5 个属性，有三个元组。

表 7-1　关系模型示例

学号	姓名	性别	出生日期	籍贯
2009010101	李雷	男	1988-3-7	吉林
2009010102	刘刚	男	1989-11-2	河北
2009010103	王悦	女	1989-10-6	湖南

在上面介绍的 3 种数据模型中，层次模型和网状模型由于使用的局限性，现在已经很少使用了，目前应用最广泛的是关系模型。常用的数据库管理系统 Visual Foxpro、Oracle、SQL Server、Access、MySQL 都是关系数据库。

7.2.2　关系模型的基本术语

1．关系

一个关系就是一张二维表，表是属性及属性值的集合。

2．属性

表中每一列称为一个属性值（字段），每列都有属性名，也称之为列名或字段名，例如，学号、姓名和出生日期都是属性名。

3．域

域表示各个属性的取值范围。如性别属性只能取两个值：男或女。

4．元组

表中的一行数据称为一个元组，也称之为一个记录，一个元组对应一个实体，每张表中可以包含多个元组。

5．属性值

表中行和列的交叉位置对应某个属性的值。

6．关系模式

关系模式是关系名及其所有属性的集合，一个关系模式对应一张表结构。

关系模式的格式：关系名（属性 1，属性 2，属性 3，…，属性 n）。

例如，学生表的关系模式为：学生（学号，姓名，性别，出生日期，籍贯）。

7. 候选键

在一个关系中，由一个或多个属性组成，其值能唯一地标识一个元组（记录），称为候选键，也称为候选关键字。例如，学生表的候选键只有学号。

8. 主关键字

一个表中可能有多个候选键，通常用户仅选用一个候选键，将用户选用的候选键称为主关键字，可简称为主键。主键除了标识元组外，还在建立表之间的联系方面起着重要作用。

9. 外部关键字

表中的一个字段不是本表的主关键字或候选关键字，而是另外一个表的主关键字或候选关键字，该字段称为外部关键字，简称外键。

10. 主表和从表

主表和从表是指通过外键相关联的两个表，其中以外键为主键的表称为主表，外键所在的表称为从表。

7.3　Access 数据库及其应用

根据不同的数据模型可以开发出不同的数据库管理系统，基于关系模型开发的数据库管理系统属于关系数据库系统。Access 就是以关系模型为基础的关系数据库系统。

7.3.1　Access 数据库概述

Access 是办公软件系统 Office 中的一个重要组件，它是一个功能强大且简单易用的关系型数据库管理系统。一个 Access 数据库中包含表、查询、窗体、报表、宏、模块 6 种对象。用户可以使用向导和生成器方便地构建一个完善的数据库系统，即使不会编程也能操作。Access 还为开发者提供了 Visual Basic for Application（VBA）编程功能，使高级用户可以开发功能更加完善的数据库系统。

Access 可以在一个数据库文件中通过 6 种对象对数据进行管理，从而实现高度的信息管理和数据共享。

1. 表

表对象是数据库中用来存储数据的对象，是一个保存数据的容器，它是整个数据库系统的基础。Access 2010 允许一个数据库中包含多个表，用户可以在不同的表中存储不同类型的数据。通过在表之间建立关系，可以将不同表中的数据联系起来，供用户使用。

2. 查询

查询对象是用来操作数据库中记录的对象，利用它可以按照一定的条件或准则从一个或多个表中筛选出需要操作的数据。查询对象的本质是 SQL 命令，可以根据用户提供的特定规则对表中的数据进行查询，并以数据表的形式显示。在最常用的选择查询操作中，用户可以查看、连接、汇总、统计所需的数据。

3. 窗体

窗体对象是数据库和用户联系的界面。通过窗体，用户可以输入、编辑数据，也可以将查询到的数据以适当的形式输出。使用系统提供的工具箱，用户可以根据程序对数据访问的需求添加各种不同的访问控件，如文本框、组合框、标签和按钮等，并对这些控件进行参数设置。对于普通用户而言，不用编写代码就能完成简单系统的设计。对于复杂的用户需求，可以通过

VBA 语言编写代码来实现。

4. 报表

报表对象是用于生成报表和打印报表的基本模块，通过它可以分析数据或以特定的格式打印数据。报表对象不包含数据，它的作用是将用户选择的数据按特定的方式组织并打印输出。报表对象的数据来源可以是表对象、查询对象或 SQL 命令。

5. 宏

宏对象是一系列操作的集合，其中每个操作实现特定的功能，用户使用一个宏或宏组可以方便地执行一系列任务。运行宏可以使某些普通的任务自动完成，例如将一个报表打印输出。

6. 模块

模块对象是用 VBA 语言编写的程序段，提供宏无法完成的复杂和高级功能，可分为类模块和标准模块，其中，标准模块又可分为 Sub 过程、Function 过程。Access 2010 没有提供生成模块对象的向导，必须由开发人员编写代码形成。

7.3.2　创建 Access 数据库

1. 启动 Access 2010

选择"开始"|"所有程序"|"Microsoft Office"|"Microsoft Access 2010"选项，即可启动 Access 2010。

注意：在通过"开始"菜单启动 Access 2010 以后，系统首先会显示"可用模板"面板，这是 Access 2010 界面上的第一个变化。新版本的 Access 2010 采用了和 Access 2007 扩展名相同的数据库格式，扩展名为.accdb。而原来的各个 Access 版本都是采用扩展名为.mdb。

2. 退出 Access 2010

退出 Access 程序的方法有很多种，下面给出常用的几种：

（1）单击功能区"文件"选项卡下的"退出"命令。

（2）单击 Access 2010 窗口右上角的"关闭"按钮✕。

（3）按下 Alt+F4 组合键。

（4）单击 Access 2010 窗口左上角的控制图标Ａ，在展开的下拉菜单中选择"关闭"命令。

3. 创建 Access 2010 数据库的方法

Access 2010 提供了两种创建数据库的方法：使用模板创建数据库和创建空数据库。采用第一种方法创建数据库时，可以选择的创建方式包括从"样本模板"创建、从"我的模板"创建、使用"最近打开的模板"创建以及从"Office.com 模板"创建等。无论采用哪种创建数据库的方法都可以创建传统数据库和 Web 数据库，这两种类型的数据库是 Access 2010 支持的数据库类型。

（1）创建空数据库。

如果没有满足需要的模板，或在另一个程序中有要导入 Access 的数据，那么最好的方法是创建空数据库。空数据库就是建立数据库的外壳，但是没有对象和数据的数据库。

创建空数据库后，根据实际需要，添加所需要的表、窗体、查询、报表、宏和模块对象。创建空数据库的方法适合于创建比较复杂的数据库但又没有合适的数据库模板的情形。

【例 7.1】创建一个"学生管理"空数据库。

操作步骤如下：

① 在 Access 2010 启动窗口中，单击"空数据库"图标按钮。通常情况下，系统的默认

设置就是选中"空数据库"，如图 7-4 所示。

图 7-4　Access 2010 启动窗口

② 在 Access 2010 启动窗口的右侧窗格中，系统在"文件名"文本框中会给出一个默认的数据库名"Database1.accdb"，此时可以根据题目的要求进行修改，如修改为"学生管理"。

③ 单击右侧窗格中"文件名"文本框右面的按钮📂，打开"文件新建数据库"对话框，在该对话框中，选择数据库的保存位置，这里选择的是"D:\学生管理系统"（如果该文件夹不存在，请自行建立）。然后单击"打开"命令按钮。

④ 在"文件新建数据库"对话框中，选择该数据库文件的保存类型，通常选择类型为"Microsoft Access 2007 数据库"，此时数据库文件以 Access 2010 文件格式（accdb 格式）进行存储。用户也可以选择其他类型，包括"Microsoft Access 数据库（2000 格式）"、"Microsoft Access 数据库（2002/2003 格式）"，此时数据库文件以原来的 Access 文件格式（mdb 格式）进行存储。

⑤ 单击"确定"按钮，关闭"文件新建数据库"对话框，返回 Access 2010 启动窗口。

⑥ 单击启动窗口右侧窗格下方的"创建"按钮，此时系统开始创建名为"学生管理.accdb"的数据库，创建完成后进入 Access 2010 工作窗口，自动创建一个名为"表 1"的数据表，并以数据工作表视图方式打开这个数据表，完成空数据库的创建工作。

（2）使用模板创建数据库。

如果创建用户数据库时能找到与要求相近的模板，那么使用模板是创建数据库的最佳方式，除了可以使用 Access 2010 提供的模板，还可以利用 Internet 上的资源，如果在 Office.com 网站上搜索到所需的模板，可以把模板下载到本地计算机中。

【例 7.2】使用"样本模板"创建联系人 Web 数据库。

操作步骤如下：

① 在图 7-4 所示的 Access 2010 启动窗口中，单击样本模板，系统会打开"可用模板"窗格，用户可以在启动窗口中看到 Access 2010 提供的 12 个示例模板。

② 选择"联系人 Web 数据库"，此时系统自动生成一个文件名"联系人 Web 数据库.accdb"，并显示在启动窗口右侧的文件名文本框中。

③ 用户可以根据自身的需要更改右侧窗格中显示的数据库文件名和保存位置。

④ 单击"创建"按钮开始创建数据库。

⑤ 数据库创建完成后，系统自动打开"联系人 Web 数据库"窗口，在这个窗口中，还提供了配置数据库和使用数据库教程的链接。如果计算机已经联网，则单击 ▶ 按钮，就可以播放相关教程。

7.3.3 在 Access 数据库中创建表

表是整个数据库的基本单位，同时也是所有查询、窗体和报表的基础。表是有关特定主题（如学生和成绩）的信息所组成的集合，它将具有相同性质或相关联的数据存储在一起，以行和列的形式来记录数据。

1. Access 的数据类型

Access 支持非常丰富的数据类型，能够满足各种各样的信息系统开发需求。Access 的数据类型有文本、备注、数字、日期/时间、货币、自动编号、是/否、OLE 对象、超链接和查阅向导等。

（1）文本型。

文本型是默认的数据类型，通常用于表示文字数据，例如姓名、地址等，也可以是不需要计算的数字，例如邮政编码、身份证号、电话号码等，也可以是文本和数字的组合。 如"A302"、"文化路 80 号"等。

文本型的默认字段大小是 50 个字符，最多可达到 255 个字符。

（2）备注型。

备注型数据与文本型数据本质上是一样的。不同的是，备注型字段可以保存较长的数据，它允许存储的内容可长达 64KB 个字符，通常用于保存个人简历、备注、备忘录等信息。

（3）数字型。

数字型数据表示可以用来进行算术运算的数据，但涉及货币的计算除外。在定义了数字型字段后，还要根据处理数据范围的不同确定所需的存储类型，例如整型、单精度型等，系统默认的是长整型。

（4）日期/时间型。

日期/时间型数据用来保存日期和时间，该类型数据字段长度固定为 8 个字节。

（5）货币型。

货币型数据是一种特殊的数字型数据，和数字型的双精度类似，该类型字段也占 8 个字节，向该字段输入数据时，直接输入数据后，系统会自动添加货币符号和千位分隔符。使用货币数据类型可以避免计算时四舍五入，精确到小数点左方 15 位数据及右方 4 位数据。

（6）自动编号型。

每一个数据表中只允许有一个自动编号型字段，该类型字段固定占用 4 个字节，在向表中添加记录时，由系统为该字段指定唯一的顺序号，顺序号可以是递增的或随机的。

（7）是/否型。

该类型字段只包含两个值中的一个，例如是/否、真/假、开/关等，该类型长度固定为 1 个字节。

（8）OLE 对象类型。

OLE 是 Object Linking and Embedding 的缩写，意思是对象的链接与嵌入，用于存放表中链接和嵌入的对象，这些对象以文件的形式存在，其类型可以是 Word 文档、Excel 电子表格、声音、图像和其他的二进制数据。在窗体或报表中必须使用绑定对象框来显示 OLE 对象，OLE 对象类型数据不能排序、索引和分组。OLE 对象字段最大可以为 1GB。

（9）超链接类型。

该字段以文本形式保存超链接的地址，用来链接到文件、Web 页、本数据库中的对象、电子邮件地址等，字段长度最多可达 64000 字符。

（10）查阅向导类型。

创建允许用户使用组合框选择来自其他表和来自值列表的字段，在数据类型列表中选择此选项，将启动向导进行定义。

2. 表的建立

在 Access 中，表有四种视图：一是设计视图，它用于创建和修改表的结构；二是数据表视图，它用于浏览、编辑和修改表的内容；三是数据透视图视图，它用于以图形的形式显示数据；四是数据透视表视图，它用于按照不同的方式组织和分析数据。其中，前两种视图是表的最基本也是最常用的视图。

在 Access 中创建表可以通过以下 5 种方式创建表：

（1）直接输入数据创建表。

（2）使用表模板创建表。

（3）使用设计视图创建表。

（4）从其他数据源（如 Excel 工作簿、Word 文档、文本文件或其他数据库等多种类型的文件）导入或链接表。

（5）根据 SharePoint 列表创建表。

下面介绍 3 种常用的方法。

（1）输入数据创建表。

图 7-5　选择字段类型

输入数据创建表是指在空白数据表中添加字段和数据，系统会根据用户所输入的数据确定各字段的最佳数据类型。也可以在列表框中先选择数据类型，然后在数据表中输入数据即可。

创建的方法和步骤如下：

① 创建数据库后，在系统自动创建的"表 1"中，单击"单击以添加"，在打开的下拉列表框中选择字段类型，如图 7-5 所示。

② 也可单击功能区表格工具"字段"选项卡下"添加和删除"组的"其他字段"图标按钮，Access 将显示"字段模板"窗格，其中包含常用字段类型列表。单击其中一个字段类型就将其属性设置为相应值，且光标自动移动到下一个字段，字段名自动按照"字段 1""字段 2"命名。

③ 在"字段 1"中右键单击，并在弹出的快捷菜单中选择"重命名字段"命令或者双击"字段 1"，修改相应的字段名，按照此方法，修改"字段 2""字段 3"…可建立表结构。

④ 若要添加数据，在第一个空单元格中开始输入数据，并依次输入。如图 7-6 所示。

图 7-6　表编辑窗口

⑤ 保存表。输入数据后单击"快速访问工具栏"中的"保存"按钮，弹出"另存为"对话框，输入表的名称，单击"确定"按钮。

（2）使用表模板创建数据表。

对于一些常用的应用，如联系人、资产等信息，运用表模板会比手动方式更加方便和快捷。

【例 7.3】运用表模板创建一个"联系人"表。

操作步骤如下：

① 在"学生管理"数据库中，单击功能区"创建"选项卡下的"模板"组的"应用程序部件"按钮，在弹出的列表中选择"联系人"选项，如图 7-7 所示。

图 7-7　表模板窗口

② 双击左侧导航栏的"联系人"表，即建立一个数据表，如图 7-8 所示。在表的"数据表视图"中完成数据记录的创建、删除等操作。

图 7-8　"联系人"表编辑窗口

（3）使用表设计视图创建表。

使用表的设计视图创建表是 Access 中最常用的方法之一。在设计视图中，用户可以为字段设置不同属性。数据中每个字段的可用属性取决于为该字段选择的数据类型。它以表的设计视图窗口为界面，引导用户通过人机交互来完成对表的定义。利用模板创建的数据表在修改时也需要使用表设计视图。

【例 7.4】在"学生管理"数据库中，创建"学生信息"表。"学生信息"表的结构，如表 7-2 所示，并将"学号"设置为主键。

表 7-2 学生信息表的结构

字段名称	数据类型	字段大小
学号	文本	10
姓名	文本	10
性别	文本	1
出生日期	日期	
籍贯	文本	50
政治面貌	文本	10
班级编号	文本	6
入学分数	数字	整型
简历	备注	
照片	OLE 对象	

使用设计视图建立"学生信息"表的操作步骤如下:

① 打开"学生管理"数据库。单击功能区"创建"选项卡下"表格"组的"表设计"按钮，进入表设计视图。

② 在表的设计视图中，按照表 7-2 的内容，在字段名称列中输入字段名称，在数据类型列中选择相应的数据类型，在常规属性窗格中设置字段大小。如图 7-9 所示。

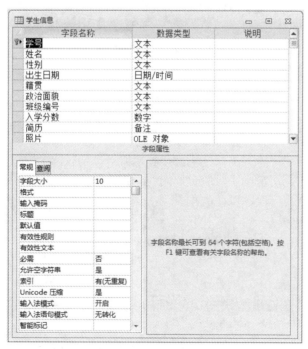

图 7-9 表设计视图窗口

③在表的设计视图中，先选中要设置为主键的"学号"字段行，然后单击功能区表格工具"设计"选项卡下"工具"组的"主键"按钮，即为表设置了主键。

④ 单击保存按钮，以"学生信息"为名称保存表。

7.3.4　表的维护与操作

1. 主键的设置

主键又称为主关键字，是数据表中一个或多个字段的组合。主键的作用就是用来区分表中各条数据记录，使得设置为主键的字段数据不出现重复。

（1）主键设置为单一字段。

当数据库中的某个表存在一个唯一标识一条记录的标志性字段时，这个标志性字段应设计为该表的主键。如"学生信息"表中的"学号"是表中的标志性字段，定义为表的主键。

单一字段作为主键的两种设置方法如下：

① 在表的设计视图中右键单击要设置为主键的字段，在弹出的快捷菜单中选择"主键"命令即可。

② 在表的设计视图中，选中要设置为主键的字段，单击功能区表格工具"设计"选项卡下"工具"组的"主键"按钮。

选中字段的方法：将鼠标移动到该字段的字段选择器（字段最左端的小矩形）上方时光标变成一个黑色横向箭头，单击鼠标左键，则整个字段即被选中。

两种方法的操作结果都是此行最左边的字段选择器上出现主键标识，如图 7-10 所示，"学号"字段即为"学生信息"表的主键，以后再输入数据时，如果新添加记录的学号与原有记录中的学号相同，系统就会发出记录重复的警告，从而保证数据的唯一性。

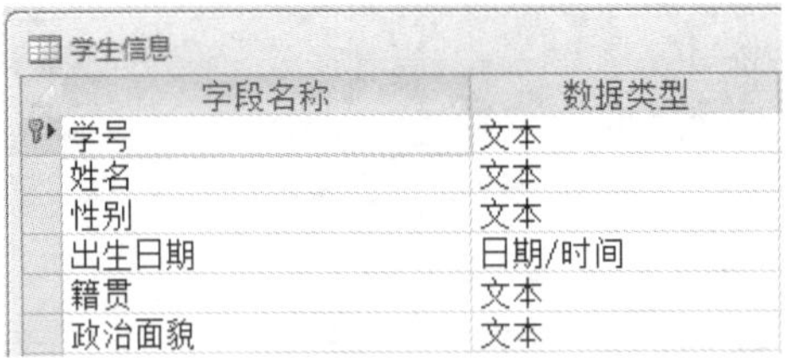

学生信息	
字段名称	数据类型
学号	文本
姓名	文本
性别	文本
出生日期	日期/时间
籍贯	文本
政治面貌	文本

图 7-10　"学生信息"表设计视图窗口

（2）主键为多个字段的组合。

当一个表中任何一个字段都不能标识一条记录时，可以将两个或更多的字段设置为主键。多个字段组合设置主键采用最少字段组合原则，如果两个字段组合能唯一确定一条记录时，不能将该表主键设置为 3 个字段，以此类推。

多字段主键的设置方法：

在表的设计视图中，选中要设置为主键的多个字段（可借助 Shift 或 Ctrl 键），单击"主键"按钮即可。

（3）主键的删除。

删除主键的方法：在设计视图中打开相应的表，选择作为主键的字段，单击"主键"按钮，即可删除主键。

2. 索引的设置

表中记录的顺序是由数据输入的前后顺序决定的，为了能快速查找到指定的记录，通常需要建立索引加快查询和排序的速度，除此之外建立索引还对建立表的关系、验证数据的唯一性有作用。建立索引就是要指定一个字段或多个字段，按字段的值将记录按升序或降序排列，再按这些字段的值来检索。

索引字段可以是文本、数字、货币、日期/时间类型，主键字段会自动索引，OLE 对象和备注字段不能设置索引。

字段索引可以取三个值："无"、"有（有重复）"和"有（无重复）"。

在 Access 中，索引分为三种类型：主索引、唯一索引和常规索引。

当把字段设置为主键后，该字段就是主索引，索引属性值为"有（无重复）"。唯一索引与主索引几乎相同，其索引属性为"有（无重复）"，一个表只能有一个主索引，而唯一索引可以有多个。常规索引不要求"无重复"，它的主要作用就是加快查找和排序的速度，一个表可以有多个常规索引。

（1）创建单字段索引。

【例 7.5】对"学生管理"数据库中的"班级信息"表建立按"学院编码"字段的有重复索引。

操作步骤如下：

① 在"学生管理"数据库的窗口中，单击"表"对象下的"班级信息"表。

② 单击功能区"开始"选项卡下"视图"组的视图按钮 ▦，切换到"班级信息"表的设计视图窗口。

③ 单击要创建索引的"学院编码"字段，在"常规"选项卡的"索引"属性下拉列表中选择属性值"有（有重复）"。

④ 保存表，完成索引的创建。

（2）创建多字段索引。

【例 7.6】 在"学生信息"表中，设置"姓名"字段和"出生日期"字段为多字段索引。

操作步骤如下：

① 进入"学生信息"表的设计视图窗口。

② 单击功能区表格工具"设计"选项卡下"显示/隐藏"组的"索引"按钮，打开"学生信息"表的"索引"对话框。

③ 在"索引名称"列的空白行中输入索引名称为"姓名出生日期"。

④ 在"字段名称"列中，单击向下的箭头，选择索引的第一个字段"姓名"选项，默认第三列的"排序次序"为升序，下方的索引属性值均保持默认。

⑤ 在"字段名称"列的下一行选择第二个字段"出生日期"，"索引名称"列为空，第三列默认为升序，下方的"索引属性"为空。

⑥ 关闭"索引"对话框，返回表的设计视图窗口，保存表的修改即可。设置结果如图 7-11 所示。

图 7-11　"索引"对话框

（3）查看、更改或删除索引。

查看、更改或删除表中索引，都是在表的"设计视图"窗口通过打开"索引"对话框进行的。

更改索引，比如要改变索引名称或排序次序等，可按建立索引相关步骤操作。

删除索引，可在"索引"对话框中选定要删除的索引行，按 Delete 键或从右键单击弹出的快捷菜单中选择"删除行"命令。这样将删除索引行，而不会删除索引本身。

3. 数据表字段的添加和删除

在 Access 2010 表中增加和删除字段十分方便，可以在"设计视图"和"数据表"视图中添加和删除字段。

（1）"设计视图"中字段的添加和删除。

① 在表的设计视图中，将光标移动到要插入字段的位置，然后单击功能区表格工具"设计"选项卡下"工具"组的"插入行"按钮 ，或在右键单击弹出的快捷菜单中选择"插入行"命令。在添加的新行中输入字段名称，选择字段的数据类型并设置字段的属性。

② 若要删除一个和多个字段，首先需要选定删除的这些字段，然后单击功能区表格工具"设计"选项卡下"工具"组的"删除行"按钮，或在右键单击弹出的快捷菜单中选择"删除行"命令。

（2）"数据表"视图中字段的添加和删除。

在"数据表"视图中添加和删除字段的操作，在 Access 2010 中是十分方便的，打开"数据表"视图直接操作即可。

操作步骤如下：

①在"数据表"视图中打开表。

②选中"单击以添加"，先选择字段类型，然后双击修改字段名，就添加了新字段列。

③如果要删除某个列字段，右键单击要删除的列字段，在打开的快捷菜单中，单击"删除列"菜单命令即可。

4. 数据表的编辑操作

编辑数据表的操作包括：增加记录、修改记录、删除记录、数据的查找与替换、数据排序与数据筛选等操作。

（1）增加新记录。

增加新记录有 3 种方法：

①直接将光标定位在表的最后一行。

②单击记录指示器 记录: ◄ 第 1 项(共 10 项) ► ►I ►* 上的最右侧的"新（空白）记录"按钮。

③单击功能区"开始"选项卡下"记录"组的"新建"按钮。

（2）修改记录。

在已经建立并输入了数据的表中修改数据是非常简单的，只要打开表的数据表视图窗口，将光标移动到要修改数据的相应字段处直接修改，修改完毕后关闭即可。

（3）删除记录。

单击表中要删除的记录最左侧的选择区域，此时光标变成向右的黑色箭头，单击右键，在弹出的快捷菜单中选择"删除记录"命令，在弹出的"您正准备删除 1 条记录"对话框中单击"是"按钮，即可删除该记录，如图 7-12 所示。

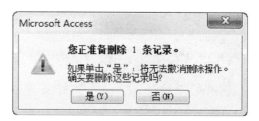

图 7-12　"确认删除"对话框

（4）数据的查找与替换。

与其他的 Office 组件一样，Access 2010 提供了灵活的"查找与替换"功能，用以对指定的数据进行查看和修改。虽然也可以手工方式逐一搜索和修改记录，但是当数据量非常庞大时，使用这种方法几乎令人绝望。为了查找海量数据中的特定数据，就必须使用"查找"和"替换"功能。

数据查找和替换是利用"查找和替换"对话框进行的，如图 7-13 所示。在 Access2010 中，可以通过两种方法打开"查找和替换"对话框。

图 7-13　"查找"选项卡

（1）单击功能区"开始"选项卡下"查找"组的"查找"按钮。

（2）按下 Ctrl+F 组合键。

切换到替换选项卡，"替换"界面和"查找"界面有一些区别，如图 7-14 所示。

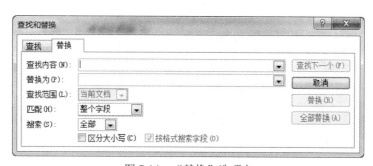

图 7-14　"替换"选项卡

"查找内容"下拉列表框与"替换"选项卡的一样，具有相同的作用。可以看到，在"替换"选项卡中多了"替换为"下拉式列表框和"替换"、"全部替换"按钮。

当对数据进行替换时，首先在"查找内容"下拉式列表框中输入要查找的内容，然后在"替换为"下拉式列表中输入想要替换的内容。与查找不同的是，可以手动替换数据操作，也可以单击"全部替换"按钮，自动完成所有匹配数据的替换。如果没有匹配的字符，Access 2010 则会弹出如图 7-15 所示的提示框。

图 7-15 提示对话框

（5）数据的排序。

排序是一种组织数据的方式。排序是根据当前表中的一个或多个字段来对整个表中的所有记录进行重新排序。排序分为简单排序和高级排序两种。

① 简单排序：就是根据表中的某一列（一个字段）重新组织排列顺序。操作方法非常简单，只要选中该列或将光标定位于该列之内，单击功能区"开始"选项卡下的"排序和筛选"组中"升序"按钮 或"降序"按钮 ，或者是单击右键弹出的快捷菜单中选择"升序"命令或"降序"命令，即可实现按该列重新排序的要求。

② 高级排序：就是按照多列（多个字段的组合）重新排序。规则是表中记录首先根据第一个字段指定的顺序进行排序，当记录的第一个字段的值相同时，再按第二个字段排序，以此类推，直到表中的记录按照全部指定的字段排好顺序为止。

【例 7.7】打开"学生管理"数据库中"学生信息"表，对"性别"、"籍贯"、"班级编号"和"姓名"字段按照升序排序。

操作步骤如下：

① 在"学生管理"数据库窗口中，双击打开并进入"学生信息"表的数据表视图窗口。

② 单击功能区"开始"选项卡下"排序和筛选"组的"高级"按钮 ，在弹出的菜单中选择"高级筛选/排序"命令，进入排序筛选窗口。

③ 排序字段及升降序设置。在"筛选"窗口下方的设计网格区域中，单击第一列右侧的下拉箭头按钮，从弹出的字段列表中选择第一排序字段为"性别"，再在"性别"字段下一行相应的"排序"行中选择排序方式为"升序"。以同样的方法选择第二排序字段为"籍贯"，第三排序字段为"班级编号"，第四排序字段为"姓名"，排序方式均为升序。如图 7-16 所示。

图 7-16 "排序筛选"窗口

④ 单击功能区"开始"选项卡下"排序和筛选"组的"高级"按钮，在弹出的菜单中选择"应用筛选/排序"命令或在"筛选"设计窗口中单击鼠标右键，从弹出的快捷菜单中选择

"应用筛选/排序"命令，这时 Access 就会按设定的多列排序方式对表中的记录进行排序。

⑤　保存设计的多列排序规则。关闭表的"数据表视图"窗口，在下次打开该表时，"数据表视图"窗口中显示的就是应用了多列排序规则的排序结果。如图 7-17 所示。

学生信息							
学号	姓名	性别	出生日期	籍贯	政治面貌	班级编号	入学分数	简历
2009020201	林立	男	1985年3月5日	河南	党员	090201	610	
2009020202	王岩	男	1991年10月3日	河南	团员	090201	597	
2009010201	张悦	男	1989年12月22日	湖北	团员	090102	601	
2009010101	李蕾	男	1988年10月12日	吉林	团员	090101	560	
2009010102	刘刚	男	1989年6月7日	辽宁	团员	090101	576	
2009030101	张明	女	1990年5月30日	广东	无党派	090301	600	
2009010103	王小美	女	1987年5月21日	河北	党员	090101	550	
2009010202	王永林	女	1987年1月2日	湖南	团员	090201	580	
2009020101	张可可	女	1990年9月3日	湖南	团员	090201	595	
2009030102	李佳宇	女	1990年11月12日	江苏	无党派	090302	569	

图 7-17　排序筛选结果

⑥　如果要取消多列排序功能，单击功能区"开始"选项卡下"排序和筛选"组中的"取消排序"按钮，则恢复到原来的显示状态。

（6）数据筛选。

数据筛选是在众多的记录中只显示那些满足条件的数据记录而把其他记录隐藏起来，从而提高用户的工作效率。

在"开始"选项卡的"排序和筛选"组中提供了三个筛选按钮和四种筛选方式。三个筛选按钮是"筛选器"、"选择"和"高级"。四种筛选方式是"筛选器"、"选择筛选"、"按窗口筛选"和"高级筛选"。下面介绍两种常用的筛选方法。

（1）使用筛选器筛选。

筛选器提供了一种灵活的方式，它把所有选定的字段中所有不重复的以列表显示出来，可以逐个选择需要的筛选内容。

操作步骤如下：

①　打开"学生管理"数据库中的"学生成绩"表，选中表中的"学生成绩"列后，单击功能区"开始"选项卡下"排序和筛选"组的"筛选器"按钮。

②　在打开的下拉菜单中选择"数字筛选器"，在弹出右侧菜单中选择"等于"命令，如图 7-18 所示。

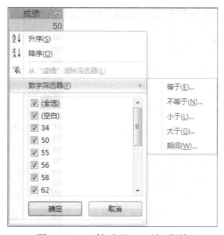

图 7-18　"筛选器"下拉菜单

③ 弹出自定义筛选对话框，在"成绩等于"文本框中输入"90"，如图 7-19 所示。单击"确定"按钮。

图 7-19　自定义筛选对话框

④ 在数据库视图中显示了筛选结果，如图 7-20 所示。

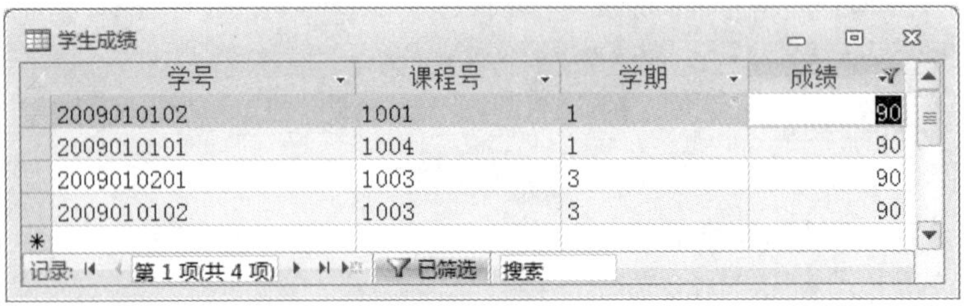

学号	课程号	学期	成绩
2009010102	1001	1	90
2009010101	1004	1	90
2009010201	1003	3	90
2009010102	1003	3	90

图 7-20　筛选结果

（2）使用选择法筛选。

选择筛选是一种简单的筛选方法，使用它可以十分容易的筛选出所需要的信息。

操作步骤如下：

① 打开"学生管理"中的"学生成绩"表。

② 把光标定位到所要筛选的内容"成绩"字段下的"90"的某个单元格。单击"开始"选项卡下"排序和筛选"组的"选择"按钮 ，再打开"下拉菜单"，单击"等于 90"命令，如图 7-21 所示。筛选完成显示筛选结果，如图 7-22 所示。

图 7-21　筛选条件

图 7-22　筛选结果

5. 数据表关系的定义

通常，一个数据库应用系统包含多个表。为了把不同表的数据组合在一起，必须建立表之间的关系。建立表之间的关系，不仅建立了表之间的关联，还保证了数据库的参照完整性。（参照完整性是一个规则，Access 2010 使用这个规则来确保相关表中的记录之间关系的有效性，并且不会意外地删除或更改相关数据）。

建立表间关系的字段在主表中必须是主键并设置为无重复索引，如果这个字段在从表中也是主键并设置为无重复索引，则 Access 会在两个表之间建立一对一的关系；如果这个字段在从表中设置为有重复索引或设置了无索引，则在两个表之间建立一对多关系。

建立关系前，需要把相关数据表关闭。

【例 7.8】建立"学生管理"数据库中，"身份证信息"表、"学生信息"表和"学生成绩"表之间的关系。

操作步骤如下：

① 打开"学生管理"数据库，单击功能区"数据库工具"下"关系"组的"关系"按钮，打开"关系"窗口。

② 单击功能区关系工具"设计"选项卡下"关系"组的"显示表"按钮，打开"显示表"对话框，如图 7-23 所示。

图 7-23　显示表对话框

③ 在"显示表"对话框中，列出了当前数据库中所有的表，依次双击"身份证信息"表、"学生信息"表和"学生成绩"表，即可把这三个表添加到"关系"窗口中，关闭"显示表"对话框。如图 7-24 所示。

图 7-24　"关系"窗口

④ 在"身份证信息"表中选中"学号"字段，按住左键不放，拖到"学生信息"表中的"学号"字段中，放开左键，这时打开"编辑关系"对话框，选中"实施参照完整性"复选框，如图 7-25 所示。

⑤ 单击"创建"按钮，关闭"编辑关系"对话框，返回到"关系"窗口。"身份证信息"表和"学生信息"表之间建立了一对一的关系。

⑥ 用同样的方法创建"学生信息"表和"学生成绩"表的一对多的关系，最终结果如图7-26 所示。

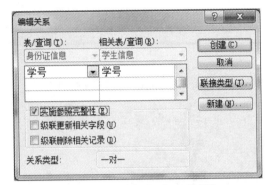

图 7-25 "编辑关系"对话框

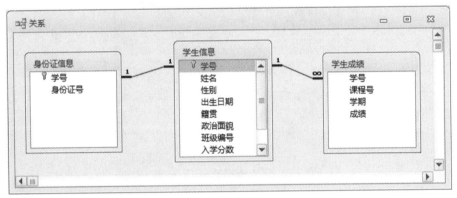

图 7-26 建立关系后的"关系"窗口

Access 2010 数据库中表的关系建立后，可以编辑现有的关系，还可以删除不再需要的关系。编辑关系操作步骤如下：

① 单击功能区"数据库工具"选项卡下"关系"组的"关系"按钮，打开"关系"窗口。

② 对需要的关系线，进行下列一种操作来打开"编辑关系"对话框：

● 双击该关系线。

● 右键单击该关系线，在打开的快捷菜单中，单击"编辑关系"命令。

● 单击功能区"设计"选项卡下"工具"组的"编辑关系"命令按钮。

③ 在"编辑关系"对话框中修改关系，然后单击"确定"。

④ 修改后保存。若要删除一个关系，则单击关系线，按"DEL"键，即可删除。

7.3.5 查询

查询是 Access 数据库的六种对象之一，它能够把一个或多个表中的数据抽取出来，供使用者查看、更改和分析使用，还可以作为窗体、报表的数据源，利用查询可以提高处理数据的效率。

Access 有五种查询：选择查询、参数查询、交叉表查询、操作查询和 SQL 查询。这五种查询各有用途，各有特点。

（1）选择查询是最常用的，也是最基本的查询。它根据指定的查询条件，从一个或多个表中获取数据并显示结果。使用选择查询还可以对记录进行分组，并且对记录作总计、记数、平均值以及其他类型的总和计算。

（2）参数查询是一种交互式查询，它利用对话框来提示用户输入查询条件，然后根据所输入的条件检索记录。将参数查询作为窗体和报表的数据源，可以方便地显示和打印所需要的信息。

（3）交叉表查询可以计算并重新组织数据的结构，这样可以更加方便地分析语句。交叉表查询可以计算数据的总和、平均值、计数或其他类型的总和。

（4）操作查询用于添加、更改或删除数据。操作查询共有四种类型：删除、更新、追加和生成表。

（5）SQL 查询是使用 SQL 语句创建的查询。有一些查询无法使用查询设计视图创建，而必须使用 SQL 语句创建，这类查询主要有三种类型：传递查询、数据定义查询、联合查询。

下面主要介绍选择查询、参数查询、交叉表查询。

1. 选择查询

选择查询是最常见、最简单的查询类型，它从一个或多个表及查询中检索数据，并以数据表形式显示结果。选择查询也可以对数据进行分组，并对数据进行总计、计数、求平均值等计算。创建选择查询有两种方法：使用设计视图创建查询和使用向导创建查询。

（1）使用查询向导实现选择查询。

使用简单查询向导不仅可以依据单个表创建查询，也可以依据多个表创建查询。

【例 7.9】使用向导创建查询"学生信息成绩查询"，查询"学生信息"表和"学生成绩"表，要求显示"学号"、"姓名"、"性别"、"政治面貌"、"课程号"、"成绩"字段。

操作步骤如下：

① 打开"学生管理"数据库。单击功能区"创建"选项卡下"查询"组的"查询向导"按钮。

② 弹出"新建查询"对话框，选择"简单查询向导"选项，单击"确定"按钮，如图 7-27 所示。

③ 弹出"简单查询向导"对话框，如图 7-28 所示。在"表/查询"下拉列表框中选择建立查询的数据源，首先选择"学生信息"表，在"可用字段"列表框中列出了"学生信息"表中所有的字段，选择"学号"、"姓名"、"性别"、"出生日期"、"政治面貌"字段，通过"添加"按钮将其加入到右边的"选定字段"列表框中。同样地，选择"学生成绩"表中的"课程号"、"成绩"字段，将其添加到"选定字段"列表框中。

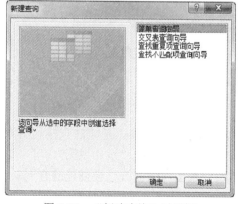

图 7-27 "新建查询"对话框

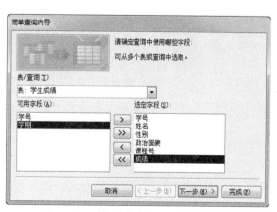

图 7-28 "简单查询向导"对话框（1）

④ 单击"下一步"按钮，弹出如图 7-29 所示的对话框。确定采用明细查询还是汇总查询，这里选中"明细（显示每个记录的每个字段）"选项。

⑤ 单击"下一步"按钮，弹出如图 7-30 所示的对话框，在"请为查询指定标题："文本框中输入查询的名称为"学生信息成绩查询"。选中"打开查询查看信息"单选按钮，最后单击"完成"按钮。

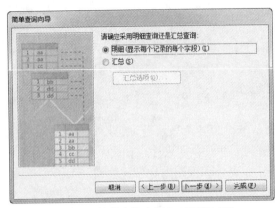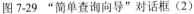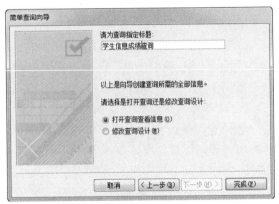

图 7-29 "简单查询向导"对话框（2）　　　图 7-30 "简单查询向导"对话框（3）

⑥结果如图 7-31 所示。

学号	姓名	性别	政治面貌	课程号	成绩
2009010101	李雷	男	团员	1001	50
2009010101	李雷	男	团员	1002	58
2009010101	李雷	男	团员	1004	90
2009010101	李雷	男	团员	1003	34
2009010102	刘刚	男	团员	1001	90
2009010102	刘刚	男	团员	1002	80
2009010102	刘刚	男	团员	1003	90
2009010103	王小美	女	党员	1001	65
2009010103	王小美	女	党员	1002	55
2009010103	王小美	女	党员	1004	70
2009010103	王小美	女	党员	1003	67
2009010201	张悦	男	团员	1003	90
2009010201	张悦	男	团员	1004	67
2009010202	王永林	女	党员	1001	80
2009010202	王永林	女	党员	1004	80
2009020101	张可可	女	团员	1001	78
2009020201	林立	男	党员	1001	67
2009020201	林立	男	党员	1003	58
2009020201	林立	男	党员	1004	62
2009020202	王岩	男	团员	1001	50
2009020202	王岩	男	团员	1004	55
2009030101	张明	女	无党派	1001	80
2009030102	李佳宇	女	无党派	1002	67
2009030102	李佳宇	女	无党派	1003	56

图 7-31 查询结果

（2）使用"设计视图"创建选择查询。

利用查询向导可以建立比较简单的查询，但是对于有条件的查询，是无法直接利用查询向导创建的，这时就需要在"设计视图"中创建查询了。利用查询的"设计视图"，可以设置查询条件，从而创建满足需要的查询。也可以利用"设计视图"来修改已经创建的查询。

【例 7.10】使用设计视图创建查询"按党员查找"，要求查询"学生信息"表中政治面貌是"党员"的学生情况。

操作步骤如下：

① 打开"学生管理"数据库，单击功能区"创建"选项卡下"查询"组的"查询设计"按钮，弹出"设计视图"和"显示表"对话框，如图 7-32 所示。

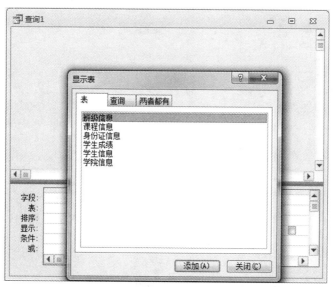

图 7-32　"设计视图"和"显示表"对话框

② 在"显示表"对话框中选择"学生信息"表作为查询的数据源，单击"添加"按钮，将选定的表添加在查询"设计视图"的上半部分，关闭"显示表"对话框。

③ 双击"学生信息"表中的"学号"、"姓名"、"政治面貌"，将三个字段依次显示在设计视图下面的"字段"行的相应列中。在字段第三列的对应"条件"单元格中输入"党员"，如图 7-33 所示。

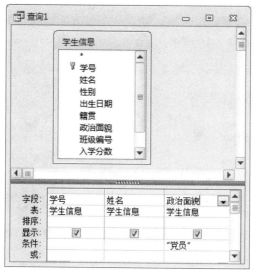

图 7-33　查询设置显示字段

④ 单击"保存"按钮，弹出如图 7-34 所示的"另存为"对话框，输入查询名称"按党员查找"，单击"确定"按钮，在"学生管理"数据库中就添加了该查询。

⑤ 单击功能区查询工具"设计"选项卡下"结果"组的"视图"按钮或"运行"按钮 ！，则可以看到查询结果，如图 7-35 所示。

图 7-34　"另存为"对话框

图 7-35　查询结果

2.　参数查询

Access 提供了参数查询。参数查询是动态的，它利用对话框提示用户输入参数并检索符合所输入参数的记录或值。

根据查询中参数的数据的不同，参数查询可以分为单参数查询和多参数查询两类。

【例 7.11】设计一个参数查询"输入学生姓名"，提示输入学生姓名，然后检索该学生的相关信息。

操作步骤如下：

① 打开"学生管理"数据库，单击功能区"创建"选项卡下"查询"组中的"查询设计"按钮，弹出"设计视图"和"显示表"对话框。

② 在"显示表"对话框中选择"学生信息"表作为查询的数据源，单击"添加"按钮，将选定的表添加在查询"设计视图"的上半部分。

③ 双击"学生信息表"表中的"学号"字段，或者直接将该字段拖动到"字段"行中，这样就在"表"行中显示了该表的名称"学生"，"字段"行中显示了该字段的名称"学号"。然后按照上述操作把"学生"表中的"姓名"、"性别"、"出生日期"、"政治面貌"、"班级编号"、"入学分数"字段添加到"字段"行中。

④ 在"姓名"字段的"条件"行中，输入一个带方括号的文本"[请输入学生姓名:]"作为参数查询的提示信息，如图 7-36 所示。

图 7-36　查询窗口

⑤ 保存该查询。单击功能区"设计"选项卡下"结果"组的"视图"按钮或者"运行"按钮，弹出"参数值"对话框，如图 7-37 所示。

图 7-37　"输入参数值"对话框

⑥ 输入要查询的学生姓名"李雷"，并单击"确定"按钮，得到的查询结果如图 7-38 所示。

图 7-38　查询结果

如果要设置两个或者多个查询参数，则在两个或多个字段对应的"条件"行中，输入带方括号的文本作为提示信息。

3. 交叉表查询

在用两个分组字段进行交叉查询时，一个分组列在查询表的左侧，另一个分组列在查询表的上部，在表的行与列的交叉处显示某个字段的不同新计算值，如总和、平均、计数等，所以，在创建交叉查询时，要指定三类字段。

● 指定放在查询表最左边的分组字段构成行标题。
● 指定放在查询表最上边的分组字段构成列标题。
● 放在行与列交叉位置上的字段用于计算。

建立交叉表查询主要有两种方法，即利用交叉表查询向导和利用设计视图。交叉表查询是一种应用很广泛、相当实用的查询，在这里分别介绍上述两种建立交叉表查询的方法。

（1）利用查询向导建立交叉表的查询。

使用交叉表查询建立查询时，所选择的字段必须在同一张表或者查询中，如果所需的字段不在同一张表中，则应该先建立一个查询，把它们放在一起。

【例 7.12】使用"交叉表查询向导"创建查询"学生信息_交叉表向导"，按性别统计不同政治面貌的人数。

操作步骤如下：

① 打开"学生管理"数据库，单击"创建"选项卡下"查询"组的"查询向导"按钮，在弹出的"新建查询"对话框中选择"交叉表查询向导"选项，如图 7-39 所示。

② 单击"确定"按钮，弹出"交叉表查询向导"对话框。在该对话框中选择一个表或者一个查询作为交叉表查询的数据源。这里选择"学生信息"表作为数据源，如图 7-40 所示。

③ 单击"下一步"按钮，弹出提示选择行标题对话框。在该对话框中选择作为"行标题"的字段，行标题最多可以选择 3 个。这里选择"政治面貌"字段，并将其添加到"选定字段"列表框中，作为行标题，如图 7-41 所示。

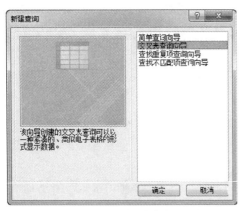

图 7-39　新建查询对话框

图 7-40　交叉表查询向导（1）

④ 单击"下一步"按钮，在弹出的对话框中选择作为"列标题"的字段，字段将显示在查询的上部，字段只能选择一个，这里选择"性别"作为列标题，如图 7-42 所示。

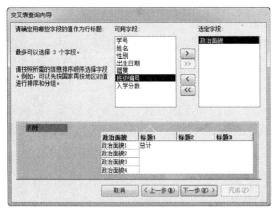

图 7-41　交叉表查询向导（2）

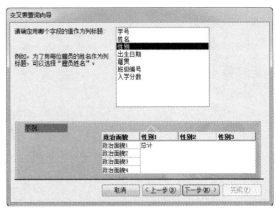

图 7-42　交叉表查询向导（3）

⑤ 单击"下一步"按钮，弹出选择对话框，在此对话框中选择要在交叉点显示的字段，以及该字段的显示函数。这里选择"学号"字段，并选择"函数"为"Count"，如图 7-43 所示。

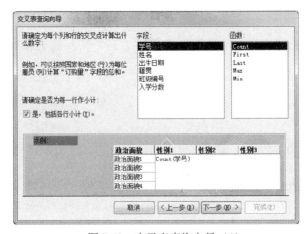

图 7-43　交叉表查询向导（4）

⑥ 单击"下一步"按钮，在弹出的对话框中输入该查询的名称"学生信息_交叉表向导"，单击"完成"按钮，完成该查询的创建。完成后的交叉表查询如图 7-44 所示。

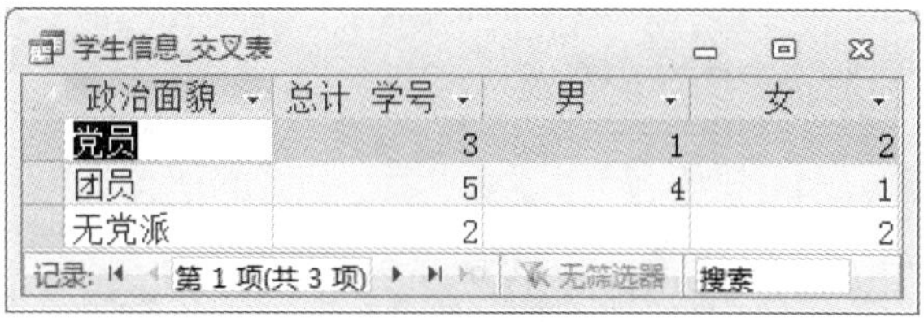

政治面貌	总计 学号	男	女
党员	3	1	2
团员	5	4	1
无党派	2		2

图 7-44　查询结果

（2）用设计视图建立交叉表查询。

除了可以用向导建立交叉表查询以外，也可以利用设计视图建立交叉表查询。

【例 7.13】使用设计视图创建交叉表查询"学生信息_设计视图"，按性别统计不同政治面貌的人数。

操作步骤如下：

① 打开"学生管理"数据库，单击功能区"创建"选项卡下"查询"组的"查询设计"按钮，弹出"设计视图"和"显示表"对话框。

② 选择"学生信息表"，单击"添加"按钮，将该表添加到"设计视图"的上半部分，关闭"显示表"对话框。此时进入查询的"设计视图"，但是默认的"设计视图"是选择查询，单击"查询类型"组中的"交叉表"图标按钮，进入交叉表"设计视图"。

此处可以看到交叉表"设计视图"和选择查询"设计视图"的不同。交叉表"设计视图"中多了"交叉表"行，单击后可以看到下拉式列表中有"行标题"、"列标题"和"值"3 个选项，如图 7-45 所示。

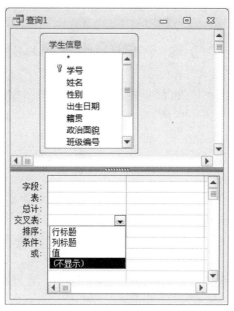

图 7-45　交叉表查询设计网格

③ 双击"政治面貌"字段将自动添加到"设计视图"的下半部分的设计网格中，并选择"交叉表"行中的"行标题"选项，这样就选定了交叉表的行标题。

　　按照同样的方法，将"性别"和"学号"字段添加到设计网格中，并分别设定为"列标题"和"值"。最终的设计效果如图 7-46 所示。

图 7-46　设计后的网格

　　④ 保存该查询，单击功能区"设计"选项卡下"结果"组的"运行"按钮，弹出交叉表查询的运行结果，如图 7-47 所示。

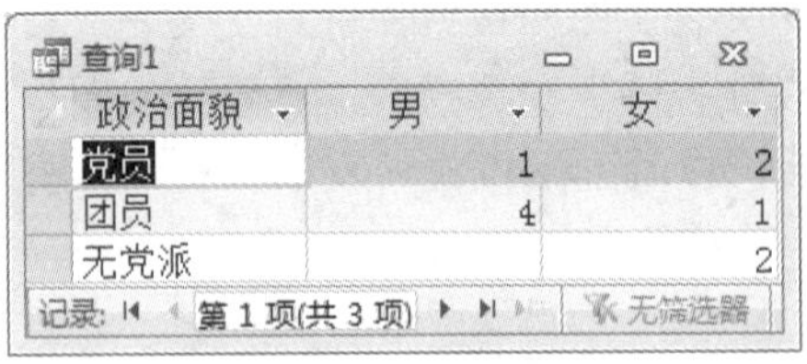

图 7-47　查询结果

　　运用交叉表向导建立交叉表查询的时候，选择的字段必须是在同一个表或同一个查询中。但是当运用"设计视图"创建查询时，就可以对分布于不同表中的字段创建查询了。只要从"显示表"对话框中选择多个数据表作为查询的数据源，再进行与上面相似的操作即可。

7.3.6　窗体

　　窗体是 Access 数据库中常用的数据库对象，是用户与数据库交互的界面。窗体的基本功能是输入、输出和维护数据。

　　可以采用窗体自动创建、窗体向导创建和窗体设计视图等方法创建窗体，其中使用窗体设计视图创建窗体是比较常用的方法。用户不仅可以使用窗体设计视图创建窗体，也可以在窗体设计视图中修改、完善已有的窗体。在设计视图下创建的关键在于熟练使用工具箱中的各种控件。

　　【例 7.14】使用"设计视图"创建"课程信息"窗体。数据源为"课程信息"表。

　　操作步骤如下：

　　① 单击功能区"创建"选项卡下"窗体"组的"窗体设计"按钮，打开窗体设计窗口。

　　在设计窗口中显示有"主体"节，其他节可根据需要添加。节的大小是可以调整的，若要调整节的高度，可将鼠标指针移到节的下边缘上，上下拖动即可；若要调整节的宽度，可将鼠标指针移到节的右边缘上，左右拖动即可；若要同时调整节的高度和宽度，可将鼠标指针移到节的右下角，沿对角线拖动即可。

② 右键单击窗体设计视图左上角的"窗体选择器"（小方块），在快捷菜单中选择"属性"命令，或双击窗体节，弹出窗体"属性表"对话框，如图 7-48 所示。

图 7-48 窗体属性对话框

在 Access 中，属性表一般包括"格式"、"数据"、"事件"、"其他"、"全部"五个选项卡，属性的设置用于决定数据库对象的特性。这里设置窗体的记录源为"课程信息"表。窗体的记录源可以是一个表或一个查询，如果要创建一个使用多张表的数据的窗体，可将窗体基于一个查询。

③ 单击功能区窗体设计工具"设计"选项卡下"工具"组的"添加现有字段"按钮、弹出字段列表框，将字段列表框中需要的字段拖放到窗体设计窗口中并排列整齐，如图 7-49 所示。

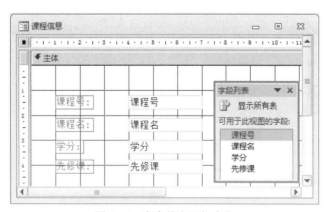

图 7-49 在窗体上添加字段

被拖入到窗体的字段包括两个部分：标签控件和文本框控件。标签控件显示说明性文字，文本框控件显示字段的内容。选中控件，用鼠标拖动的方法可以调整控件在窗体中的位置和控件的大小。

④ 切换到窗体视图查看窗体的设计效果，如图 7-50 所示。如需修改，再切换到窗体设计视图。

图 7-50　窗体视图

⑤ 单击"保存"按钮，将窗体保存为"课程信息"窗体。

7.3.7　报表

报表是 Access 数据库对象之一，报表能对数据库中的数据进行计算、分组和汇总，并按照指定的格式打印出来。报表没有交互功能，只能将数据和文档信息在显示器或打印机上输出。

Access 提供了 3 种创建报表的方法：自动创建报表、报表向导和设计视图。下面以"报表向导"为例介绍报表的制作过程。

【例 7.15】以"学生管理"数据库中的"学生信息"表和"班级信息"表为数据源，使用报表向导创建"学生情况"报表。

操作步骤如下：

① 在"学生管理"数据库窗口中，单击功能区"创建"选项卡下"报表"组的"报表向导"按钮，进入报表向导对话框。如图 7-51 所示。

② 在"表/查询"下拉列表框中选择"表：学生信息"，在"可用字段"中选择"学号"、"姓名"、"性别"、"出生日期"、"政治面貌"字段将其移动到"选定字段"列表框中，然后在"表/查询"下拉列表框中选择"表：班级信息"，在"可用字段"列表框中选择"班级名称"字段将其移动到"选定字段"列表框中，如图 7-51 所示。

图 7-51　报表向导

③ 单击"下一步"按钮，选择"通过学生信息"查看数据方式。

④ 单击"下一步"按钮，选择"学号"为分组类别。

⑤ 单击"下一步"按钮，选择"学号"为升序；单击"下一步"，选择报表的布局方式，这里选用默认选项。

⑥ 单击"下一步"按钮，为报表指定标题，标题为"学生情况表"。如果想在完成报表创建后，预览报表，选中"预览报表"；如果要打开报表设计视图窗口修改报表设计，则选中"修改报表设计"。这里选择"预览报表"。

⑦ 单击"完成"按钮，生成报表如图 7-52 所示。

图 7-52　用向导创建报表结果

本章小结

本章介绍了数据库的基础知识和 Access 数据库的使用方法。掌握了 Accees 数据库主键的设置，数据表关系的定义，表字段的添加和删除，数据表的编辑操作以及查询、窗体和报表的设计。

通过案例的引导,加深和培养了大家利用数据库系统进行数据分析和处理的能力，为进一步学习数据库应用开发打下基础。

思考与练习

一、简答题

1. 简述数据库系统的组成。

2. 数据库中表间的联系有哪几种？

3．Access 2010 中的 6 种对象的功能是什么？

4．简述创建一个 Access 数据库的步骤。

5．现常用的数据库管理系统软件有哪些？

二、选择题

1．在关系数据库系统中，所谓"关系"是指一个（　　　）。

    A．表　　　　　　　　　B．文件　　　　　　　　　C．二维表　　　　　　　　　D．实体

2．数据库 DB、数据库系统 DBS、数据库管理系统 DBMS 之间的关系是（　　　）。

    A．DBMS 包括 DB 和 DBS　　　　　　　　　B．DBS 包括 DB 和 DBMS

    C．DB 包括 DBS 和 DBMS　　　　　　　　　D．DB、DBS 和 DBMS 是平等关系

3．下列实体类型的联系中，属于多对多联系的是（　　　）。

    A．学生与课程之间的联系　　　　　　　　　B．飞机的座位与乘客之间的联系

    C．商品条形码与商品之间的联系　　　　　　D．车间与工人之间的联系

4．关于表的说法正确的是（　　　）。

    A．表是数据库

    B．表是记录的集合，每条记录又可划分成多个字段

    C．在表中可以直接显示图形记录

    D．在表中的数据不可以建立超链接

5．对以下关系模型的性质的描述，不正确的是（　　　）。

    A．在一个关系中，每个数据项不可再分，是最基本的数据单位

    B．在一个关系中，同一列数据具有相同的数据类型

    C．在一个关系中，各列的顺序不可以任意排列

    D．在一个关系中，不允许有相同的字段名

三、填空题

1．支持数据库系统的三种数据模型是_____、_____、_____。

2．两个实体间的联系有_____、_____、_____。

3．在关系数据库中，一个属性的取值范围称为_____。

4．二维表中的列称为关系的_____，二维表的行称为关系的_____。

5．利用 Access 2010 创建的数据库文件，其扩展名是_____。

四、操作题

1．创建一个"学生管理"数据库。

2．在"学生管理"数据库中创建如下三张数据表。

"学生"表（结构）

字段名	学号	姓名	性别	出生日期	专业
类型	文本	文本	文本	日期/时	文本
大小	4	6	2		16

"学生"表（数据）

学号	姓名	性别	出生日期	专业
2001	王云浩	男	1993 年 12 月 6 日	金融
2002	刘小红	女	1993 年 10 月 4 日	国际贸易
2003	陈芸	女	1995 年 3 月 5 日	国际贸易
2101	徐涛	男	1994 年 8 月 3 日	金融
2102	张晓兰	女	1993 年 5 月 4 日	电子商务
2103	张春晖	男	1995 年 2 月 23 日	电子商务

"课程"表（结构）

字段名	课程号	课程名	学时数	学分
类型	文本	文本	数字	数字
大小	3	16	整型	整型

"课程"表（数据）

课程号	课程名	学时数	学分
501	大学语文	70	4
502	高等数学	90	5
503	基础会计学	80	4

"成绩"表（结构）

字段名	学号	课程号	成绩
类型	文本	文本	数字
大小	4	3	单精度

"成绩"表（数据）

学号	课程号	成绩
2001	501	88
2001	502	77
2001	503	79
2002	501	92

3. 将学生表的"学号"字段定为主键，课程表的"课程号"定为主键，成绩表使用学号和课程号的组合作为主键。

4. 建立上述三个表之间的关系，在建立过程中要求选择"实施参照完整性"。

5. 查询所有同学的有关基本信息和考试成绩，要求查询显示字段为：学号、姓名、年龄、课程号、课程名、成绩。

6. 设计一个参数查询，要求根据用户输入的"学号"和"课程名"，查询某同学某门课程的成绩，查询显示字段为：学号、姓名、课程名、成绩。

参考文献

[1] 张琳. 大学计算机应用基础. 北京：中国水利水电出版社，2009.

[2] 龚沛曾，杨志强，肖杨，朱君波. 大学计算机. 北京：高等教育出版社，2013.

[3] 甘勇，尚展垒，张建伟. 大学计算机基础. 北京：人民邮电出版社，2013.

[4] 胡宏智. 大学计算机基础. 北京：高等教育出版社，2003.

[5] 前沿文化. Windows 7 操作系统应用. 北京：科学出版社．2010.

[6] 黄芳，郭燕，姜洪雨. Office 2010 办公应用案例教程. 北京：航空工业出版社．2012.

[7] 科教工作室. Access 2010 数据库应用. 北京：清华大学出版社．2013.

[8] 贾学明. 大学计算机基础. 北京：中国水利水电出版社．2012.